Pruebas fisicoquímicas

Pruebas fisicoquímicas

Tomás Serrano Serrano

EDITORIAL
SINTESIS

© EDITORIAL SÍNTESIS, S. A.
Vallehermoso, 34. 28015 Madrid
Teléfono 91 593 20 98
http://www.sintesis.com

ISBN: 978-84-1357-001-3
Depósito Legal: M-7.219-2020

Impreso en España - Printed in Spain

Índice

Presentación

La competencia general del técnico en grado medio de Operaciones de Laboratorio consiste en realizar ensayos de materiales, análisis fisicoquímicos, químicos y biológicos, manteniendo operativos los equipos y las instalaciones de servicios auxiliares y cumpliendo las normas de calidad y prevención de riesgos laborales y de protección ambiental.

El objetivo principal de este libro es dotar al estudiante de los conocimientos, tanto teóricos como prácticos, necesarios para superar el módulo profesional de Pruebas Fisicoquímicas incluido en el título citado anteriormente. Estos conocimientos incluyen, entre otros, las siguientes propiedades: las fisicoquímicas de la materia, las coligativas de las sustancias y las ópticas de la materia.

Los conocimientos se concretan, dentro del título profesional citado, y dentro del módulo de Pruebas Fisicoquímicas, en: seleccionar los medios precisos, siguiendo los procedimientos de trabajo, para llevar a cabo el montaje de los equipos y la puesta a punto de las instalaciones necesarias para la realización de pruebas fisicoquímicas; seleccionar los parámetros de funcionamiento de equipos; comprobar el estado de operatividad de los equipos para realizar el mantenimiento de primer nivel; caracterizar los productos y aplicar procedimientos normalizados para realizar ensayos de materiales o ensayos fisicoquímicos; reconocer las normas de seguridad, de calidad y ambientales, y las buenas prácticas de laboratorio, para mantener la limpieza y el orden en el puesto de trabajo, y, finalmente, reconocer y clasificar las situaciones de riesgo en todas las actividades que se realicen en el laboratorio, para asegurar el cumplimiento de las normas y las medidas de protección ambiental y de prevención de riesgos laborales.

Todos los materiales del libro, entre ellos los ejemplos de cálculo, los ejercicios resueltos, las actividades y los problemas propuestos, así como las prácticas, se han enfocado de manera que el alumno sea capaz de efectuar las pruebas fisicoquímicas correspondientes, siguiendo los procedimientos normalizados de trabajo, y realizar los cálculos pertinentes.

Este libro se dirige principalmente a los estudiantes del ciclo formativo de grado medio de Operaciones de Laboratorio, y, en concreto, desarrolla los contenidos y competencias del modulo profesional de Pruebas Fisicoquímicas, pero también puede ser utilizado por cualquier profesional que trabaje en laboratorios de ensayos fisicoquímicos o en la industria.

El libro desarrolla lo estipulado en el Real Decreto 554/2012, de 23 de marzo, por el que se establece el título de Técnico en Operaciones de Laboratorio y se fijan sus enseñanzas mínimas (BOE, núm. 92, de 17 de abril de 2012) para el módulo profesional de Pruebas Fisicoquímicas; y enlaza con el certificado profesional de nivel 3, Ensayos físicos y fisicoquímicos (QUIA0108), desarrollado en el Real Decreto 295/2004, de 20 de febrero.

Los contenidos del libro se estructuran en los siguientes capítulos:

1. Laboratorios de ensayos
2. Caracterización de la materia
3. Determinación de la densidad y de las propiedades térmicas de la materia
4. Determinación de propiedades eléctricas y magnéticas
5. Determinación de propiedades de la materia asociadas a los cambios de estado
6. Determinación de las propiedades coligativas de la materia
7. Características y propiedades de los líquidos
8. Medición de las propiedades de los líquidos
9. Propiedades ópticas
10. Medición de propiedades ópticas

Además de la explicación de los contenidos de los capítulos, el texto pone a disposición del lector y del personal docente una propuesta de actividades que guiarán durante el proceso de enseñanza y aprendizaje. También se incluyen una serie de llamadas y cuadros resumen que facilitarán la tarea de ambos, así como glosarios en cada capítulo que explican los términos que pudieran resultar más novedosos o importantes para el estudiante y que son de especial importancia para la comprensión del texto.

1

Laboratorios de ensayo

Objetivos

- ✓ Definir qué es un laboratorio de ensayo y un laboratorio de ensayos fisicoquímicos.
- ✓ Conocer los materiales, equipos e instalaciones que se utilizan en un laboratorio fisicoquímico.
- ✓ Saber cómo se organiza un laboratorio de ensayos fisicoquímicos y qué documentación se maneja.
- ✓ Aprender el mantenimiento básico de los equipos e instalaciones básicas del laboratorio.
- ✓ Estudiar la seguridad y los riesgos asociados al laboratorio de ensayos fisicoquímicos.
- ✓ Aplicar las normas ambientales en el laboratorio y clasificar los residuos procedentes de las pruebas realizadas.

Mapa conceptual

- **LABORATORIOS DE ENSAYOS FISICOQUÍMICOS**
  - Organización y documentación técnica
    - Organización
      - Física — Zona de gestión. Laboratorio. Almacén
      - Organización funcional y de personal — Organigrama
    - Documentación técnica
      - De gestión — De laboratorio y almacén
  - Mantenimiento y seguridad
    - Plan de mantenimiento — Mantenimiento preventivo y correcto
    - Fuentes de riesgo
      - Riesgos asociados
      - Medidas de seguridad y prevención
  - Medio ambiente
    - Normas ambientales
    - Gestión de residuos

Glosario

BPL. Buenas Prácticas de Laboratorio.

Ensayo. Prueba destinada a determinar las propiedades físicas o químicas de una muestra o material.

INSHT. Instituto Nacional de Seguridad e Higiene en el Trabajo.

Laboratorio. Lugar dotado de los medios necesarios para realizar investigaciones, y ensayos de carácter científico y tecnológico.

Mantenimiento. Conjunto de operaciones que permiten que un equipo o instalación del laboratorio esté en perfectas condiciones de uso.

NTP. Normas Técnicas de Prevención.

Organigrama. Representación gráfica de la estructura de una empresa o cualquier otra organización, incluyen las estructuras departamentales y, en algunos casos, las personas que las dirigen, y hacen un esquema sobre las relaciones jerárquicas y competenciales de vigor.

PNT. Procedimiento Normalizado de Trabajo.

PRL. Prevención de Riesgos Laborales.

1.1. Laboratorio de ensayos fisicoquímicos: materiales, equipos e instalaciones

El *laboratorio* es un lugar dotado de los medios necesarios para realizar investigaciones, y ensayos de carácter científico o tecnológico. Suelen estar equipados con instrumentos de medida o equipos con los que se realizan las investigaciones o ensayos.

Un *ensayo* consiste en una prueba destinada a conocer y medir las propiedades físicas, las propiedades químicas o ambas, de una muestra o de un material.

Con los *ensayos físicos* se pretende determinar propiedades físicas de las muestras o materiales, es decir, propiedades que no afectan a la composición de la muestra. Algunos ejemplos de propiedades físicas son: densidad, electricidad, magnetismo, punto de fusión y ebullición, viscosidad, etc.

Los *ensayos químicos*, por el contrario, están destinados a determinar la composición química y las propiedades que se derivan de esta. Algunos ejemplos de propiedades químicas son: pH, peso atómico o molecular, reactividad, solubilidad, etc.

RECUERDA

- ✓ Las *propiedades intensivas* son aquellas que no dependen de la masa o del tamaño de una muestra, por lo que el valor permanece inalterado al dividir la muestra inicial en varias alícuotas.
- ✓ Las *propiedades extensivas* son aquellas que sí dependen de la masa o del tamaño de la muestra, son magnitudes cuyo valor es proporcional al tamaño de la muestra inicial, y esto deberá tenerse en cuenta si se divide la muestra en partes.

Las condiciones ambientales de los laboratorios suelen estar controladas y normalizadas, de manera que se puede asegurar que no se producen influencias extrañas (interferencias) que alteren los resultados, y se garantiza que el ensayo es repetible, es decir, cualquier otro laboratorio podría repetir el proceso y obtener el mismo resultado.

Las condiciones ambientales que se suelen controlar en el laboratorio son: humedad, temperatura, presión atmosférica, alimentación eléctrica, ruido y vibraciones.

1.1.1. Materiales, equipos e instalaciones

El objetivo principal de los laboratorios de ensayos fisicoquímicos es múltiple:

- Caracterizar la materia identificando sus propiedades físicas y químicas.
- Determinar las propiedades físicas de la materia a través de pruebas estandarizadas.
- Determinar propiedades de la materia asociadas a los cambios de estado, aplicando procedimientos normalizados.
- Determina propiedades coligativas de las disoluciones, aplicando procedimientos normalizados.
- Medir propiedades de los líquidos siguiendo procedimientos normalizados.
- Medir propiedades ópticas siguiendo procedimientos normalizados.

El diseño de una instalación dedicada a realizar ensayos fisicoquímicos debe dividirse como mínimo en los siguientes espacios, teniendo en cuenta que se ha considerado una plantilla de 25 personas:

- *Zona de gestión:* con una superficie mínima de 60 m^2 ampliable en 0,6 m^2/m^2 de laboratorio.
- *Zona de laboratorio:* con superficie mínima de 100 m^2 ampliable en 4 m^2 por persona adicional.
- *Zona de almacén:* con superficie mínima de 0,15 m^2/m^2 de laboratorio.

Debe seguirse la máxima que las instalaciones y equipamientos deberán cumplir con la normativa industrial e higiénico sanitaria correspondiente y responderán a medidas de accesibilidad universal y seguridad de los participantes.

En la zona de gestión, el equipamiento suele ser: mesas y sillas de trabajo (oficina), PC's instalados en red, con conexión a internet y con software específico de gestión para laboratorios de ensayo, equipos audiovisuales y material y equipamiento propio de oficina, impresoras, fotocopiadora, fax, etc.

La distribución de esta zona puede ser de tipo abierto, o bien despachos cerrados y sala de juntas.

El equipamiento general de la zona de laboratorio se detalla en el cuadro 1.1.

CUADRO 1.1
Equipo del laboratorio de pruebas fisicoquímicas

Equipamiento de laboratorio para laboratorios de ensayos fisicoquímicos	
• Iluminación: natural y artificial. Adecuada para garantizar que pueden realizarse con comodidad las tareas típicas de un laboratorio de ensayos fisicoquímicos	• Baños termostáticos • Cabina de flujo laminar • Contador de colonias • Centrífuga de cabezales intercambiables
• Ventilación natural, forzada o ambas. Sistema adecuado para eliminar gases, y vapores de las sustancias químicas con las que se trabaje	• Centrífuga de temperatura controlada • Equipo de electroforesis • Equipo lava pipetas

[.../...]

CUADRO 1.1. *(CONT.)*

- Instalación de agua y gas: adecuada ajustándose a las leyes vigentes
- Instalación eléctrica: deberá cumplir las normas de seguridad establecidas
- Instalación de gases industriales: aire comprimido de uso industrial adecuado a las necesidades
- Línea de bajo-medio vacío, con varios puntos de utilización, para uso de ensayos a escala de laboratorio
- Agitadores de vibración para tubos
- Agitadores magnéticos con calefacción
- Autoclave electrónico automático
- Balanza analítica de precisión
- Balanzas digitales monoplato
- Baño de ultrasonidos
- Equipo para filtración de aguas
- Estufas de cultivos
- Estufa de cultivos con generación de CO_2 para cultivos celulares
- Estufas de esterilización
- Estufa de desecado de vidrio
- Frigorífico con congelador
- Homogeneizador "stomacher"
- Horno microondas
- Jarra de cultivos anaerobios
- Lupas binoculares
- Microscopios ópticos
- Ordenador con impresora
- pH-metros digitales
- Termociclador
- Transiluminador

Los elementos de protección y seguridad generales que se deben hallar en laboratorio de pruebas fisicoquímicas se encuentran recogidos en el cuadro 1.2:

CUADRO 1.2
Elementos de protección y seguridad

Equipamiento de protección y seguridad

- Camilla completa, con sus arneses
- Ducha de disparo rápido con lavaojos
- Un conjunto de señales de seguridad
- Extintores específicos de laboratorio
- Un sistema de detección de incendios
- EPI's específicos de laboratorio

Existen elementos de protección y seguridad más específicos que dependen del tipo de laboratorio: académico, de investigación, de certificación, de calidad, etc.

Ya, por último, queda por comentar que el equipamiento básico del almacén de productos químicos que será el que se recoge en el cuadro 1.3.

CUADRO 1.3
Equipamiento del almacén de productos químicos

Almacén de productos químicos

- Armarios de seguridad
- Estanterías
- Vitrinas
- Botiquín
- Equipos de protección individual (un conjunto de señales de seguridad industriales)
- Extintores específicos de laboratorio
- Guantes ignífugos. Guantes de látex. Guantes anticalóricos de material autorizado. Gafas de seguridad
- Máscaras antigás
- Material absorbente para el caso de derrames
- Un conjunto de zapatos de seguridad, antiaplastamiento, aislantes eléctricos, sanitarios, etc.
- Un conjunto de trajes de seguridad, ignífugos, bacteriológicos, de taller, etc.
- Productos químicos

El resto de equipos, instalaciones y materiales, irán apareciendo al largo de este manual en los capítulos posteriores o en la sección de prácticas.

Ejemplo 1.1

Una empresa dispone de un local de 150 m^2 para instalar su laboratorio de ensayos fisicoquímicos. Indica en qué zonas debería dividirse este espacio, así como las medidas y ocupación de cada una de ellas (aforo).

Para un laboratorio de 150 m^2, se necesitaría una zona de gestión de $60 + 50 \cdot 0{,}6 = 90$ m^2 y una zona de almacén de $150 \cdot 0{,}15 = 22{,}5$ m^2.

Actividad propuesta 1.1

¿Cuál es la diferencia entre un laboratorio de ensayos y un laboratorio de pruebas fisicoquímicas?

1.2. Organización y documentación técnica del laboratorio de ensayos fisicoquímicos

Lógicamente, un laboratorio debe adaptarse al espacio y a la inversión disponible, por lo que no existe un único patrón de organización. El primer concepto que debe tenerse en cuenta es el de espacios abiertos pensados para una cómoda circulación del personal. Este diseño de espacios abiertos facilita que el laboratorio pueda adecuarse en el futuro a las nuevas necesidades sin apenas obras.

Un posible modelo de *organización física* del laboratorio contaría con las siguientes dependencias:

- Zona de recepción de muestras.
- Zona de separación y distribución de muestras.
- Zona de ensayos:
  - Pruebas físicas.
  - Pruebas químicas.
- Zona de almacén.
- Zona de despachos.

En el apartado 1.1 estas dependencias se han englobado en tres zonas: gestión, laboratorio y almacén. Es fácil relacionar las dos formas de organización física, ya que la zona de almacén coincide en las dos formas de organización. En la zona de ensayos se pueden englobar las dependencias de recepción, separación, distribución de muestras y los laboratorios de pruebas físicas y el de pruebas químicas. La zona de gestión sería la zona de despachos.

La *documentación técnica* que puede hallarse o generarse en un laboratorio de pruebas fisicoquímicas depende de varios parámetros, el primero de ellos es el volumen de trabajo del laboratorio, seguido de la aplicación de sistemas de calidad, certificación, acreditación, etc.

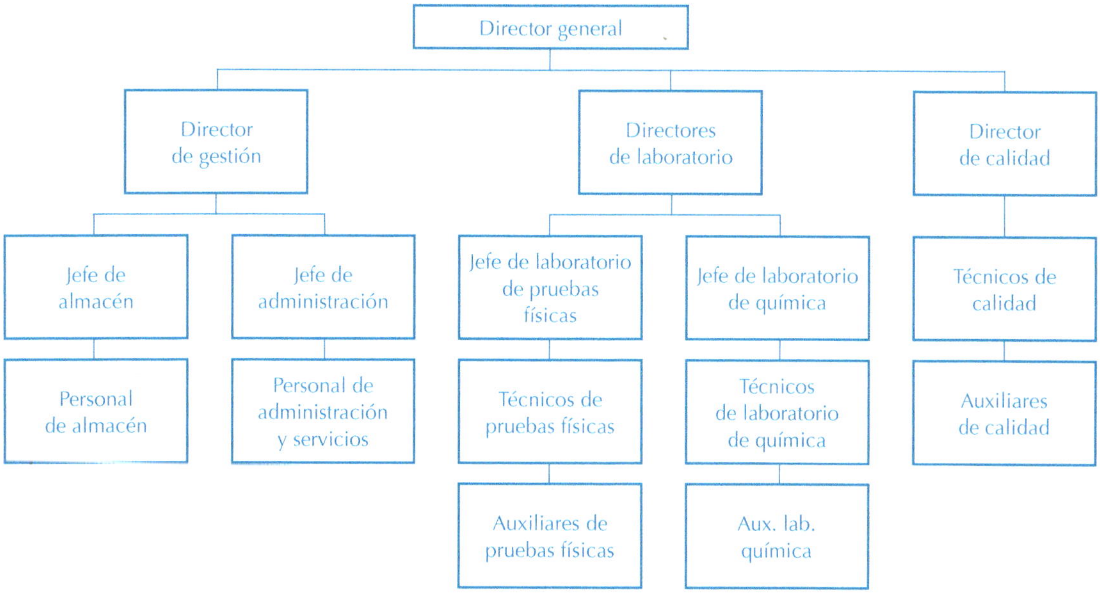

Figura 1.1
Organigrama del laboratorio de ensayos.

Algunos grupos de documentos técnicos, clasificados según la organización del laboratorio, serían los siguientes:

- *Documentos de gestión:*
  - Normas de régimen interno.
  - Histórico de documentos (archivos).
  - Documentos de salud laboral y PRL.
  - Legislación medioambiental.
  - Certificaciones.
  - Planes de control de calidad.
  - Manuales de calidad.
  - Inventarios generales.
- *Documentos de laboratorio y almacén:*
  - Especificaciones técnicas de productos.
  - Documentación de equipos (manual de instrucciones, plan preventivo, etc.).
  - Normas UNE, ISO, ASTM…
  - Inventarios de laboratorio y almacén.
  - Fichas de seguridad de productos químicos.
  - Plan de emergencias y seguridad en el laboratorio.
  - Documentos BPL.
  - Métodos de ensayo.
  - Instrucciones técnicas (IT).
  - Procedimientos normalizados de trabajo (PNT).
  - Documentos relacionados con la calidad.
  - Informes de laboratorio.

Estos son algunos de los documentos que pueden hallarse en el laboratorio de ensayos fisicoquímicos. Cabe destacar que cada laboratorio tendrá sus propios documentos de trabajo y aunque siempre se intenten adaptar estos a modelos normalizados, el volumen de documentos puede ser bastante grande. Debido a esto, se suele recurrir, cada vez más, a implantar programas informáticos de gestión del laboratorio que simplifiquen las tareas de creación, edición y archivo de documentos.

Para evitar el exceso de "papeleo", las normativas de calidad aconsejan trabajar con documentos digitales, ya que de esta manera es más fácil el uso, distribución y archivo de la información, a la vez que más respetuosa con el medio ambiente, ya que se evita el consumo de papel.

Actividades propuestas

1.2. Dibuja el organigrama de un laboratorio de ensayos fisicoquímicos teniendo en cuenta que la plantilla es de 15 personas. De estas, 5 personas son graduados universitarios, o postgraduados, de sus correspondientes especialidades, 5 son técnicos superiores y 5 técnicos de grado medio.

1.3. ¿Dónde debería hallarse el manual de instrucciones de una balanza analítica? ¿Y las fichas de seguridad de productos químicos?

1.3. Mantenimiento del laboratorio: instalaciones y equipos básicos

El mantenimiento de los equipos e instalaciones de cualquier laboratorio es de vital importancia para el funcionamiento de este y el correcto desarrollo de las pruebas que en él se realizan. Dentro del mantenimiento del laboratorio de pruebas fisicoquímicas, deben tenerse en cuenta los riesgos asociados a las instalaciones y los equipos, así como la seguridad de los operarios en su manejo.

A continuación, se pasa a abordar el estudio de estos detalles. Se empezará por tratar el tema del mantenimiento, dentro del laboratorio y después se tratará de los riesgos y la seguridad asociados al uso de estas instalaciones y equipos.

Se puede definir el *mantenimiento* como el conjunto de operaciones que permiten que un equipo o instalación del laboratorio esté en perfectas condiciones de uso. El mantenimiento de los equipos puede ser *correctivo* (corregir fallos, averías) o *preventivo* (prevenir fallos, deterioros, averías o un mal funcionamiento).

El mantenimiento preventivo planificado implica la programación de inspecciones al funcionamiento y seguridad de una instalación.

Eso implica ajustes, reparaciones, análisis, limpieza, lubricación y calibración, que deben llevarse a cabo en forma periódica en base a un plan establecido y no esperar a que el equipo o instalación falle.

El propósito es inspeccionar los equipos y detectar las fallas en su fase inicial, corrigiéndolas oportunamente.

Todos los laboratorios de ensayo deben tener implantado un *Plan de mantenimiento y calibración o verificación* de sus equipos. Las operaciones a realizar con los equipos pueden ser de mantenimiento preventivo y/o de calibración o verificación (mantenimiento correctivo).

Para muchos equipos e instalaciones de laboratorio resultará más apropiado hablar de una verificación y no de una calibración. Estas operaciones de verificación deben proporcionar un medio para comprobar o acreditar que el equipo o la instalación funcionan correctamente y que cumple con las especificaciones, del fabricante, o de una norma o reglamento.

El *plan de mantenimiento* debe cubrir todos los equipos y definir las actividades a realizar y su periodicidad. Las actividades u operaciones a realizar deben ir encaminadas a prevenir, o en su caso corregir, fallos, deterioros, averías o un mal funcionamiento de los equipos.

Las operaciones de mantenimiento que se efectúen de un equipo, tales como, por ejemplo: limpieza, revisiones, comprobaciones, sustituciones, reposiciones de material fungible, etc. deben anotarse en un *diario* o *ficha/registro de mantenimiento* diseñado para esta finalidad.

Figura 1.2
Laboratorio de un centro universitario.
Fuente: Sisib Universidad de Chile.

Recuerda

✓ El plan de mantenimiento de un laboratorio de ensayos fisicoquímicos suele presentarse en forma de tabla (planing) y se suele exponer a la vista de los usuarios, ya sea bien en un lugar destinado al efecto, o bien, cerca de cada instrumento a verificar.

Los laboratorios deben implantar un *plan de calibración o verificación* de sus equipos e instalaciones que asegure la fiabilidad de los mismos. Este plan debe tener definido:

- qué equipos e instalaciones se calibran o verifican,
- quién realiza estas operaciones,
- la periodicidad o frecuencia (mensual, trimestral, semestral, anual, etc.),
- las actividades a realizar (parámetros a calibrar, comprobaciones o verificaciones) y los procedimientos a aplicar (instrucciones escritas o PNT, o protocolos de actuación).

Actividades propuestas

1.4. ¿Cuál es la diferencia entre mantenimiento preventivo y mantenimiento correctivo?
1.5. ¿Qué es un plan de mantenimiento?

1.4. Riesgos asociados al trabajo en el laboratorio

Por sus propias características, el trabajo en el laboratorio presenta una serie de riesgos de origen y consecuencias muy variadas, relacionados básicamente con las instalaciones, los productos que se manipulan (y también con las energías y organismos vivos) y las operaciones que se realizan con ellos. El laboratorio dispone normalmente de una serie de instalaciones o servicios generales de gas, agua, aire comprimido, vacío, electricidad, etc., de los cuales el responsable del laboratorio debe tener constancia que cumplen las normativas de carácter estatal, autonómico o local que les afecten, que se hallen en buen estado y estén sometidas a un mantenimiento adecuado que garantice tanto el cumplimiento de la reglamentación comentada, como un riesgo nulo o escaso de provocar daños al personal que las utiliza en su trabajo diario.

Las *fuentes de riesgo en el laboratorio* de pruebas fisicoquímicas son las siguientes:

- Iluminación y pantallas de visualización de datos.
- Ventilación.
- Material de vidrio.
- Instalación y aparatos eléctricos.
- Frigoríficos.
- Aparatos con llama.
- Baños fríos, calientes y dispositivos de calefacción.
- Refrigerantes.
- Estufas.
- Botellas e instalaciones de gases.
- Autoclaves.
- Centrífugas.
- Pipetas.
- Instrumental analítico:
  - Cromatógrafo de gases (CG).
  - Cromatógrafo de líquidos de alta resolución (HPLC).
  - Espectrofotómetro de absorción atómica.
  - Instalaciones de rayos láser.

En cada uno de los casos se deben tomar las oportunas medidas de protección colectivas e individuales.

Actividades propuestas

1.6. Cita y comenta brevemente tres fuentes de riesgo relacionadas con los laboratorios de pruebas fisicoquímicas.

1.7. Busca información sobre los riesgos asociados a una autoclave y realiza un breve comentario.

1.5. Seguridad en las actividades de funcionamiento del laboratorio

En referencia a la seguridad en las actividades de funcionamiento del laboratorio, se encuentran regulados mediante las Normas Técnicas de Prevención (NTP) del Instituto Nacional de Seguridad y Salud en el Trabajo (INSST). Estas normas podrían dividirse en dos grandes bloques: normas generales y normas específicas.

RECURSO WWW

Todas las Normas Técnicas de Prevención referidas pueden consultarse en la página web del INSST:

En el caso de las *normas generales* podrían destacarse las siguientes:

- NTP 276: Eliminación de residuos en el laboratorio: procedimientos generales.

- NTP 432: Prevención de riesgos en el laboratorio. Organización y recomendaciones generales - Año 1996.
- NTP 500: Prevención de riesgos en el laboratorio: elementos de actuación y protección en casos de emergencia - Año 1998.
- NTP 517: Prevención del riesgo en el laboratorio. Utilización de equipos de protección individual (I): aspectos generales - Año 1999.
- NTP 518: Prevención del riesgo en el laboratorio. Utilización de equipos protección individual (II): gestión - Año 1999.
- NTP 550: Prevención de riesgos en el laboratorio: ubicación y distribución - Año 2000.
- NTP 551: Prevención de riesgos en el laboratorio: la importancia del diseño - Año 2000.

Las *normas específicas* son de aplicación en laboratorios químicos, farmacéuticos o bioquímicos. En el caso de los laboratorios de ensayos fisicoquímicos, son de aplicación las NTP relativas a los laboratorios químicos. De entre estas normas, se pueden destacar las siguientes:

- NTP 461: Seguridad en el laboratorio: características de peligrosidad de los productos químicos de uso más corriente - Año 1997.
- NTP 464: Prevención del riesgo en el laboratorio químico: operaciones básicas - Año 1997.
- NTP 478: Prevención del riesgo en el laboratorio químico: reactividad de los productos químicos (I) - Año 1998.
- NTP 479: Prevención del riesgo en el laboratorio químico: reactividad de los productos químicos (II) - Año 1998.
- NTP 672: Extracción localizada en el laboratorio - Año 2004.
- NTP 725: Seguridad en el laboratorio: almacenamiento de productos químicos - Año 2006.
- NTP 1106: Modelo para la catalogación de laboratorios químicos de investigación.
- NTP 987: Laboratorios químicos: clasificación y estimación de su peligrosidad (I) - Año 2013.
- NTP 988: Laboratorios químicos: clasificación y estimación de su peligrosidad (II) - Año 2013.

Actividades propuestas

1.8. Consultando la NTP 464, enumera cuáles son las operaciones básicas en un laboratorio químico y qué riesgos comportan.

1.9. ¿Qué diferencia hay entre una norma general de protección y una norma específica de protección?

1.6. Normas ambientales del laboratorio y clasificación de residuos

Existen varias normas nacionales e internacionales que hacen referencia a las medidas que deben cumplir los laboratorios de ensayos, en referencia al medio ambiente y la gestión de residuos.

Por citar algunas normas podemos decir: ISO – 14001, normas del NISHT (NTP), BPL, etc. Debido a la gran cantidad de información disponible sobre las normas ambientales en el laboratorio, a continuación, se presentan algunas de ellas, con algunos comentarios de interés.

1.6.1. Normas ambientales

Todas las normas ambientales aplicables a los laboratorios de ensayo podrían resumirse en una sola:

- Minimizar o eliminar el posible impacto que los residuos del laboratorio producen en la biosfera.

Esta máxima podría concretarse en tres casos:

- Evitar la contaminación de la atmósfera.
- Evitar la contaminación de las aguas.
- Evitar la contaminación de los suelos.

La contaminación de la atmósfera desde el laboratorio puede producirse por la emisión de gases, vapores o partículas contaminantes.

La contaminación de las aguas y del suelo suele producirse, directamente, por el vertido de residuos sólidos y líquidos al medio ambiente.

La emisión de contaminantes a la atmósfera se consigue mediante el tratamiento del aire del laboratorio y de los flujos de aire provenientes de las campanas de gases o de extracción. El tratamiento del aire y de las extracciones suele realizarse a través de filtros de tipo físico (rejillas, filtros electrostáticos), o filtros químicos (de adsorción, reactivos, etc.).

Evitar la contaminación de las aguas mediante residuos sólidos o líquidos, provenientes del laboratorio, es más complicado. Con la excepción de las grandes empresas, no es obligatorio el uso de depuradoras individuales, ahora sí que es obligatoria la separación de los residuos en fracciones y su posterior tratamiento en el laboratorio, o bien, en una planta de gestión, corriendo a cargo del laboratorio los gastos de recogida y gestión de estos residuos.

La gran mayoría de laboratorios siguen políticas medioambientales derivadas de la norma UNE-EN-ISO 14.000 y 14.001 que son una serie de normas de gestión medioambiental aceptadas internacionalmente. Esta serie, que se ha convertido en uno de los patrones de referencia más acreditados a nivel mundial, incluye un conjunto de normas y estándares que se pueden aplicar a cualquier empresa, incluidos los laboratorios de pruebas fisicoquímicas.

Algunas pautas de política medioambiental aplicada a los laboratorios pueden ser las siguientes:

- Orientar sus actividades hacia el desarrollo sostenible.
- Asegurar el cumplimiento de la legislación, reglamentación y normativa ambiental.
- Compromiso de mejora continua para la protección del medio ambiente.
- Establecer objetivos y metas de protección medioambiental acordes al compromiso de mejora continua.
- Disponer de herramientas para desarrollar y revisar periódicamente objetivos y metas para la mejora continua del comportamiento medioambiental de la empresa.
- Aprovechamiento de los recursos naturales.
- Garantizar que las actividades que desarrolla contemplan aspectos medioambientales, buscando evitar o minimizar los posibles impactos al medio ambiente.
- Prevención de la contaminación.
- Gestión de los residuos producidos.
- Conocer y adoptar las nuevas tecnologías y los procedimientos más adecuados para la mejora del comportamiento medioambiental.

- Implantar acciones permanentes de formación, sensibilización y motivación sobre protección ambiental para los empleados.
- Desarrollar vías y sistemas de comunicación para informar y dialogar con las partes interesadas sobre las actuaciones de la empresa en materia medioambiental.

A continuación, se hará un repaso referente a la clasificación y gestión de residuos en los laboratorios de ensayo.

1.6.2. Clasificación y gestión de residuos

Una primera clasificación de los residuos generados en los laboratorios obedece a su estado físico, así pues, se puede hablar de:

- Residuos sólidos.
- Residuos líquidos.
- Residuos gaseosos.

Esta clasificación podría ampliarse fijándose en las diferentes fracciones que pueden separarse para su posterior tratamiento:

CUADRO 1.4
Clasificación de los residuos

Residuos sólidos	
• Residuos plásticos • Papel y cartón • Cristal	• Productos químicos sólidos • Residuos radiactivos o biológicos • Metales
Residuos líquidos	
• Aceites y grasas • Disolventes u otros productos orgánicos • Disoluciones ácidas o básicas • Líquidos biológicos	• Disoluciones que contengan metales pesados • Disoluciones rédox
Residuos gaseosos	
• Gases y vapores: – Inertes – Tóxicos	• Humos • Aerosoles

La gestión de los residuos del laboratorio tiene una problemática diferente la de los industriales ya que, normalmente, se generan en pequeñas cantidades, son muy variados y tienen elevada peligrosidad tanto desde el punto de vista fisicoquímico, como toxicológico y para el medio ambiente. La gestión de los residuos de laboratorio debe basarse en los principios de minimización, reutilización, tratamiento y eliminación segura. Para ello se deberá establecer un *programa de gestión de residuos* en el laboratorio que contemple todos los residuos generados, sean banales o peligrosos.

PARA SABER MÁS

Para más información pueden consultarse las normativas que se refieren a continuación:

- Ley 20/1986 de 14.5 (B.O.E. 20.5.1986). Básica de residuos tóxicos y peligrosos.
- Real Decreto 833/1988 de 20.7 (M.° de Obras Públicas y Urbanismo B.O.E. 30.7.1988). Reglamento para la ejecución de la Ley 20/1986. Básica de Residuos Tóxicos y Peligrosos.
- Orden de 13.10.1989 (M.° de Obras Públicas y Urbanismo B.O.E. 20.11.89) por la que se determinan los métodos de caracterización de los residuos tóxicos y peligrosos.
- 90/394/CEE. Directiva del Consejo de 28.6.90 relativa a la protección de los trabajadores contra los riesgos relacionados con la exposición a agentes carcinógenos durante el trabajo. D.O.C.E. L196, 26.7.90.
- 90/679/CEE. Directiva del Consejo de 26.11.90 sobre la protección de los trabajadores contra los riesgos relacionados con la exposición a agentes biológicos durante el trabajo. D.O.C.E. L374, 31.12.1990.
- 91/689/CEE. Directiva del Consejo de 12.12.91 relativa a los residuos peligrosos. D.O.C.E. L377, 31.12.1991.
- Real Decreto 53/1992 de 24.1 (M.° de Relaciones con las Cortes B.O.E. 12.2.92). Reglamento sobre protección sanitaria contra radiaciones ionizantes.
- 94/904/CEE. Decisión del Consejo de 22.12.94 por la que se establece una lista de residuos peligrosos en virtud del apartado 4 del artículo 1 de la Directiva 91/689/CEE del Consejo relativa a los residuos peligrosos. D.O.C.E. L356, 31.12.94.

El programa debe contemplar básicamente los siguientes aspectos:

- Inventario de todos los productos considerados como residuos.
- Definición de grupos en base a sus características fisicoquímicas, incompatibilidades, riesgos específicos y/o tratamiento y eliminación posterior.
- Contemplar las posibilidades de minimización considerando la posible reutilización, recuperación, neutralización y eliminación.

Una adecuada gestión de compras y de almacén, manteniendo el stock al mínimo, reduce el volumen de los residuos al disminuir la cantidad generada de reactivos caducados, sobrantes o de uso no previsible. También deben tenerse en cuenta otros aspectos como:

- Implantación de un sistema de recogida selectiva en función de los grupos establecidos con provisión de contenedores adecuados a las características de los residuos e identificación y etiquetado de los envases y contenedores.
- Información y formación del personal del laboratorio sobre la existencia y características del plan de gestión de residuos, siendo recomendable disponer de un contrato con

una empresa externa autorizada para la recogida, tratamiento y eliminación de aquellos residuos que no puedan tratarse en el propio laboratorio.

- La gestión de residuos de laboratorio debe tener en cuenta las exigencias de la normativa existente, sea a nivel local, autonómico, estatal o comunitario y contemplar la gestión diferenciada de aquellos residuos que tienen una legislación específica: radiactivos, biológicos y cancerígenos, por ejemplo. ¡Y la actuación en casos de emergencia!

Ya para acabar, comentaremos que existen dos Normas Técnicas de Prevención (NTP) dictadas por el Instituto Nacional de Seguridad e Higiene en el Trabajo (INSTH), en referencia a los residuos y su gestión:

- NTP 276: eliminación de residuos en el laboratorio: procedimientos generales.
- NTP 359: seguridad en el laboratorio: gestión de residuos tóxicos y peligrosos en pequeñas cantidades.
- NTP 480: gestión de los residuos peligrosos en los laboratorios universitarios y de investigación.

Actividades propuestas

1.10. ¿Qué residuos de laboratorio coinciden con los residuos domésticos? ¿Pueden recibir el mismo tratamiento?

1.11. ¿Qué es un programa de gestión de residuos?

Resumen

- Un laboratorio de ensayo fisicoquímicos es una instalación donde se realizan pruebas para la determinación de las propiedades físicas y químicas de la materia o de los materiales. Estos laboratorios están equipados con los equipos necesarios para realizar la medida de las propiedades de las muestras. En todos los laboratorios de este tipo suelen distinguirse tres áreas de trabajo: la zona de gestión, la zona de investigación o ensayo y la zona de almacén.
- Los laboratorios están organizados, desde el punto de vista de personal y de medios, de manera que se puedan alcanzar todos los objetivos que les son propios: caracterizar la materia identificando sus propiedades físicas y químicas, determinar las propiedades físicas de la materia a través de pruebas estandarizadas, determinar propiedades de la materia asociadas a los cambios de estado, aplicando procedimientos normalizados, determinar propiedades coligativas de las disoluciones, aplicando procedimientos normalizados, medir propiedades de los líquidos siguiendo procedimientos normalizados, y medir propiedades ópticas siguiendo procedimientos normalizados.
- La realización de los procedimientos anteriores y otros más generales, conlleva la generación y el uso de grandes cantidades de información que debe recogerse en los soportes adecuados. Estos soportes son la documentación del laboratorio, que puede ser de tipo físico o informático.

- Se deben conocer las instalaciones, aparatos y procedimientos de análisis al detalle, para poder evaluar los riesgos asociados a ellos y de esta manera poderlos prevenir o evitar. Toda instalación e instrumento debe ser revisada periódicamente y mantenida en perfecto estado de funcionamiento, para evitar errores en el trabajo del laboratorio y riesgos de accidente.
- Por último, se debe conocer y respetar la normativa medioambiental que debe aplicarse a los laboratorios de ensayos fisicoquímicos, y se debe prestar una atención especial al tratamiento de los residuos que pueden generarse en el laboratorio.

Ejercicios propuestos

1. ¿Qué diferencias básicas existen entre un laboratorio de química, un laboratorio de física y uno de pruebas fisicoquímicas?

2. Indica el nombre de dos instalaciones, dos equipos y dos materiales que podrían encontrarse en un laboratorio de pruebas fisicoquímicas.

3. ¿Cuáles son los equipos de protección individual adecuados para un laboratorio de ensayos fisicoquímicos?

4. ¿Qué es la zona de gestión de un laboratorio?

5. Nombra y explica brevemente un ejemplo de cada uno de estos ítems:

a) Instalación de un laboratorio de ensayo.
b) Equipo de un laboratorio de pruebas fisicoquímicas.
c) Documento de gestión.

6. ¿Qué diferencia existe entre el mantenimiento preventivo y el mantenimiento correctivo?

7. Cita un riesgo asociado a un aparato utilizado para realizar una prueba física e indica cómo prevenir o evitar ese riesgo.

8. A partir de las fichas de seguridad de los productos que se indican (pueden encontrarse fácilmente por internet), da unas pautas para su tratamiento como residuos:

a) Dicromato de potasio: $K_2Cr_2O_7$.
b) Hidróxido de sodio: NaOH.
c) Ácido clorhídrico: HCl.
d) Etanol: CH_3CH_2OH.

9. ¿Qué es un plan de verificación y calibración? ¿A qué equipos e instalaciones se aplica? ¿Qué información mínima debe contener?

10. ¿Cuál es la máxima en la que podría resumirse la gestión de residuos en el laboratorio?

Actividades de autoevaluación

1. Un tubo de ensayo roto se considera un residuo sólido y debe depositarse en:
   - ☐ *a)* El contenedor de desechos biológicos.
   - ☐ *b)* El contenedor de los envases.
   - ☐ *c)* El contenedor del vidrio.
   - ☐ *d)* La papelera.

2. El almacén de productos químicos se considera:
   - ☐ *a)* Una zona general del laboratorio.
   - ☐ *b)* Una zona de gestión del laboratorio.
   - ☐ *c)* Una zona específica del laboratorio.
   - ☐ *d)* Ninguna de las respuestas anteriores es correcta.

3. Las siglas NTP significan:
   - ☐ *a)* No tocar, peligro.
   - ☐ *b)* Normas técnicas de prevención.
   - ☐ *c)* Buenas prácticas de laboratorio.
   - ☐ *d)* Ninguna de las respuestas anteriores es correcta.

4. Las normas para el almacenamiento de productos químicos pueden encontrarse en:
   - ☐ *a)* La etiqueta del producto.
   - ☐ *b)* En las fichas NTP.
   - ☐ *c)* En el PNT del producto.
   - ☐ *d)* En la ficha de seguridad del producto.

5. ¿Qué tipo de mantenimiento es obligatorio en las instalaciones y aparatos de laboratorio?
   - ☐ *a)* El mantenimiento preventivo.
   - ☐ *b)* El mantenimiento correctivo.
   - ☐ *c)* Ninguno de los dos.
   - ☐ *d)* Los dos tipos son obligatorios.

6. Los residuos químicos producidos en el laboratorio…
   - ☐ *a)* Pueden arrojarse al desagüe directamente.
   - ☐ *b)* Deben clasificarse y depositarse en el recipiente adecuado.
   - ☐ *c)* Pueden incinerarse en el laboratorio.
   - ☐ *d)* Ninguna de las respuestas anteriores es correcta.

7. Un laboratorio donde se investigan muestras biológicas se puede clasificar dentro de:
   - ☐ *a)* Los laboratorios de ensayos físicos.
   - ☐ *b)* Los laboratorios de ensayos químicos.
   - ☐ *c)* Los laboratorios de ensayos fisicoquímicos.
   - ☐ *d)* Ninguna de las respuestas anteriores es correcta.

8. ¿Cuál de los siguientes elementos no se considera un EPI?
   - ☐ *a)* Bata de laboratorio.
   - ☐ *b)* Gafas de protección.
   - ☐ *c)* Guantes de protección.
   - ☐ *d)* Ninguna de las respuestas anteriores es correcta.

9. El material de vidrio roto, se considera un residuo:
   - ☐ *a)* Especial.
   - ☐ *b)* Físico.
   - ☐ *c)* Químico.
   - ☐ *d)* Todas las respuestas anteriores son correctas.

10. Los PNT, incluidos en las normas de calidad del laboratorio, se consideran:
   - ☐ *a)* Documentos organizativos.
   - ☐ *b)* Documentos de gestión.
   - ☐ *c)* Documentos de consulta.
   - ☐ *d)* Todas las respuestas anteriores son correctas.

SOLUCIONES:

1. a b **c** d
2. a b **c** d
3. a **b** c d
4. a b c **d**
5. a b c **d**
6. a **b** c d
7. a b c **d**
8. a b c **d**
9. **a** b c d
10. a b c **d**

2

Caracterización de la materia

Objetivos

- ✓ Conocer la estructura básica de la materia y poder caracterizar los átomos a partir del número atómico y del número másico.
- ✓ Saber cuáles son diferentes estados de agregación de la materia y sus propiedades.
- ✓ Definir y calcular la densidad de una sustancia.
- ✓ Diferenciar las propiedades térmicas, eléctricas y magnéticas de la materia.
- ✓ Especificar y calcular las diferentes propiedades térmicas de la materia.
- ✓ Delimitar y calcular la conductividad y resistividad eléctrica.
- ✓ Saber definir y calcular las propiedades magnéticas de la materia: permeabilidad, inducción y susceptibilidad.
- ✓ Determinar el punto de fusión y el punto de ebullición de una sustancia y que están relacionados con la concentración de una disolución.
- ✓ Conocer los conceptos de presión osmótica, tensión superficial y viscosidad.
- ✓ Definir las diferentes propiedades ópticas de la materia.

Mapa conceptual

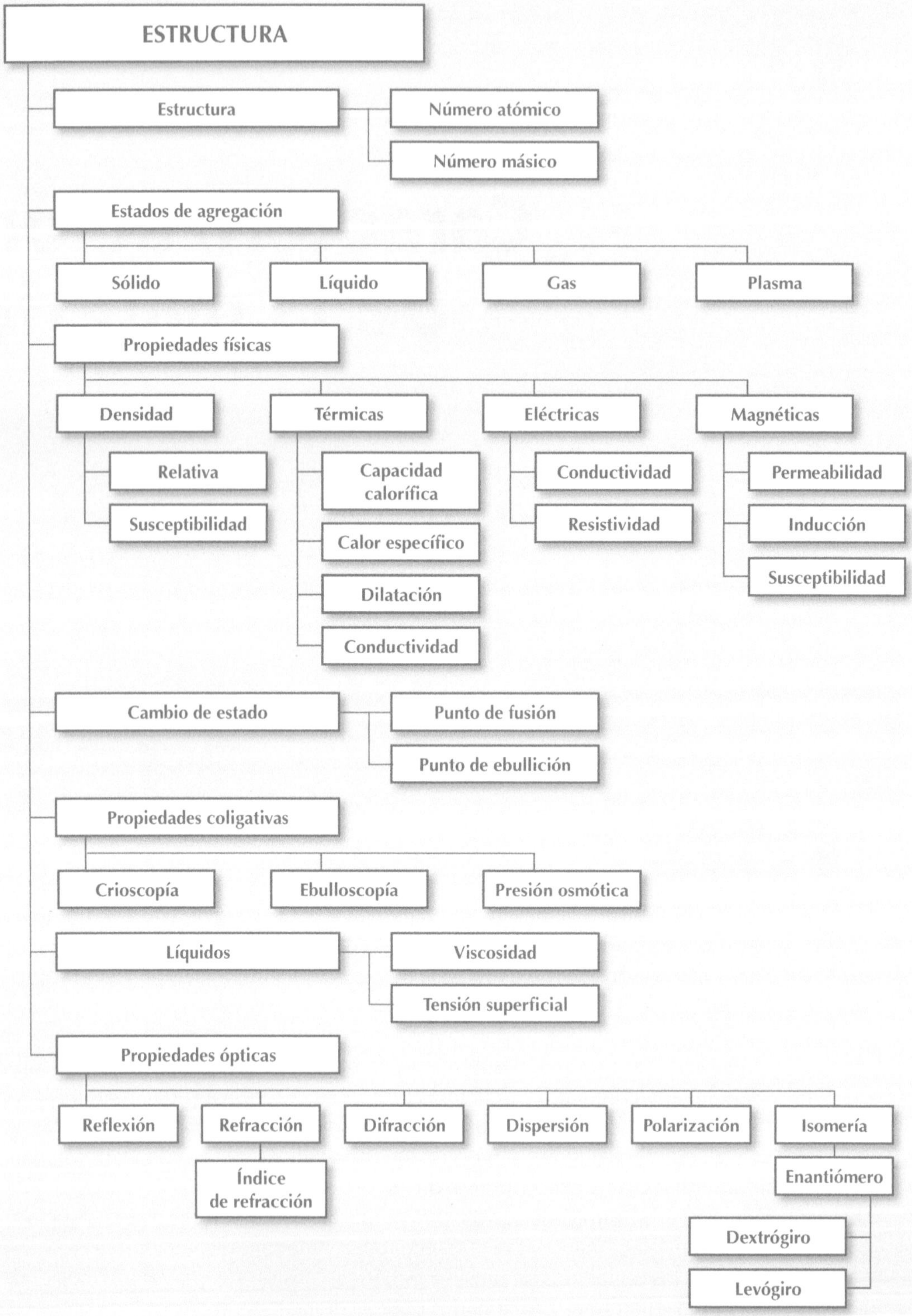

Glosario

Átomo. Cada una de las partículas elementales que conforman la materia y que aún mantiene todas las propiedades macroscópicas de esta.

Electrón. Una de las partículas subatómicas del átomo. Se caracteriza por tener carga negativa y masa prácticamente despreciable.

Neutrón. Una de las partículas subatómicas que forman el núcleo de los átomos (nucleones). Su masa es parecida a la del protón y no tiene carga eléctrica.

Materia. Todo aquello que se extiende en cierta región del espacio-tiempo, posee una cierta cantidad de energía y por ende está sujeto a cambios en el tiempo y a interacciones con aparatos de medida.

Protón. Partícula subatómica presente en el núcleo de los átomos (nucleón). Su masa, junto con la de los neutrones, da lugar a la masa del átomo. Tiene carga positiva.

SI. Sistema Internacional de unidades.

2.1. Estructura de la materia. Estados de agregación. Propiedades

Se puede decir que la *materia* es todo aquello que se extiende en cierta región del espacio-tiempo, posee una cierta cantidad de energía y por ende está sujeto a cambios en el tiempo y a interacciones con aparatos de medida.

En una visión clásica de la ciencia se considera que la materia tiene tres propiedades que la caracterizan: ocupa un lugar en el espacio, tiene masa y perdura en el tiempo.

2.1.1. Estructura de la materia

La materia puede estudiarse desde el punto de vista *macroscópico* o *microscópico*. Dependiendo del nivel de estudio o de descripción que se quiera realizar, se puede describir la materia a nivel *clásico* o a nivel *cuántico*.

A *nivel microscópico* puede considerarse que toda la materia está formada por *moléculas* o cristales, y a su vez estos están constituidos por átomos. A su vez, los átomos están constituidos por protones, electrones y neutrones.

Los *electrones* (e^-) son partículas subatómicas con carga eléctrica negativa ($-1{,}602176565 \cdot 10^{-19}$ C) que se considera unitaria y una masa muy pequeña ($9{,}10938291 \cdot 10^{-31}$ kg). Estas partículas participan en las interacciones fundamentales, tales como la gravedad, el electromagnetismo y la fuerza nuclear débil. Una propiedad importantísima de los electrones es que pueden comportarse como una onda o como una partícula. Es debido a esto que pueden interaccionar con otras partículas y a la vez ser difractados como la luz o ser interferidos, como las ondas de radio.

Los *protones* (p^+) son partículas subatómicas con carga eléctrica positiva, de la misma magnitud que la de los electrones, y una masa 1 836 veces superior a la de estos ($1{,}672621898 \cdot 10^{-27}$ kg). También participan en una serie de interacciones fundamentales como: la gravedad, el electromagnetismo, la fuerza nuclear débil y la fuerza nuclear fuerte.

Los *neutrones* (n^0) son partículas subatómicas sin ningún tipo de carga eléctrica y con una masa muy ligeramente superior a la del protón ($1{,}67492729 \cdot 10^{-27}$ kg). El neutrón, al no poseer carga eléctrica, no puede participar en las interacciones electromagnéticas, pero sí participa de las interacciones gravitatorias, nucleares fuertes y nucleares débiles.

La estructura más sencilla de los *modelos atómicos* presenta a los átomos formados por un *núcleo* central y una "corteza" exterior. En el núcleo se hallan los protones y neutrones y, por tanto, la mayor parte de la masa se encuentra allí acumulada. En la "corteza" se encuentran los electrones que describen "órbitas" alrededor del núcleo central.

En un átomo, el número de protones en el núcleo determina las propiedades químicas del átomo y qué elemento químico es. Además, para que el átomo sea neutro, el número de protones del núcleo ha de coincidir con el número de electrones de la "corteza".

A partir de las premisas anteriores se pueden definir dos parámetros atómicos de gran importancia:

- *Número atómico (Z)*: se corresponde con el número de protones en el núcleo del átomo, y como se ha dicho debe coincidir con el de electrones, y sirve para identificar al elemento químico en cuestión, ya que además indica el número de orden en la tabla periódica de los elementos.

$$Z = p^+ = e^-$$

- *Número másico (A)*: se corresponde con la suma del número de protones más el número de neutrones y da una idea aproximada de la masa atómica del átomo.

$$A = p^+ + n^0 = Z + n^0$$

Actividades resueltas

2.1. *El número atómico de un elemento es 17 y su número másico 35. ¿Cuántos protones y neutrones se hallarán en el núcleo de este elemento? ¿Cuántos electrones habrá en la corteza?*

SOLUCIÓN:

Como se sabe que $Z = p^+ = e^-$, sabemos que el átomo constará de 17 protones y 17 electrones.

A partir del número másico $A = Z + n^0$, se puede deducir que el número de neutrones será 35 – 17 = 18.

2.2. *Con ayuda de la tabla periódica, localizar en elemento químico que tiene Z= 35. A partir de los datos de la tabla, deduce su número másico y el número de neutrones.*

Solución:

La tabla periódica indica que el elemento químico con $Z = 35$ es el bromo (Br). El número de protones del bromo coincidirá con el número de electrones, es decir ambos serán 35.

El número másico (A) del Br se considera tradicionalmente igual a 80. A partir de aquí, se deduce que el número de neutrones de este elemento será:

$$n^0 = A - Z = 80 - 35 = 45 \text{ neutrones}$$

2.1.2. Estados de agregación de la materia. Propiedades

Si se estudia la materia a *nivel macroscópico,* se observa que, para cualquier sustancia o mezcla, modificando sus condiciones de temperatura o presión, pueden obtenerse distintos estados o fases, denominados *estados de agregación de la materia,* en relación con las fuerzas de unión de las partículas (moléculas, átomos o iones) que la constituyen.

Todos los estados de agregación poseen propiedades y características diferentes; los más conocidos y observables cotidianamente son cuatro: estado sólido, líquido, gaseoso y plasma.

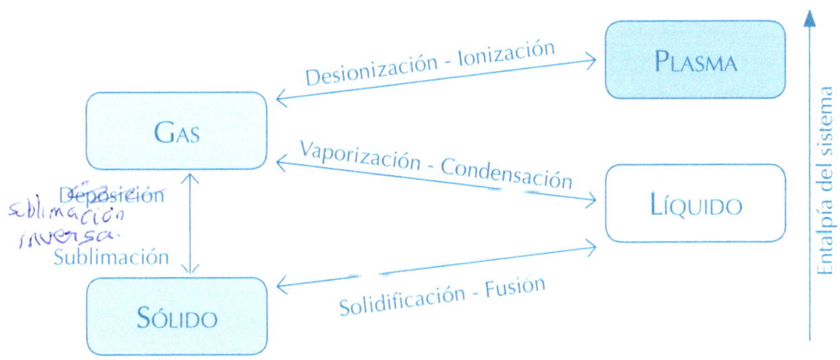

Figura. 2.1
Diagrama de cambios de estado de la materia.

Con las variaciones de energía, la materia puede pasar de un estado de agregación a otro, tal como se representa en la figura del margen.

En el *estado sólido,* los átomos se entrelazan formando estructuras estrechas definidas, lo que les confiere la capacidad de soportar fuerzas sin deformación aparente. Se dice que los sólidos son duros y resistentes, y entre sus átomos las fuerzas de atracción son mayores que las de repulsión. En los *sólidos cristalinos,* la presencia de espacios intermoleculares pequeños da paso a la intervención de las fuerzas de enlace, que ubican a las celdillas en formas geométricas. En los *sólidos amorfos o vítreos,* por el contrario, las partículas que los constituyen carecen de una estructura ordenada.

Los sólidos presentan las siguientes características:

- Cohesión elevada.
- Tienen una forma definida y memoria de forma, presentando fuerzas elásticas que, en caso de deformación, lo devuelven a su forma original.

- A efectos prácticos son incompresibles.
- Resistencia a la fragmentación.
- Fluidez muy baja o nula.
- Algunos de ellos se subliman.

PARA SABER MÁS

Un sólido granular es aquel que está formado por un conjunto de partículas macroscópicas sólidas lo suficientemente grandes para que la fuerza de interacción entre ellas sea la de fricción. Como ejemplos de materia granular se encuentran los granos y semillas, la nieve, la arena, etc.

La característica principal es que, en el *estado líquido,* la materia tiene la capacidad de fluir y adaptarse a la forma del recipiente que la contiene. En este estado, aún existe cierta unión entre los átomos del cuerpo, aunque mucho menos intensa que en los sólidos. Presenta las siguientes características:

- Cohesión menor.
- Poseen movimiento de energía cinética.
- Son fluidos, no poseen forma definida, ni memoria de forma por lo que toman la forma de la superficie o el recipiente que lo contiene.
- En frío se contraen (exceptuando el agua).
- Posee fluidez a través de pequeños orificios.
- Puede presentar difusión.
- Son poco compresibles.

En el estado gaseoso, la materia está compuesta principalmente por moléculas no unidas, expandidas y con poca fuerza de atracción, lo que hace que los gases no tengan volumen y forma definida, y se expandan libremente hasta llenar el recipiente que los contiene. Su densidad es mucho menor que la de los líquidos y sólidos, y las fuerzas gravitatorias y de atracción entre sus moléculas resultan insignificantes.

En el *estado gaseoso,* las moléculas están totalmente desordenadas y están poco afectadas por la fuerza gravitatoria. Se mueven tan rápidamente que se liberan unas de otras. Ocupan entonces un volumen mucho mayor que en los otros estados porque dejan espacios libres intermedios y están enormemente separadas unas de otras. Por eso es tan fácil comprimir un gas, lo que significa, en este caso, disminuir la distancia entre moléculas. El gas carece de forma y de volumen, porque se comprende que donde tenga espacio libre allí irán sus moléculas errantes y el gas se expandirá hasta llenar por completo cualquier recipiente.

El *plasma* es un gas ionizado, es decir, los electrones se han separado de algunos de los átomos que lo componen. De esta forma el plasma es un estado parecido al gaseoso, pero compuesto por aniones y cationes separados entre sí y libres. Cuanto más caliente está el gas, más rápido se mueven sus moléculas y átomos, y a muy altas temperaturas las colisiones entre estos átomos, moviéndose muy rápido, son suficientemente violentas para liberar los electrones.

El plasma conduce la electricidad y está fuertemente influido por los campos magnéticos.

Actividades propuestas

2.1. El número atómico (Z) de un elemento de la tabla periódica es 25. ¿Cuántos protones y electrones contiene dicho elemento? ¿De qué elemento se trata?

2.2. El número másico del carbono (C) es A = 12. A partir de la tabla periódica y del número másico, determina:

a) ¿Cuál será su número atómico?
b) ¿Cuántos neutrones contendrá el átomo de C?

2.2. Propiedades físicas: densidad, térmicas, eléctricas y magnéticas

Una *propiedad física* es cualquier propiedad de la materia que es medible, usualmente se entiende que el conjunto de propiedades físicas define el estado de un sistema físico. Los cambios en las propiedades físicas de un sistema describen sus transformaciones.

Las propiedades físicas frecuentemente se clasifican en propiedades intensivas y extensivas. Una *propiedad intensiva* no depende del tamaño de la extensión del sistema, o de la cantidad de material del sistema, mientras que una *propiedad extensiva* presenta un comportamiento aditivo.

2.2.1. Densidad

La *densidad* es una magnitud escalar referida a la cantidad de masa de una sustancia que ocupa un determinado volumen. La densidad media es la relación entre la masa de un cuerpo y el volumen que ocupa en el espacio:

$$\rho = \frac{m}{V}$$

donde: ρ: densidad (kg/m^3)
m: masa (kg)
V: volumen (m^3)

Las unidades de densidad en el SI son kg/m^3, aunque en el laboratorio es muy frecuente utilizar g/cm^3, o incluso g/L.

Actividad resuelta 2.3

Tradicionalmente, a 1 L de agua se le ha otorgado una masa de 1 kg. A partir de estos datos, determina la densidad del agua en unidades del SI.

SOLUCIÓN:

La densidad de una sustancia se determina a partir de la ecuación: $\rho = \frac{m}{V}$

En unidades SI, 1 L = 1 dm^3 = 10^{-3} m^3, por lo tanto: $\rho = \frac{1}{10^{-3}} = 1.000\ kg/m^3$

A) Densidad relativa

La *densidad relativa* de una sustancia es la relación existente entre su densidad y la de otra sustancia de referencia; en consecuencia, es una magnitud adimensional.

$$\rho_r = \frac{\rho}{\rho_0}$$

donde: ρ_r: densidad relativa de la sustancia.
ρ: densidad media o absoluta de la sustancia (kg/m^3).
ρ_0: densidad de referencia.

Para los líquidos y los sólidos, la densidad de referencia habitual es la del agua líquida a la presión de 1 atm y la temperatura de 4 °C. En esas condiciones, la densidad absoluta del agua destilada es de 1.000 kg/m^3, es decir, 1 kg/dm^3.

Para los gases, la densidad de referencia habitual es la del aire a la presión de 1 atm y la temperatura de 0 °C.

Actividad resuelta 2.4

Una masa de 100 mg de una determinada sustancia, ocupa un volumen de 25 cm^3. Conocida la densidad del agua, calcula la densidad relativa de esta sustancia.

SOLUCIÓN:

En primer lugar, se calcula la densidad absoluta de la sustancia en unidades del SI, para ello se sabe que 100 mg = 10^{-4} kg y que 25 cm^3 = 10^{-6} m^3:

$$\rho = \frac{m}{V} = \frac{10^{-4}}{10^{-6}} = 100\ \mathrm{kg/m^3}$$

Como la densidad del agua se considera que es 1.000 kg/m^3,

$$\rho_r = \frac{\rho}{\rho_0} = \frac{100}{1.000} = 0{,}1$$

B) Densidad aparente

La *densidad aparente* es una magnitud aplicada en materiales heterogéneos y en ocasiones porosos, los cuales contienen aire u otras sustancias en los intersticios que forman sus componentes, de esta manera densidad total del material es menor que la densidad del material si este estuviera compactado. Si suponemos que el material "de relleno" es aire, se tendría que:

$$\rho_{ap} = \frac{m_{ap}}{V_{ap}} = \frac{m + m_{aire}}{V + V_{aire}}$$

2.2.2. Propiedades térmicas de la materia

Pueden considerarse *propiedades térmicas de la materia,* aquellas que producen un cambio en esta, a causa de variaciones en la temperatura. Las propiedades derivadas de los cambios de estado de la materia se estudiarán más adelante. Son: el calor específico, la capacidad calorífica, la dilatación térmica y la conductividad térmica.

RECUERDA

- ✓ Para medir la temperatura, existen básicamente dos unidades: el grado Celsius (°C), o el kelvin (K) para temperaturas absolutas. La relación entre ambas escalas es: K = °C + 273.
- ✓ *R* es la constante de los gases ideales y adepta distintos valores, dependiendo del sistema de unidades.

$$R = 8{,}314\ \frac{\text{J}}{\text{K}\cdot\text{mol}} = 0{,}082\ \frac{\text{atm}\cdot\text{L}}{\text{K}\cdot\text{mol}}$$

A) Capacidad calorífica

Se define la *capacidad calorífica* como la cantidad de calor que se debe suministrar a toda la masa de una sustancia para elevar su temperatura en una unidad.

La capacidad calorífica es una propiedad extensiva representativa de cada cuerpo o sistema. Esta magnitud puede expresarse como:

$$C = \frac{Q}{\Delta T}$$

donde: C: es la capacidad calorífica de la sustancia (J/K).
Q: calor involucrado en la medición (J).
ΔT: variación de la temperatura (K).

Desde que se empezaron a medir las capacidades caloríficas de diferentes sustancias se apreciaron algunas propiedades importantes.

- Muchos sólidos tenían una capacidad calorífica, $C = 3R$ de acuerdo con la ley de Dulong-Petit.
- Muchos gases tenían capacidades caloríficas cercas a $C = \gamma \frac{R}{2}$ (donde γ es un número entero dependiente de la estructura molecular del gas).

B) Calor específico

El *calor específico* es una magnitud física que se define como la cantidad de calor que hay que suministrar a la unidad de masa de una sustancia o sistema termodinámico para elevar su temperatura en una unidad; esta se mide en varias escalas. En general, el valor del calor específico depende del valor de la temperatura inicial.

Se puede definir el calor específico como el cociente entre la capacidad calorífica y la masa de sustancia presente:

$$C = \frac{c}{m}$$

donde: c: calor específico (J/kg).
C: capacidad calorífica (J).
m: masa (kg).

El calor específico es una propiedad intensiva de la materia, por lo que es representativo de cada sustancia. Cuanto mayor es el calor específico de las sustancias, más energía calorífica se necesita para incrementar la temperatura.

El calor específico de una sustancia se puede expresar en función de la masa, la variación de la temperatura y el calor involucrado en el proceso de medida, según la expresión:

$$c = \frac{Q}{m \cdot \Delta T}$$

donde c: calor específico (J/kg·K)
Q: calor (J).
m: masa (kg).
ΔT: variación de temperatura (K).

Actividad resuelta 2.5

Una determinada sustancia tiene una masa de 1 kg. Se observa que al pasar la temperatura de 25 °C a 100 °C, el calor implicado en el proceso es de 50 J. ¿Cuál es su calor específico?

SOLUCIÓN:

Teniendo en cuenta los datos expresados en unidades SI:

$$c = \frac{Q}{m \cdot \Delta T} = \frac{50}{1 \cdot (100 - 25)} = 0{,}667 \ \mathrm{J/kg \cdot K}$$

C) Dilatación térmica

Se denomina *dilatación térmica* al aumento de longitud, superficie o volumen que sufre un cuerpo físico debido al aumento de la temperatura del sistema. La *contracción térmica* sería el proceso contrario. Se puede hablar de tres tipos de dilatación térmica:

- *Dilatación lineal:* es aquella en la cual predomina la variación en una única dimensión, es decir, en el ancho o altura del cuerpo:

  $$\Delta L = 1 + \alpha_L \cdot \Delta T$$

  donde: ΔL: variación de la longitud del cuerpo (m).
  α_L: coeficiente de dilatación lineal (K^{-1}). Este coeficiente es específico para cada sustancia.
  ΔT: variación de temperatura (K).

- *Dilatación superficial:* es aquella en la cual varían dos dimensiones del cuerpo. Se puede calcular mediante las siguientes expresiones:

  $$\Delta A = 1 + \gamma_A \cdot \Delta T$$

  donde: ΔA: incremento de superficie (m^2).
  γ_L: coeficiente de dilatación superficial, donde (K^{-1}).
  ΔT: incremento de temperatura (K).

- *Dilatación volumétrica:* es aquella en la cual varían las tres dimensiones del cuerpo. Este tipo de dilatación se puede determinar a partir de las expresiones siguientes:

$\Delta V = 1 + \alpha_V \cdot \Delta T$ donde: ΔV: incremento de volumen (V^3).
α_V: coeficiente de dilatación volumétrica, donde (K^{-1}).
ΔT: incremento de temperatura (K).

Actividad resuelta 2.6

Calcula el incremento de volumen de un determinado cuerpo al pasar de 25 °C a 125 °C, si el coeficiente de dilatación lineal del cuerpo es de 0,0025 K^{-1}.

Calcula incremento de volumen de un determinado cuerpo al pasar de 25 °C a 125 °C, si el coeficiente de dilatación lineal del cuerpo es de 0,0025 K^{-1}.

SOLUCIÓN:

En primer lugar, se determina $\alpha_V \approx 3\alpha_L \approx 3 \cdot 0{,}0025 = 0{,}0075\ K^{-1}$.

A continuación, ya puede determinarse el incremento de volumen $\Delta V = 1 + \alpha_V \cdot \Delta T = 1 + 0{,}0075 \cdot (125^{-25}) = 1{,}75\ m^3$.

D) Conductividad térmica

La conductividad térmica es una propiedad física de las sustancias que mide la capacidad de estas para conducir el calor. Se puede considerar que, la conductividad térmica es la capacidad de una sustancia de transferir la energía cinética de sus moléculas a otras adyacentes o a sustancias con las que está en contacto.

Esta propiedad puede expresarse como:

$\lambda = \dfrac{q}{\nabla T}$ donde: λ: conductividad térmica $\left(\dfrac{W}{m^2 \cdot K}\right)$.
q: flujo de calor por unidad de área $\left(\dfrac{J \cdot s}{m^2} = \dfrac{W}{m^2}\right)$.
∇T: gradiente de temperatura (K).

La conductividad térmica es una magnitud intensiva. Su magnitud inversa es la resistividad térmica, que es la capacidad de los materiales para oponerse al paso del calor.

PARA SABER MÁS

Existe una equivalencia entre el julio (J), considerado unidad de energía del SI y la caloría (cal), utilizada frecuentemente para expresar el calor implicado en un determinado proceso: 1 J = 0,24 cal

2.2.3. Propiedades eléctricas de la materia

Se entienden como propiedades eléctricas de la materia, las relacionadas con la configuración electrónica de los átomos. En este caso, se tratarán tres propiedades básicas y que son específicas para cada sustancia.

A) Conductividad eléctrica

La *conductividad eléctrica* es la medida de la capacidad de una sustancia para dejar pasar la corriente eléctrica a su través. La conductividad depende de la estructura atómica y molecular de la sustancia. La conductividad también depende de otros factores físicos del propio material, y de la temperatura. La conductividad eléctrica es la inversa de la resistividad eléctrica y esto puede expresarse como:

$$\sigma = \frac{1}{\rho}$$

donde: σ: conductividad eléctrica $\left(\frac{\text{S}}{\text{m}} = \frac{1}{\Omega \cdot \text{m}}\right)$.

ρ: resistividad eléctrica ($\Omega \cdot$ m).

Los mecanismos de conductividad difieren entre los tres estados de la materia.

En los líquidos, la conductividad eléctrica, está relacionada con la presencia de sales en disoluciones, cuya disociación genera iones positivos y negativos capaces de transportar la energía eléctrica si se somete el líquido a un campo eléctrico. Estos conductores iónicos se denominan electrolitos o conductores electrolíticos.

En estado sólido se puede distinguir entre materiales aislantes y materiales conductores. Los *materiales aislantes,* suelen ser sólidos cristalinos en los cuales, los electrones no están del todo libres, sino que forman parte de la red cristalina. En cambio, los *materiales conductores*, suelen ser sólidos metálicos en los cuales los electrones forman una "nube" entorno a los átomos y tienen más posibilidad de movimiento.

B) Resistividad eléctrica

La *resistividad* es la resistencia eléctrica específica de una determinada sustancia. Su valor representa el comportamiento de la sustancia frente al paso de corriente eléctrica: un valor alto de resistividad indica que el material es mal conductor mientras que un valor bajo indica que es un buen conductor.

La resistividad de un material puede calcularse a partir de la siguiente expresión:

$$\rho = \frac{R \cdot A}{L}$$

donde: ρ: resistividad eléctrica ($\Omega \cdot$ m).

R: resistencia eléctrica (Ω).

A: área o sección del conductor (m^2).

L: longitud del conductor (m).

La resistividad de los sólidos metálicos aumenta con la temperatura, mientras que la resistividad de los semiconductores disminuye ante el aumento de la temperatura.

PARA SABER MÁS

Un *semiconductor* es un elemento que se comporta como un conductor o como un aislante dependiendo de diversos factores, como por ejemplo el campo eléctrico o magnético, la presión, la radiación que le incide o la temperatura del ambiente en el que se encuentre. El semiconductor más utilizado es el silicio (Si).

La resistividad es la inversa de la conductividad eléctrica, por lo que también podría expresarse como:

$$\rho = \frac{1}{\sigma}$$

2.2.4. Propiedades magnéticas de la materia

Las propiedades magnéticas, como su nombre indica, están relacionadas con el fenómeno físico del magnetismo. El magnetismo o energía magnética es un fenómeno natural por el cual algunos objetos producen fuerza de atracción o repulsión sobre otros materiales.

Se pueden destacar las siguientes propiedades magnéticas: coercitividad, diamagnetismo, ferrimagnetismo, ferromagnetismo, magnetostricción, paramagnetismo, permeabilidad magnética, remanencia magnética, saturación magnética, susceptibilidad y anisotropía magnética.

A) Permeabilidad magnética

Se denomina *permeabilidad magnética* a la capacidad de una sustancia o medio para atraer y hacer pasar a través de ella campos magnéticos, la cual está dada por la relación entre la inducción magnética existente y la intensidad de campo magnético que aparece en el interior de dicha sustancia.

Esta propiedad se interpreta como, el grado de magnetización no permanente de un material en respuesta a un campo magnético. Puede determinarse a partir de la siguiente expresión:

$$\mu = \frac{B}{H}$$ donde: *B:* inducción magnética (H/m).
H: intensidad de campo magnético (T).

La permeabilidad del vacío, conocida también como constante magnética se define como:

$$\mu_0 = 4\pi \cdot 10^{-7} \cdot \frac{N}{A^2}$$ donde: $N = 6{,}022 \cdot 10^{23}$: (Número de Avogadro).
A: área o superficie (m^2).

Para comparar entre sí los materiales, se utiliza la permeabilidad magnética absoluta, definida como el producto entre la permeabilidad magnética relativa y la permeabilidad del vacío:

$$\mu = \mu_r \cdot \mu_0$$

Los materiales se pueden clasificar según su permeabilidad magnética relativa en:

- *ferromagnéticos,* cuyo valor de permeabilidad magnética relativa es muy superior a 1.
- *paramagnéticos* o no magnéticos, cuya permeabilidad relativa es aproximadamente 1 (se comportan como el vacío).
- *diamagnéticos,* de permeabilidad magnética relativa inferior a 1.

B) Inducción magnética

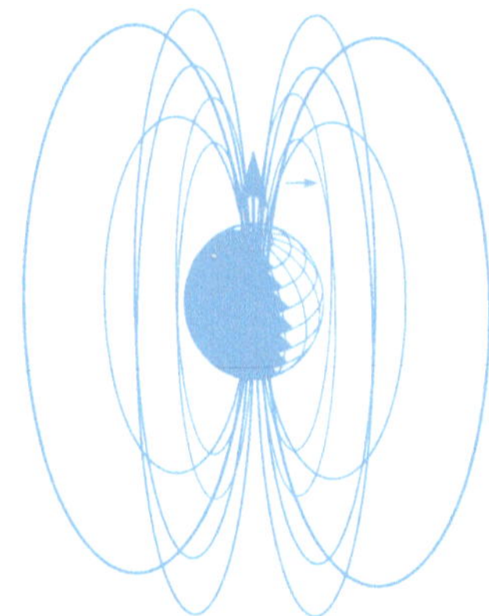

Figura 2.2
Líneas de campo magnético en la Tierra.

El campo magnético se suele representar mediante una magnitud vectorial. Esta magnitud recibe el nombre de *vector inducción magnética (B)*.

La inducción magnética *(B)* es proporcional al campo magnético *(H)* y puede calcularse mediante la siguiente expresión:

$B = \mu \cdot H$ donde: *B:* Inducción magnética (H).
μ: Permeabilidad magnética (H/m).
H: Campo magnético (T).

La inducción magnética también podría calcularse a partir de la ecuación:

$B = \frac{\mu_0 \cdot q \cdot v}{4\pi \cdot r^2}$ donde: $\mu_0 = 4\pi \cdot 10^{-7}$ es la permeabilidad magnética del vacío.
q: carga eléctrica (C).
v: velocidad (m/s).
r: radio (m).

Actividad resuelta 2.7

Conocida la permeabilidad magnética del vacío, calcula la inducción magnética que produce un protón que se desplaza a la velocidad de la luz. Datos: $q = 1{,}602 \cdot 10^{-19}$ C, $r = 0{,}875$ fm, $c = 3 \cdot 10^8$ m/s.

SOLUCIÓN:

$$B = \frac{\mu_0 \cdot q \cdot v}{4\pi \cdot r^2} = \frac{4\pi \cdot 10^{-7} \cdot 1{,}602 \cdot 10^{-19} \cdot 3 \cdot 10^8}{4\pi \cdot 0{,}875 \cdot 10^{-15}} = 0{,}0055 \text{ H}$$

C) Susceptibilidad magnética

Se designa como *susceptibilidad magnética (χ)* a una constante de proporcionalidad adimensional que indica el grado de sensibilidad a la magnetización de una sustancia influenciada por un campo magnético. Un parámetro relacionado con esta propiedad es la permeabilidad magnética (m), la cual expresa la magnetización total por unidad de volumen.

La *susceptibilidad magnética volumétrica* (c_v) se define a partir de la siguiente expresión:

$\chi = \frac{M}{H}$ donde: *M:* magnetización de la sustancia (A/m²).
H: campo magnético (T).

La relación entre la susceptibilidad magnética y la permeabilidad magnética es la siguiente:

$$\mu = \mu_0 (1 + \chi_v)$$

La *susceptibilidad másica* se define como la relación entre la susceptibilidad magnética volumétrica y la densidad de la sustancia:

$$\chi_m = \frac{\chi_v}{\rho}$$

La *susceptibilidad molar* se define como la relación entre la masa molecular de la sustancia y su susceptibilidad másica:

$$\chi_M = M_m \cdot \chi_m = M_m \cdot \frac{\chi_v}{\rho}$$

Actividades propuestas

2.3. Calcula la resistividad y conductividad eléctrica de un conductor de resistencia $R = 10\ \Omega$, longitud 0,5 m y sección 2,5 mm^2.

2.4. ¿Cuáles serían las susceptibilidades másica y molar del agua si su densidad relativa es 1 y su susceptibilidad magnética volumétrica es de 25?

2.3. Diagrama de cambios de estado: propiedades derivadas

Como ya se ha comentado con anterioridad, un diagrama de cambios de estado, recoge de forma visual los diferentes cambios de estado de la materia, en función de la temperatura, aunque otras magnitudes (como la presión y el volumen) también pueden influir.

Los cambios de estado están divididos generalmente en dos tipos:

- *Cambios progresivos*: vaporización, fusión y sublimación progresiva.
- *Cambios regresivos*: condensación, solidificación y sublimación regresiva.

2.3.1. Fusión-solidificación

La *fusión* es el paso del estado sólido al estado líquido por medio del calor; durante este proceso endotérmico (proceso que absorbe energía para llevarse a cabo este cambio) hay un punto en el que la temperatura permanece constante.

La solidificación es el paso de un líquido a sólido por medio del enfriamiento; el proceso es exotérmico.

A) Punto de fusión

El *punto de fusión* de una sustancia es la temperatura a la que cambia de estado sólido a líquido. En el punto de fusión, la fase sólida y líquida existen en equilibrio termodinámico. El punto de fusión de una sustancia depende de la presión y generalmente se especifica a una presión estándar, como 1 atmósfera o 100 kPa.

Cuando se considera el cambio inverso de líquido a sólido, se habla del punto de congelación o el *punto de cristalización*. Debido a la capacidad de algunas sustancias para sobreenfriarse, el punto de congelación no se considera una propiedad característica de una sustancia.

Ejemplo 2.1

El punto de fusión y el punto de congelación del mercurio es de 234,32 K (–38.83 °C o –37,89 °F).
El punto de fusión del hielo a 1 atmósfera de presión es muy cercano a 0 °C (32 °F; 273 K).

2.3.2. Vaporización, ebullición y condensación

La *vaporización* y la *ebullición* son los procesos físicos en los que un líquido pasa a estado gaseoso. Se denomina *condensación* al cambio de estado de la materia en el cual esta pasa de forma gaseosa a forma líquida. Es el proceso inverso a la vaporización.

El *punto de ebullición* es aquella temperatura en la cual la materia cambia de estado líquido a gaseoso. En el punto de ebullición la presión de vapor del líquido es igual a la presión del medio. En esas condiciones se puede formar vapor en cualquier punto del líquido. El punto de ebullición de un líquido varía según la presión ambiental que lo rodea. Un líquido en un vacío parcial tiene un punto de ebullición más bajo que cuando ese líquido está a la presión atmosférica. Un líquido a alta presión tiene un punto de ebullición más alto que cuando ese líquido está a la presión atmosférica.

El punto de ebullición depende de la masa molecular de la sustancia y del tipo de las fuerzas intermoleculares de esta sustancia. Para ello se debe determinar si la sustancia es covalente polar, covalente no polar, y determinar el tipo de enlaces que contiene.

Temperaturas inferiores al punto de ebullición, solo una pequeña fracción de las moléculas en la superficie del líquido tiene energía suficiente para romper la tensión superficial y escapar.

Ejemplo 2.2

El agua hierve a 100 °C (212 °F) a nivel del mar, pero a 93,4 °C (200,1 °F) a 1.905 m de altitud.

Actividades propuestas

2.5. Busca los puntos de fusión y de ebullición de un sólido cristalino, de un líquido orgánico y de un metal, con ayuda de internet.

2.6. Realiza una búsqueda bibliográfica o webgráfica y un ejemplo de sólido que pueda sublimar. Indica la temperatura a la que tiene lugar el cambio de estado.

2.3.3. Sublimación y sublimación inversa

La *sublimación* es el proceso que consiste en el cambio de estado de la materia sólida al estado gaseoso sin pasar por el estado líquido. La *sublimación inversa* es el paso directo del estado gaseoso al estado sólido.

2.4. Otras formas de caracterizar una sustancia

Además de las vistas hasta ahora, hay otras propiedades de las sustancias que nos ayudan a distinguir unas de otras, en capítulos siguientes se estudiarán con detenimiento, ahora nos limitaremos a esbozarlas.

2.4.1. Propiedades coligativas de las disoluciones

Llamamos *propiedades coligativas de una disolución* a aquellas que están relacionadas únicamente con la concentración del soluto y no con la naturaleza de este. Son el aumento ebulloscópico, descenso crioscópico y variación de la presión de vapor. Resultan muy útiles para caracterizar una disolución y se verán de manera más extensa en el capítulo 6.

2.4.2. Propiedades del estado líquido: viscosidad y tensión superficial

Los líquidos presentan dos propiedades características, exclusivas de este estado: la viscosidad y la tensión superficial. Estas dos propiedades, además son específicas de cada líquido en particular, por lo que su estudio queda más que justificado, dentro de los laboratorios fisicoquímicos.

La viscosidad y la tensión superficial pueden ayudarnos a distinguir dos líquidos entre sí, pero además se deberán tener en cuenta otras características y propiedades. En el capítulo 7 se analizarán estas propiedades de manera detallada.

2.4.3. Propiedades ópticas. Isomería

Las propiedades ópticas se definen como los fenómenos provocados por la luz al interaccionar con los átomos de las diferentes sustancias. Estos fenómenos pueden ser utilizados para caracterizar los diferentes tipos de átomos. Ahora solo es importante conocer la existencia de estos fenómenos físicos, en el capítulo 9 los abordaremos con detalle.

Resumen

- La materia está constituida por átomos y estos, a su vez, por partículas subatómicas: electrones, protones y neutrones. Para poder diferenciar y clasificar los diferentes elementos se utiliza el número atómico y el número másico.

- Los estados de agregación de la materia son tres: sólido, líquido, gas y plasma. Para pasar de un estado a otro debe aplicarse calor. El estado más energético de todos es el estado de plasma.
- La densidad es una propiedad característica de las sustancias. Es decir, puede utilizarse para diferenciar unas sustancias de otras. Esta propiedad se define como la razón entre la masa de una sustancia y el volumen que ocupa en el espacio.
- Las propiedades físicas de la materia pueden ser de origen térmico, eléctrico o magnético. Las propiedades térmicas son: la capacidad calorífica, el calor específico, la conductividad y la dilatación térmica. Las propiedades eléctricas son: la resistividad y la conductividad. Finalmente, las propiedades magnéticas son: la susceptibilidad, la permeabilidad y la inducción.
- El punto de fusión y el punto de ebullición son propiedades características de la materia. El punto de fusión es la temperatura a la cual un sólido pasa al estado líquido y el punto de ebullición es la temperatura a la cual un líquido pasa a gas.
- Las propiedades coligativas están relacionadas con el estado líquido. Las más importantes son el descenso del punto de congelación, el aumento del punto de ebullición y la presión osmótica. Todas estas propiedades dependen de la concentración del soluto.
- Las dos propiedades características de los líquidos son la viscosidad y la tensión superficial. La viscosidad se define como la resistencia del líquido a fluir o desplazarse y puede hablarse de la viscosidad dinámica o de la viscosidad cinemática.
- Dentro de las propiedades ópticas de las sustancias, se deben mencionar como más características, el índice de refracción y la isomería. La isomería es una propiedad química relacionada con la refracción de la luz polarizada.

Ejercicios propuestos

1. Un átomo contiene en su núcleo 25 protones y 50 neutrones, además se considera que es eléctricamente neutro. Calcula su número másico y su número atómico. Compara el número másico obtenido con el que le correspondería realmente según la tabla periódica.
2. ¿Pueden dos elementos tener distinto número atómico pero igual número másico?
3. ¿Qué pesa más: un kilogramo de paja o un kilogramo de plomo? ¿Cuál de las dos sustancias tiene mayor densidad?
4. En muchas películas hemos visto, quizá a los atracadores de un banco, arrastrar una maleta llena de lingotes de oro. Este metal tiene una densidad de 19.300 km/m^3. Supongamos que la maleta tiene unas dimensiones de 40 × 55 × 20 cm (dimensiones de una maleta pequeña que se puede llevar en la cabina de un avión). ¿Cuánto pesa la maleta?
5. Una determinada sustancia tiene una masa de 100 g. Se observa que al pasar la temperatura de 5 °C a 100 °C, el calor implicado en el proceso es de 150 J. ¿Cuál es el calor específico de la sustancia?
6. ¿Cuáles serían las susceptibilidades másica y molar de una disolución 0,5 M de HCl, si su densidad relativa es 1,08 y su susceptibilidad magnética volumétrica es de 5?

7. El índice de refracción de un determinado compuesto es 0,5. Conocida la velocidad de la luz, ¿cuál será la velocidad del medio que atraviesa el compuesto?
8. En el capítulo has visto el concepto "resistividad", como propiedad de la materia. Imagina que en vez de electricidad que circula por un conductor, lo que tenemos es agua que corre por el interior de una tubería. A partir de la ley de Ohm (búscala si no la recuerdas), asocia cada uno de los conceptos de esta ley y la resistividad con las características de una tubería de agua.
9. Busca a qué temperatura hierve el agua en la cima del Everest. ¿Se podría dar alguna ecuación que relacione el punto de ebullición del agua con la presión atmosférica y/o con la altitud?
10. La Rinconada, en Perú, es una pequeña ciudad andina que se encuentra a unos 5.100 m de altitud. Sus habitantes saben, desde muy niños, que deben tener mucho cuidado con no quemarse, especialmente con las infusiones, cuando bajan a Lima, la capital, que se encuentra en la costa. ¿Por qué?

Actividades de autoevaluación

1. Un átomo con número másico 50 y número atómico 30. Este átomo contendrá:
   - ☐ *a)* 20 electrones y 30 protones.
   - ☐ *b)* 30 electrones y 20 protones.
   - ☐ *c)* 30 electrones y 20 neutrones.
   - ☐ *d)* Ninguna de las respuestas anteriores es correcta.
2. Los protones y los electrones...
   - ☐ *a)* Tienen la misma masa y la misma carga pero de sentido contrario.
   - ☐ *b)* Tienen la misma masa pero distinta carga.
   - ☐ *c)* Tienen la misma carga, de sentido contrario, pero la masa del protón es muchísimo mayor.
   - ☐ *d)* Tienen la misma masa pero la carga del electrón, por ser el causante de la electricidad, es muchísimo mayor.
3. El estado de la materia menos energético es el estado:
   - ☐ *a)* Sólido.
   - ☐ *b)* Líquido.
   - ☐ *c)* Plasma.
   - ☐ *d)* Todas las respuestas anteriores son correctas.
4. La densidad relativa de una sustancia siempre está referida a una sustancia de referencia y por lo tanto sus unidades son:
   - ☐ *a)* g/cm^3.
   - ☐ *b)* kg/m^3.
   - ☐ *c)* g/L.
   - ☐ *d)* Ninguna de las respuestas anteriores es correcta.

5. Para calcular el calor específico de una determinada sustancia es necesario conocer:
   - ☐ *a)* Su masa.
   - ☐ *b)* La cantidad de calor implicada en el proceso.
   - ☐ *c)* El incremento de temperatura.
   - ☐ *d)* Todas las respuestas anteriores son correctas.

6. La inducción magnética se mide en:
   - ☐ *a)* Teslas.
   - ☐ *b)* Webers.
   - ☐ *c)* Vatios o caballos de vapor.
   - ☐ *d)* Henrios.

7. El punto de fusión y de ebullición:
   - ☐ *a)* Son propiedades características de los líquidos.
   - ☐ *b)* Son propiedades generales de los sólidos.
   - ☐ *c)* Son propiedades específicas de cada sustancia.
   - ☐ *d)* Ninguna de las respuestas anteriores es correcta.

8. La resistividad eléctrica y la conductividad son magnitudes:
   - ☐ *a)* Directamente proporcionales.
   - ☐ *b)* Inversamente proporcionales.
   - ☐ *c)* Que no tienen relación.
   - ☐ *d)* Depende del material.

9. La presión osmótica de una disolución depende principalmente de:
   - ☐ *a)* La concentración.
   - ☐ *b)* El volumen de la disolución.
   - ☐ *c)* La temperatura.
   - ☐ *d)* Todas las respuestas son correctas.

10. Son propiedades características de la materia:
    - ☐ *a)* Solo la permeabilidad magnética.
    - ☐ *b)* Solo la inducción magnética.
    - ☐ *c)* Solo la susceptibilidad magnética
    - ☐ *d)* Permeabilidad y susceptibilidad magnética.

SOLUCIONES:

1. a b **c** d
2. a b **c** d
3. **a** b c d
4. a b c **d**
5. a b c **d**
6. **a** b c d
7. a b **c** d
8. a **b** c d
9. a b c **d**
10. a b c **d**

3

Determinación de la densidad y de las propiedades térmicas de la materia

Objetivos

- ✓ Definir el concepto de densidad y de peso específico de una sustancia. Conocer las unidades utilizadas para expresar ambas magnitudes.
- ✓ Conocer los métodos instrumentales e instrumentos utilizados para determinar la densidad de sólidos, líquidos y gases.

Mapa conceptual

- **DENSIDAD**
  - Tipos
    - Absoluta
    - Relativa
  - Peso específico
  - Medida
    - Directa
      - Balanzas
        - Hidrostática
        - Mohr-Westphald
      - Densímetro
      - Picnómetro
    - Indirecta
  - Influencia
    - Presión
    - Temperatura

- **GASES**
  - Leyes
    - Boyle-Mariotte
    - Charles
    - Gay-Lussac
    - Principio de Avogadro
    - Gases ideales
      - Condiciones estándar
      - Condiciones normales
  - Densidad

- **PROPIEDADES TÉRMICAS**
  - Capacidad calorífica
    - Capacidad calorífica molar
    - Coeficiente adiabático
  - Densidad

Glosario

Adiabático. Proceso en el cual el sistema no intercambia calor con su entorno.

Calorimetría. Parte de la física que se encarga de la medición del calor en una reacción química o un cambio de estado usando un instrumento llamado calorímetro.

Calorímetro. Es un instrumento que sirve para medir las cantidades de calor suministradas o recibidas por los cuerpos.

Isobárico. Proceso a presión constante.

Isotérmico. Proceso en el cual la temperatura se mantiene constante.

3.1. Definición de densidad y de peso específico. Tipos y unidades

Como ya se ha dicho en capítulos anteriores, la *densidad* es una magnitud escalar referida a la cantidad de masa en un determinado volumen de una sustancia. Casi siempre, nos estamos refiriendo a la *densidad media* que es la relación entre la masa de una sustancia y el volumen que ocupa en el espacio:

$$\rho = \frac{m}{V}$$

donde: ρ: densidad de la sustancia (kg/m^3).
m: masa de la sustancia (kg).
V: volumen de sustancia (m^3).

RECUERDA

✓ La densidad es una magnitud escalar, es decir, se representa solo mediante su valor numérico y sus unidades, de manera que tiene el mismo valor para todos los observadores.

Por otro lado, el *peso específico* es la relación entre el peso de una sustancia y el volumen que ocupa:

$$\gamma = \frac{\vec{P}}{V} = \frac{m \cdot \vec{g}}{V}$$

donde: γ: peso específico de la sustancia (N/m^3).
P: peso de la sustancia (N).
V: volumen de la sustancia (m^3).
m: masa de la sustancia (kg).
g: aceleración de la gravedad (g = 9,81 m/s^s).

De la expresión anterior puede deducirse fácilmente que la relación entre el peso específico y la densidad será la siguiente:

$\gamma = \rho \cdot g$ donde: γ: peso específico de la sustancia (N/m^3).
ρ: densidad de la sustancia (kg/m^3).
g: aceleración de la gravedad (g = 9,81 m/s^s).

A continuación, se tratarán las unidades en las cuales se pueden expresar la densidad y el peso específico.

3.1.1. Tipos y unidades

La *densidad absoluta* es la magnitud que expresa la relación entre la masa y el volumen de una sustancia. El cálculo de esta densidad se realiza a partir de la ecuación de la densidad media, dada al principio del capítulo.

La unidad de la densidad media y de la densidad absoluta en el Sistema Internacional es kilogramo por metro cúbico (kg/m^3), aunque frecuentemente también es expresada en g/cm^3. Otras unidades utilizadas son el g/L y el kg/L.

Se define la *densidad relativa* como una comparación de la densidad de una sustancia con la densidad de otra que se toma como referencia. La densidad relativa es adimensional (sin unidades), ya que queda definida como la razón entre dos densidades. Esta densidad puede calcularse a partir de la siguiente expresión:

$$\rho_r = \frac{\rho}{\rho_0}$$

donde: ρ_r: densidad relativa (adimensional).
ρ: densidad absoluta (kg/m^3).
ρ_0: densidad de referencia (kg/m^3).

Para los líquidos y los sólidos, la densidad de referencia habitual es la del agua líquida a la presión de 1 atm y la temperatura de 4 °C. En esas condiciones, la densidad absoluta del agua es de 1.000 kg/m^3. Para los gases, la densidad de referencia habitual es la del aire a la presión de 1 atm y la temperatura de 0 °C.

Si se supone que el volumen de la sustancia problema y el volumen de la sustancia de referencia son iguales, también se puede calcular la densidad relativa como el cociente entre las masas de la sustancia problema y de la sustancia de referencia:

$$\rho_r = \frac{m}{m_0}$$

donde: ρ_r: densidad relativa (adimensional).
m: masa de la sustancia problema (kg).
m_0: masa de la sustancia de referencia (kg).

Actividades propuestas

3.1. Una determinada sustancia ocupa un volumen de 0,725 m^3 y su masa es de 0,500 g. Con estos datos, determina la densidad absoluta de esta sustancia y su peso específico.

3.2. La densidad absoluta de una disolución de HCl es de 0,849 g/L. La densidad de la glicerina es 1,26 g/cm^3. ¿Cuál es la densidad relativa de la disolución de HCl respecto a la glicerina?

3.2. Métodos de determinación de densidades de líquidos y sólidos

La densidad puede determinarse de forma indirecta y de forma directa. Para la determinación indirecta de la densidad, se miden la masa y el volumen por separado y posteriormente se calcula la densidad, a partir de las expresiones matemáticas dadas anteriormente.

RECUERDA

✓ La masa se mide habitualmente con una balanza, mientras que el volumen puede medirse determinando la forma del objeto y midiendo las dimensiones apropiadas o mediante el desplazamiento de un líquido.

En la actualidad se suele utilizar un densímetro automático para las medidas de densidad de líquidos y gases.

Los instrumentos más comunes para medir la densidad son:

- El densímetro, que permite la medida directa de la densidad de un líquido.
- El picnómetro, que permite la medida precisa de la densidad de sólidos, líquidos y gases (picnómetro de gas).
- La balanza hidrostática, que permite calcular densidades de sólidos.
- La balanza de Mohr, que permite la medida precisa de la densidad de líquidos.

Seguidamente, se estudiarán los diferentes instrumentos en función de si se utilizan para medir sólidos, líquidos o gases.

3.2.1. Balanza hidrostática

Este instrumento solo se utiliza puntualmente en el laboratorio para medir la densidad de sólidos, con el paso del tiempo ha ido quedando desfasado y se utilizan otros métodos más modernos. Una variante de balanza hidrostática es la *balanza de Mohr-Westphal* que la sustituyó rápidamente tras su invención al ser más precisa y sencilla de usar.

La balanza hidrostática consta comúnmente de dos brazos, de los que cuelgan dos platillos. De uno de ellos se cuelga el objeto del cual queremos determinar su volumen y en el otro las pesas calibradas para determinar su masa. Una vez determinada se sumerge al objeto en agua destilada y se calcula de nuevo la masa del objeto.

Una vez conocida esta diferencia de masas aplicamos el *principio de Arquímedes* y como la densidad del agua destilada es 1 g/cm^3 simplemente aplicamos la fórmula de la densidad y calculamos la densidad del sólido problema.

3.2.2. Balanza de Mohr-Westphal

La balanza de Mohr-Westphal es una balanza de brazos desiguales que se utiliza para la determinación de densidades de líquidos.

El instrumento consta de un armazón o montura ajustable en altura sobre el que se apoya una varilla segmentada en dos brazos. El brazo más corto termina en una pesa compacta fija, provista de una aguja que debe enfrentarse con otra aguja fijada al armazón para obtener el equilibrio.

Del extremo del brazo largo cuelga, mediante un hilo delgado y ligero, un inmersor de vidrio que suele llevar incorporado un termómetro para medir la temperatura del líquido cuya densidad se desea medir.

En el brazo largo hay una escala numerada del 1 al 10. La balanza dispone de un juego de cinco piezas o reiters: dos grandes que, aunque diferentes en forma y función, tienen el mismo peso, y otros tres más pequeños, cuyos pesos son la décima, la centésima y la milésima de aquellos, respectivamente.

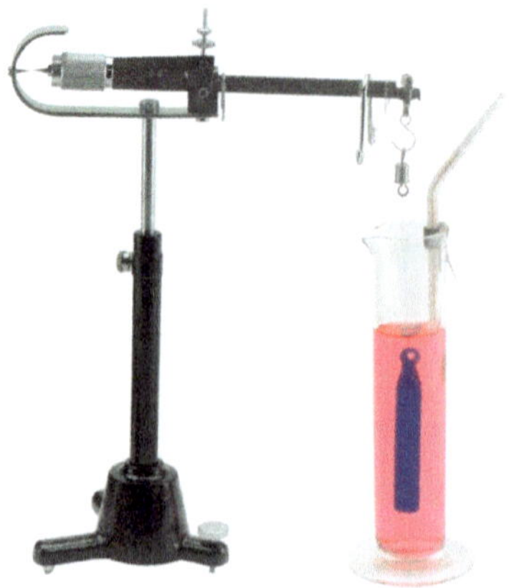

Figura 3.1
Balanza de Mohr-Westphal.

La balanza funciona siguiendo el principio de Arquímedes y si un mismo cuerpo se sumerge sucesivamente en dos fluidos distintos, de densidades ρ_1 y ρ_2, experimentará empujes que se encontrarán en la relación:

$$\frac{E_1}{E_2} = \frac{\rho_1}{\rho_2}$$

De manera que si con la balanza se mide la cantidad E_1/E_2, automáticamente se conoce la densidad relativa del líquido problema respecto a la densidad del agua.

3.2.3. Densímetro

Un *densímetro* o *areómetro* es un instrumento de medición que sirve para determinar la densidad relativa de los líquidos sin necesidad de calcular antes su masa y volumen. Normalmente, está hecho de vidrio y consiste en un cilindro hueco con un bulbo pesado en uno de sus extremos para que pueda flotar en posición vertical.

Figura. 3.2
Densímetro.
Fuente: Museo della Scienza e della Tecnologia "Leonardo da Vinci"

En la figura puede verse un densímetro antiguo, no muy distinto de los que actualmente se utilizan en los laboratorios.

El densímetro se introduce verticalmente en el líquido y se deja en reposo hasta que flote libre y verticalmente. A continuación, se observa en la escala graduada en el vástago del densímetro su nivel de hundimiento en el líquido; esa es la lectura de la medida de densidad relativa del líquido.

En líquidos ligeros, el densímetro se hundirá más que en líquidos más densos. De hecho, es usual tener dos instrumentos distintos: uno para los líquidos en general y otro para los líquidos poco densos, que se diferencian en la disposición de las marcas de medida.

3.2.4. Picnómetro

El *picnómetro* es un instrumento de medición cuyo volumen es conocido y permite conocer la densidad o peso específico de cualquier líquido mediante gravimetría a una determinada temperatura.

El picnómetro consta de un envase generalmente en forma de huso achatado en su base, o cilíndrico de volumen calibrado, construido por lo general con vidrio o acero inoxidable y que dispone de un tapón provisto de un finísimo capilar, de tal manera que puede obtenerse un volumen con gran precisión. Esto permite medir la densidad de un fluido, en referencia a la de un fluido de densidad conocida como el agua.

Figura 3.3
Picnómetro para líquidos.

Para los líquidos poco viscosos se utilizan picnómetros de vidrio de 10 o 25 mL. Para los sólidos particulados se usa un picnómetro sin tapa, de acero inoxidable de forma cilíndrica de 25 a 50 mL que se llena hasta el tope. Para líquidos muy poco viscosos se usa un picnómetro de vidrio de boca ancha usualmente de 25-30 mL de capacidad.

Para productos muy viscosos se usa un cilindro calibrado de acero inoxidable de 25-50 mL de capacidad con la tapa perforada en el centro.

En la siguiente figura puede verse un picnómetro de cristal para determinaciones de densidad de líquidos.

El funcionamiento del picnómetro es sencillo: para medir la densidad de sólidos y líquidos muy viscosos, estos se ponen en el picnómetro y se compactan hasta llenar a ras, luego se pesa dando el peso de la muestra de polvo. A continuación, vacía el utensilio y se vuelve a llenar a ras con agua destilada. El peso del agua se registra. Hallando la razón entre los dos pesos se halla la densidad relativa del sólido o líquido problema.

Para líquidos fluidos, el picnómetro se pesa vacío, luego lleno de agua destilada hasta el envase para determinar su volumen a una determinada temperatura, y luego se llena del mismo modo con el líquido problema, la densidad de este puede calcularse sencillamente.

La expresión a utilizar para realizar cálculos de densidades a partir de los datos obtenidos con el picnómetro es la siguiente:

$$\rho_1 = \frac{m_1}{m_2} \cdot \rho_2$$

donde: ρ_1: densidad del líquido problema.
ρ_2: densidad del agua destilada.
m_1: masa del líquido problema.
m_2: masa del agua destilada.

Actividad propuesta 3.3

Al pesar un determinado volumen de alcohol etílico en el picnómetro el resultado es de 49,95 g. El mismo volumen de agua destilada dio un peso de 50 g. Sabiendo que la densidad del agua destilada es 1,00 g/cm^3, ¿cuál será la densidad del alcohol etílico?

3.3. Influencia de la temperatura en la densidad de líquidos

Experimentalmente, se ha determinado que la densidad de un líquido varia con la presión de forma casi imperceptible, y con la temperatura y los cambios de estado de manera mucho más acusada.

A continuación se va a discutir como afectan las variaciones de la temperatura a la densidad de los líquidos.

Como regla general, al aumentar la temperatura, la densidad disminuye, siempre y cuando la presión sobre el líquido permanezca constante. Una excepción a esta regla general es el caso del agua.

PARA SABER MÁS

La densidad del agua dulce disminuye cuando aumenta la temperatura, como en todos los líquidos, excepto en el intervalo de temperaturas que va de los 0 °C (punto de fusión) a los 4 °C.

Esta regla general nos puede conducir a la impresión equivocada de que los cambios de temperatura afectan de forma muy acentuada a la densidad. Esto no es así, debe tenerse en cuenta que el coeficiente de dilatación térmica de los líquidos es del orden de 10^{-5} K^{-1}. Este coeficiente tan bajo, nos indica que los cambios de temperatura implican pequeños cambios de densidad en los líquidos.

Normalmente la dependencia de la densidad con la temperatura se corresponde con una función lineal decreciente que podría expresarse como:

$\rho = \rho_0 - a \cdot T$ donde: ρ: densidad del liquido a la temperatura de trabajo (kg/m^3).
ρ_0: densidad del líquido en condiciones estándar (P = 1 atm, T = 298 K).
a: coeficiente experimental (específico para cada líquido).
T: Temperatura de trabajo (K).

El coeficiente a puede estimarse a partir de dos puntos (r, *T*) o bien, podría obtenerse a partir de datos termodinámicos como la capacidad calorífica, el calor específico, el coeficiente de dilatación térmica, etc.

Actividad propuesta 3.4

Se considera que la densidad del agua a 25 °C y a la presión de 1 atm es 1 g/cm^3. La densidad del hielo a 0 °C y 1 atm de presión es de 0,9168 g/cm^3. ¿Cuál será el valor del coeficiente experimental de densidad para el agua?

3.4. Leyes generales de los gases ideales: determinación experimental

Durante los siglos XVIII y XIX, los científicos empezaron a darse cuenta de que en las relaciones entre la presión, el volumen y la temperatura de una muestra de gas, en un sistema cerrado, se podría obtener una fórmula que sería válida para todos los gases. Puede considerarse que todos los gases se comportan de forma similar en una amplia variedad de condiciones.

3.4.1. Ley de Boyle-Mariotte

Básicamente el enunciado de la ley dice que a temperatura constante, el volumen de una masa fija de gas es inversamente proporcional a la presión que este ejerce.

Como la temperatura es constante se está hablando de un *proceso isotérmico*.

Matemáticamente, la ley de Boyle-Mariotte puede expresarse como:

$$P \cdot V = k \Rightarrow P_1 \cdot V_1 = P_2 \cdot V_2$$

Donde: P_1: presión inicial del gas (Pa, SI).
V_1: volumen inicial del gas (m^3, SI).
P_2: presión final (Pa, SI).
V_2: volumen final (m^3, SI).

En el Sistema Internacional (SI), las unidades de presión son el *Pascal* (Pa) y las de volumen el *metro cúbico* (m^3), de todas maneras, en la práctica y en el laboratorio, se utilizan otras unidades, como la *atmósfera* (atm), para medir la presión y el *litro* (L) para la medida de volúmenes. La equivalencia entre estas unidades es la siguiente:

$$1 \text{ atm} = 101.300 \text{ Pa} \qquad 1 \text{ m}^3 = 1.000 \text{ L}$$

Actividad resuelta 3.1

A una temperatura de 25 °C, y a la presión de 1 atm un gas ocupa un volumen de 24,5 L. Manteniendo la temperatura constante, se aumenta la presión hasta 5 atm. ¿Qué volumen ocupará el gas en estas condiciones?

SOLUCIÓN:

Aplicando la ley de Boyle-Mariotte:

$$P_1 \cdot V_1 = P_2 \cdot V_2 \Leftrightarrow 1 \cdot 24,5 = 5 \cdot V_2$$

$$V_2 = \frac{1 \cdot 24,5}{5} = 4,9 \text{ L}$$

Como puede deducirse de la ecuación dada y del ejemplo anterior, puede verse que la presión y el volumen de un gas son magnitudes inversamente proporcionales, cuando se trabaja a temperatura constante. Esto quiere decir que al aumentar el valor de una de las magnitudes, el valor de la otra disminuirá y viceversa.

Es frecuente que el razonamiento anterior se exprese de forma matemática de la siguiente forma:

$$P = \frac{k}{V}$$

3.4.2. Ley de Charles

Esta ley dice que para una cierta cantidad de gas a una presión constante, al aumentar la temperatura, el volumen del gas aumenta y al disminuir la temperatura, el volumen del gas disminuye.

Esto podría expresarse matemáticamente como:

$$\frac{V}{T} = k \quad o \quad \frac{V_1}{T_1} = \frac{V_2}{T_2}$$

donde: V_1: volumen inicial del gas (m^3).
V_2: volumen final del gas (m^3).
T_1: temperatura inicial del gas (K).
T_2: temperatura final del gas (K).

Actividad resuelta 3.2

Una determinada cantidad de gas neón pasa de una temperatura inicial de 298 K a una temperatura final de 300 K. Si el volumen inicial del gas era 22,4 L, ¿cuál será el volumen final?

SOLUCIÓN:

Aplicando la ley de Charles y sustituyendo valores:

$$\frac{V_1}{T_1} = \frac{V_2}{T_2} \Rightarrow \frac{22{,}4}{298} = \frac{V_2}{300} \Rightarrow V_2 = \frac{22{,}4 \cdot 300}{298} = 22{,}55 \text{ L}$$

Esta ley puede explicarse a partir de la *teoría cinético-molecular* de los gases. Esta teoría indica que la temperatura está directamente relacionada con la energía cinética debido al movimiento de las moléculas del gas. Así que, para cierta cantidad de gas a una presión dada, a mayor velocidad de las moléculas (temperatura), mayor volumen del gas.

3.4.3. Ley de Gay-Lussac

Esta ley postula que a volumen constante, la presión y la temperatura de una cierta cantidad de gas son directamente proporcionales.

Matemáticamente, esta relación puede expresarse como:

$$\frac{P}{T} = k \quad o \quad \frac{P_1}{T_1} = \frac{P_2}{T_2}$$

donde: P_1: presión inicial del gas (Pa).
P_2: presión final del gas (Pa).
T_1: Temperatura inicial del gas (K).
T_2: Temperatura final del gas (K)

Actividad resuelta 3.3

Una determinada cantidad de O_2 se encuentra a una temperatura inicial de 0 °C y a volumen constante se aumenta su temperatura hasta 25 °C. Si la presión final es de 1 atm, ¿cuál era la presión inicial del gas?

SOLUCIÓN:

Para poder aplicar la ley de Gay-Lussac es necesario expresar la temperatura en modo absoluto, es decir en grados Kelvin.

$T_1 = 0 + 273 = 273$ K
$T_2 = 25 + 273 = 298$ K

Las presiones pueden expresarse en atmósferas sin ningún problema.

$$\frac{P_1}{T_1} = \frac{P_2}{T_2} \Rightarrow \frac{P_1}{273} = \frac{1}{298} \Rightarrow P_1 = \frac{273}{298} = 0{,}916 \text{ atm}$$

Según la teoría cinético-molecular, para una cierta cantidad de gas, al aumentar la temperatura, las moléculas del gas se mueven más rápidamente y, por lo tanto, aumenta el número de choques contra las paredes del recipiente, es decir, aumenta la presión ya que el volumen del recipiente no puede cambiar.

3.4.4. Principio de Avogadro

El *principio de Avogadro* asegura que en un proceso que se trabaja a presión y temperatura constante, es decir en un proceso isotermo e isobárico, el volumen de cualquier gas es proporcional al número de moles presente.

Dicho de otra manera, el volumen que ocupa un mol de cualquier gas ideal a una temperatura y presión dadas siempre es el mismo.

Este principio puede expresarse matemáticamente como:

$$\frac{V_1}{n_1} = \frac{V_2}{n_2}$$

donde: V_1: volumen inicial del gas (m^3).
V_2: volumen final del gas (m^3).
n_1: número de moles iniciales del gas.
n_2: número de moles finales del gas.

Actividad resuelta 3.4

En condiciones normales de trabajo (P = 1 atm; T = 273 K) un mol de gas ocupa 22,4 L. ¿Qué volumen ocuparán 3 moles del mismo gas en iguales condiciones de trabajo?

SOLUCIÓN:

$$\frac{V_1}{n_1} = \frac{V_2}{n_2} \Rightarrow \frac{22{,}4}{1} = \frac{V_2}{3} \Rightarrow V_2 = 3 \cdot 22{,}4 = 67{,}2 \text{ L}$$

3.4.5. Ley de los gases ideales

La *ley de los gases ideales* es un modelo matemático simple que describe el comportamiento, un gas hipotético formado por partículas puntuales sin atracción ni repulsión entre ellas y cuyos choques son perfectamente elásticos. En este caso particular, la energía cinética es directamente proporcional a la temperatura del gas.

Combinando las ecuaciones de los anteriores apartados se llega a deducir la llamada ecuación de estado de los gases ideales:

$$\frac{P_1 \cdot V_1}{T_1} = \frac{P_2 \cdot V_2}{T_2}$$

Si además se tiene en cuenta el principio de Avogadro, la expresión toma la forma siguiente:

$$\frac{P_1 \cdot V_1}{T_1 \cdot n_1} = \frac{P_2 \cdot V_2}{T_2 \cdot n_2}$$

Que también puede escribirse como: $\frac{P \cdot V}{T \cdot n} = K$

La constante K es la llamada constante universal de los gases ideales (la R): $\frac{P \cdot V}{T \cdot n} = R$

De manera que la ecuación o ley de los gases ideales suele escribirse como:

$$P \cdot V = n \cdot R \cdot T$$

Donde: P: presión del gas (SI: Pa).
V: volumen del gas (m^3).
n: número de moles de gas.
R: constante universal de los gases ideales $R = \left(8,31 \frac{\text{J}}{\text{mol} \cdot \text{K}} = 0,082 \frac{\text{atm} \cdot \text{L}}{\text{mol} \cdot \text{K}}\right)$.
T: temperatura del gas (K).

Actividad resuelta 3.5

Calcula el volumen que ocupa un mol de un gas ideal en condiciones normales, es decir, a la P = 1 atm y T = 273 K y compáralo con el volumen que ocuparía en condiciones estándar (la misma presión, pero T = 298 K).

SOLUCIÓN:

Aplicando la ecuación de los gases ideales:

$$P \cdot V = n \cdot R \cdot T \Leftrightarrow V = \frac{n \cdot R \cdot T}{P} = \frac{1 \cdot 0,082 \cdot 273}{1} = 22,4 \text{ L}$$

Para comparar con las condiciones estándar, vemos que el proceso se ha producido a P = cte., y por tanto, se puede aplicar la ley de Charles:

$$\frac{V_1}{T_1} = \frac{V_2}{T_2} \Rightarrow V_2 = \frac{22,4 \cdot 298}{273} = 24,45 \text{ L}$$

La ley de los gases ideales también puede interpretarse a través del modelo cinético-molecular teniendo en cuenta los principios de este modelo:

- Todo gas ideal está formado por *N* pequeñas partículas puntuales (átomos o moléculas).
- Las moléculas gaseosas se mueven a altas velocidades, en forma recta y desordenada.
- Un gas ideal ejerce una presión continua sobre las paredes del recipiente que lo contiene, debido a los choques de las partículas con las paredes de este.
- Los choques moleculares son perfectamente elásticos. No hay pérdida de energía cinética.
- No se tienen en cuenta las interacciones de atracción y repulsión molecular.
- La energía cinética media de la traslación de una molécula es directamente proporcional a la temperatura absoluta del gas.

A partir de estas premisas, la ley de los gases ideales se enuncia de la siguiente manera: "para una misma masa gaseosa, podemos afirmar que existe una constante directamente proporcional a la presión y volumen del gas, e inversamente proporcional a su temperatura".

A partir de la ecuación de los gases ideales puede definirse un nuevo parámetro que es el volumen molar.

El *volumen molar* se define como el volumen que ocuparía un mol de gas ideal en unas determinadas de presión y temperatura. Esta magnitud se obtiene de la siguiente manera:

$$P \cdot V = n \cdot R \cdot T \Leftrightarrow \frac{\overline{V}}{n} = \frac{R \cdot T}{P}$$

donde: $\overline{V}$: volumen molar (m^3/mol).
R: constante universal de los gases ideales $\left(R = 8{,}31 \ \frac{J}{mol \cdot K} = 0{,}082 \ \frac{atm \cdot L}{mol \cdot K} \right)$.
T: temperatura absoluta (K).
P: presión de trabajo (Pa).

Actividades propuestas

3.5. Un litro de gas es calentado a presión constante desde 18 °C hasta 58 °C, ¿qué volumen final ocupará este gas?

3.6. Un gas está contenido en un recipiente de laboratorio de 150 cm^3 a 18 °C y a una presión de 750 mmHg, ¿qué cantidad de gas, expresada en moles, se tiene en el recipiente?

Figura 3.4
Globo aerostático.

3.5. Determinación de la densidad de gases

En primer lugar se debe tener en cuenta que el número de moles de una sustancia es equivalente a la masa de sustancia, dividida por su masa molecular, es decir:

$$n = \frac{m}{M}$$

Y sustituyendo en la ecuación general de los gases ideales: $P \cdot V = \frac{m}{M} \cdot R \cdot T$

A partir de esta última expresión, podría deducirse la masa molecular, o bien la masa de gas, en unas determinadas condiciones de presión y temperatura.

$$m = \frac{P \cdot V \cdot M}{R \cdot T} = \frac{5 \cdot 25 \cdot 16}{0{,}082 \cdot 293} = 83{,}24\,\text{g}$$

$m = \frac{P \cdot V \cdot M}{R \cdot T} = \frac{5 \cdot 25 \cdot 16}{0{,}082 \cdot 293} = 83{,}24\,\text{g}$ partir de la última expresión deducida y reagrupando términos, se puede llegar a:

$$P \cdot M = \frac{m}{V} \cdot R \cdot T$$

Y si se recuerda que la relación entre la masa y el volumen de una sustancia es su densidad, llegamos a una expresión en la que aparece la densidad del gas:

$$P \cdot M = \rho \cdot R \cdot T$$

Conocida la presión y la temperatura de trabajo, se puede deducir la masa molecular del gas a partir de su fórmula molecular y sustituyendo en la expresión, deducir la densidad:

$$\rho = \frac{P \cdot M}{R \cdot T}$$

En la expresión que permite calcular la densidad de los gases deben tenerse en cuenta, de forma cuidadosa, las unidades utilizadas para conocer en qué unidades vendrá expresado el resultado.

Por otro lado, una aplicación importante de esta expresión es el calculo de densidades de mezclas de gases, como por ejemplo el aire.

Actividad propuesta 3.7

¿Cuál será la densidad del gas hidrógeno (H_2) en condiciones normales? En estas condiciones, ¿qué masa de este gas se tendrá en un volumen de 5 L?

Actividad resuelta 3.6

- *Calcula la densidad del dióxido de carbono (CO_2) en condiciones estándar.*

Solución:

Recuerda que las condiciones estándar se refieren a una temperatura de 298 K y a la presión de 1 atm.

$$M(CO_2) \Leftrightarrow 12 + 2 \cdot 16 = 44 \, {}^{g}\!/_{mol}$$

Y aplicando la expresión deducida:

$$\rho = \frac{P \cdot M}{R \cdot T} \Leftrightarrow \rho = \frac{1 \cdot 44}{0{,}082 \cdot 298} = 1{,}8 \, {}^{g}\!/_{mol}$$

- *Deduce cuál es la masa de gas metano (CH_4) contenida en un recipiente de 25 L de volumen a una temperatura de 20 °C y a una presión de 5 atm.*

SOLUCIÓN:

En primer lugar podemos deducir la masa molecular del metano a partir de las masas atómicas de los elementos que forman la molécula:

$$M(CH_4) \Leftrightarrow 12 + 4 \cdot 1 = 16 \, {}^{g}\!/_{mol}$$

Reagrupando términos en la ecuación dada en el texto se puede aislar la masa de metano que contiene el recipiente:

$$P \cdot V = \frac{m}{M} \cdot R \cdot T \Leftrightarrow m = \frac{P \cdot V \cdot M}{R \cdot T}$$

Expresando los datos en las unidades adecuadas:

$$m = \frac{P \cdot V \cdot M}{R \cdot T} = \frac{5 \cdot 25 \cdot 16}{0{,}082 \cdot 293} = 83{,}24 g$$

3.6. Cálculos teóricos en condiciones normales y experimentales

Las condiciones normalizadas, o *condiciones normales*, de presión y temperatura, son un conjunto de condiciones normalizadas de presión atmosférica y temperatura para las mediciones experimentales en laboratorio que se establecen para permitir comparaciones entre diferentes conjuntos de datos medidos.

Normalmente, la IUPAC establece que estas condiciones normales se corresponden a una temperatura de 0 °C (273 K) y 1 atmósfera de presión (o lo que es lo mismo 101.300 Pa). Si aplicamos estas condiciones a 1 mol de gas ideal, se puede determinar que el volumen que ocupa es de 22,4 L.

Actividad resuelta 3.7

Utilizando la ley de los gases ideales, calcula el volumen molar de un gas ideal en condiciones normales. Expresa el resultado en unidades del SI.

SOLUCIÓN:

$$\bar{V} = \frac{R \cdot T}{P} = \frac{8{,}31 \cdot 273}{101.300} = 0{,}0224 \, {}^{m^3}\!/_{mol}$$

Por otro lado, en el laboratorio suelen utilizarse las denominadas condiciones estándar termodinámicas, o *condiciones estándar* a secas. En este caso la presión sigue siendo de 1 atmósfera (101.300 Pa), pero la temperatura es de 25 °C (298 K). En este caso, debe quedar claro que el volumen molar de un gas ideal no será de 22,4 L/mol.

Actividad resuelta 3.8

Calcula el volumen molar de un gas ideal en condiciones termodinámicas estándar.

SOLUCIÓN:

Tengamos en cuenta que en este caso la temperatura será de 298 K y la P = 1 atm.

$$\bar{V} = \frac{R \cdot T}{P} = \frac{0{,}082 \cdot 298}{1} = 22{,}44 \ ^{\text{L}}\!/_{\text{mol}}$$

Debe tenerse en cuenta que en esta ocasión no se ha trabajado con unidades SI.

Como ya se ha comentado en aprtados anteriores, es muy importante tener claro el sistema de unidades que se ha de utilizar en cada caso, ya que el valor de la constante de los gases ideales *(R)* varía de un sistema a otro.

3.7. Determinación de propiedades térmicas: definición, sistemas de medida y unidades

Nos centraremos en la capacidad calorífica y el calor específico, ya que son las propiedades que sirven para caracterizar las sustancias desde el punto de vista de la fisicoquímica.

3.7.1. Capacidad calorífica

La *capacidad calorífica* se puede expresar como la cantidad de calor requerida para elevar en 1 °C, la temperatura de una determinada cantidad de sustancia. Cuanto mayor sea la capacidad calorífica de una sustancia, mayor será la cantidad de calor que será necesario suministrar para elevar su temperatura.

Una expresión utilizada para determinar la capacidad calorífica es:

$$C = \frac{Q}{\Delta T}$$

donde: C: capacidad calorífica de la sustancia (J/K).
Q: calor suministrado a la sustancia (J).
ΔT: variación de temperatura de trabajo (K).

La *capacidad calorífica molar* se define como la cantidad de calor requerida para elevar en 1 °C la temperatura de un mol de una determinada sustancia:

$$\bar{C} = \frac{Q}{n \cdot \Delta T}$$

En el caso de los gases ideales, se puede determinar la *capacidad calorífica a presión constante* (C_p), o bien, se puede determinar la *capacidad calorífica a volumen constante* (C_v). La relación entre ambas magnitudes es la siguiente:

$$C_p - C_v = R$$

Los valores de *Cp* y *Cv* se han determinado experimentalmente para gases ideales monoatómicos, diatómicos y triatómicos. En el cuadro se recogen estos valores.

CUADRO 3.1
Capacidades caloríficas de gases

Gas	C_v	C_p
Monoatómico	$\frac{3}{2}R$	$\frac{5}{2}R$
Diatómico	$\frac{5}{2}R$	$\frac{7}{2}R$
Triatómico	$\frac{7}{2}R$	$\frac{9}{2}R$

El *coeficiente adiabático* (γ) es la relación entre la capacidad calorífica a presión constante y la capacidad calorífica a volumen constante. La expresión matemática de esta relación es la siguiente:

$$\gamma = \frac{C_p}{C_v}$$

Actividad resuelta 3.9

A partir de los datos dados en el cuadro 3.1, calcula el coeficiente adiabático para un gas monoatómico.

SOLUCIÓN:

Aplicando la expresión dada en el texto:

$$\gamma = \frac{C_p}{C_v} = \frac{\frac{3R}{2}}{\frac{5R}{2}} = \frac{6}{10} = \frac{3}{5}$$

3.7.2. Calor específico

Como ya se ha visto en capítulos anteriores, el *calor específico (c)* de una sustancia se define como la cantidad de calor que es necesaria aplicar a una determinada masa de sustancia para aumentar su temperatura en una unidad (un grado Kelvin o centígrado, dependiendo del sistema de unidades utilizado).

Matemáticamente, esta propiedad puede expresarse como:

$C = \dfrac{Q}{\Delta T}$ donde: *c:* calor específico de la sustancia $\left(\dfrac{J}{kg \cdot K}\right)$.

Q: calor involucrado en el proceso (J).
m: masa de sustancia (kg).
ΔT: variación de la temperatura del sistema (K).

El calor específico es una magnitud representativa de cada sustancia por lo que puede ser utilizado como método de identificación de estas. Puede afirmarse, además, que cuanto mayor es el calor específico de una sustancia, más energía calorífica se necesitará para incrementar su temperatura.

La relación entre el calor específico y la capacidad calorífica es la siguiente:

$C = m \cdot c$ donde: *C:* capacidad calorífica de la sustancia (J/K).
m: masa de la sustancia (kg).
c: calor específico de la sustancia $\left(\dfrac{J}{kg \cdot K}\right)$.

A partir del estudio del calor específico del agua, se llegó a obtener el equivalente entre el calor y el trabajo mecánico y la correspondencia entre las respectivas unidades para medirlos, es decir se llegó a deducir la relación que existe entre las unidades de energía (cal) y las unidades de trabajo (J).

El equivalente mecánico del calor se expresa mediante la relación:

$$4{,}18 \text{ J} = 1 \text{ cal} \quad \text{o su recíproco: } 1 \text{ J} = 0{,}24 \text{ cal}$$

En el siguiente ejemplo puede verse una pequeña demostración de esta equivalencia.

Actividad resuelta 3.10

En el laboratorio para el calor específico del agua se toma el valor de 4,18 $\dfrac{J}{g \cdot K}$ *. Expresa este parámetro en unidades del Sistema Internacional y en* $\dfrac{cal}{g \cdot °C}$.

SOLUCIÓN:

Para expresar en el Sistema Internacional simplemente se deben transformar los gramos en kg:

$$4{,}18 \frac{J}{g \cdot K} \cdot \frac{1.000 \text{ g}}{1 \text{ kg}} = 4.180 \frac{J}{kg \cdot K}$$

Como se están utilizando variaciones de temperatura (incrementos o disminuciones), tanto es trabajar en °C que en K. Por tanto, en la segunda parte del ejercicio solo es necesario transformar las calorías en Julios:

$$4{,}18 \frac{J}{g \cdot K} \cdot \frac{0{,}24 \text{ g}}{1 \text{ J}} = 1 \frac{cal}{g \cdot °C}$$

Aunque matemáticamente no se disponga de expresiones para cuantificarlo, el calor específico depende de varias variables, como los grados de libertad del sistema, la masa molar, los enlaces de puente de hidrógeno y las impurezas.

Cuando nos referimos a los grados de libertad de un sistema, nos estamos refiriendo a los movimientos de translación que pueden realizar las moléculas siguiendo las principales direcciones del espacio. Así por ejemplo, un átomo aislado puede desplazarse en cualquier dirección (x, y o z) del espacio, en cambio una molécula biatómica posee un grado de libertad menos, y una molécula triatómica solo podría trasladarse en una dirección.

A) El calorímetro

El *calorímetro* es un aparato de laboratorio que sirve para medir las cantidades de calor suministradas o recibidas por los cuerpos. Es decir, sirve para determinar el calor específico de un cuerpo así como para medir las cantidades de calor que liberan o absorben los cuerpos.

El tipo de calorímetro más usual consiste en un envase cerrado y perfectamente aislado (muy parecido a un termo doméstico) con agua, un dispositivo para agitar y un termómetro. Se coloca una fuente de calor en el calorímetro, se agita el agua hasta lograr el equilibrio, y el aumento de temperatura se comprueba con el termómetro.

Si se conoce la capacidad calorífica del calorímetro, que también puede determinarse experimentalmente, la cantidad de calor liberado durante una determinación puede calcularse fácilmente.

Muchas veces se pretende determinar, en el laboratorio y mediante el uso de calorímetros, el *calor latente* de una sustancia.

El calor latente, que no está relacionado con un cambio de temperatura, es la energía térmica desprendida o absorbida por una sustancia al cambiar de un estado físico a otro. Es frecuente determinar el *calor latente de fusión* de las sustancias.

Para poder realizar determinaciones es necesario conocer el *equivalente del calorímetro*. El equivalente en agua del calorímetro es la masa de agua que se comportaría igual que el calorímetro y que perdería igual calor en las mismas circunstancias.

Básicamente, existen tres tipos de calorímetros diferentes:

- De carga seca.
- Microcalorímetros.
- De flujo.

No es el objetivo de este texto, el estudio pormenorizado de los diferentes tipos de calorímetros y es por eso que de momento, solo parece necesario nombrarlos.

Actividad propuesta 3.8

Siguiendo las indicaciones de la actividad resuelta 3.9 y a partir de los datos del cuadro 3.1, calcula el coeficiente adiabático para un gas diatómico y un gas triatómico.

3.8. Procedimientos normalizados para la determinación de propiedades térmicas

Las propiedades térmicas que suelen determinarse con mayor frecuencia en el laboratorio son la capacidad calorífica y el calor específico. La calorimetría es la parte de la fisicoquímica encargada de la determinación de la capacidad calorífica y del calor específico de las sustancias. Cualquier procedimiento normalizado de trabajo para la determinación de las propiedades térmicas de una sustancia, debe contener los siguientes apartados:

- Objetivos.
- Fundamentos (relacionados con las propiedades térmicas de las sustancias).
- Listado de materiales e instrumentos.
- Listado de productos.
- Procedimiento de trabajo.
- Esquema del procedimiento (diagrama de bloques).
- Tablas de recogida de datos experimentales.
- Cálculos y gráficas.
- Interpretación de resultados.
- Conclusiones.

3.8.1. Determinación del calor específico

El procedimiento más habitual para medir calores específicos consiste en sumergir una cantidad del cuerpo sometido a medición en un baño de agua de temperatura conocida. Suponiendo que el sistema está aislado, cuando se alcance el equilibrio térmico se cumplirá que el calor cedido por el cuerpo será igual al absorbido por el agua, o a la inversa. Es decir, se cumplirá la condición:

$$m \cdot c \cdot \Delta T = m_a \cdot c_a \cdot \Delta T_a$$

De la expresión anterior puede aislarse el calor específico del material o sustancia en estudio:

$$c = \frac{m_a \cdot c_a \cdot \Delta T_a}{m \cdot \Delta T}$$

donde: c: calor específico a determinar $\left(\frac{\text{J}}{\text{kg} \cdot \text{K}}\right)$.

m_a: masa de agua que contiene el calorímetro (kg).

c_a: calor específico del agua $\left(\frac{\text{J}}{\text{kg} \cdot \text{K}}\right)$.

ΔT_a: incremento de temperatura del agua (K).

ΔT: incremento de temperatura de la sustancia en estudio (K).

Un paso previo a la determinación del calor específico de una sustancia, mediante el calorímetro es la determinación del calor específico del calorímetro o *equivalente del calorímetro*.

Actividad propuesta 3.9

Conocido el calor específico del agua (ejemplo 3.11), calcula el calor específico de 100 g de una sustancia sólida que se calienta desde 20 °C a 65 °C y se introduce en un calorímetro que contiene 300 g de agua a 20 °C y esta se calienta hasta 40 °C.

Resumen

- La densidad relaciona la masa de una sustancia con el volumen que ocupa en el espacio. La densidad relativa compara la densidad de una sustancia, con la densidad de otra sustancia de referencia.
- La densidad puede determinarse de manera directa mediante la utilización de diversos instrumentos de laboratorio, o bien, de forma indirecta a partir de la medición de la masa y del volumen y utilizando expresiones matemáticas para su cálculo.
- El parámetro que más afecta a la densidad de una sustancia es la temperatura. Esta influencia es muy significativa en el caso de los gases. A partir de la ecuación de estado o ecuación de los gases ideales puede deducirse una expresión para la densidad de un gas, que depende de la temperatura, entre otras variables.
- El estudio del estado gaseoso puede simplificarse a un modelo matemático llamado ecuación de los gases ideales. Esta ecuación relaciona la presión, el volumen, la temperatura y la cantidad presente (número de moles) de un gas ideal. Existen otras ecuaciones (Boyle-Mariotte, Gay-Lussac, etc.) que son casos particulares de este smodelo.
- Las condiciones normales de trabajo se establecen en una temperatura de 0 °C y una presión de 1 atmósfera. Las condiciones estándar se corresponden a una temperatura de 20 °C y una presión de trabajo de 1 atmósfera.
- Las magnitudes térmicas principales que se pueden determinar experimentalmente son el calor específico y la capacidad calorífica. Estas magnitudes pueden determinarse mediante el uso de un calorímetro.

Ejercicios propuestos

1. Una esfera sólida de hierro tiene un radio de 2,0 cm. ¿Cuál será el valor de su masa? La densidad del hierro es de 7,9 g/cm^3.
2. Para determinar la densidad de una solución en el laboratorio utilizando el picnómetro se procedió de la siguiente forma:

   Se pesó el picnómetro vacío y su masa fue de 26,038 g.

   Se llenó el picnómetro con agua a 20 °C (densidad del agua 0,99823 g/mL) y se pesó, obteniéndose un valor de pesada de 35,966 g.

   Finalmente, se pesó el picnómetro lleno de solución y el valor de la pesada fue de 37,791 g.

   Calcula la densidad de la solución.

3. Medio kilogramo de alcohol etílico ocupa un volumen de 0,000544 m^3. Calcula:

   a) La densidad del alcohol etílico.
   b) Su peso específico.

4. Un volumen gaseoso de un litro es calentado a presión constante desde 18 °C hasta 58 °C, ¿qué volumen final ocupará el gas?
5. Una cantidad de gas ocupa un volumen de 80 cm^3 a una presión de 750 mmHg. ¿Qué volumen ocupará a una presión de 1,2 atm si la temperatura no cambia?
6. Un mol de gas ocupa 25 litros y su densidad es 1,25 g/L, a una temperatura y presión determinadas. Calcula la densidad del gas en condiciones normales.
7. Un recipiente contiene 100 L de O_2 a 20 °C. Calcula:

   a) La presión del O_2, sabiendo que su masa es de 3,43 kg.
   b) El volumen que ocupara esa cantidad de gas en condiciones normales.

8. Calcula el calor específico de una sustancia sabiendo que al introducir 100 g de ella, que se encuentran a 100 °C, en 500 cm^3 de agua a 18 °C, la temperatura final de la mezcla es de 20,5 °C. El calor específico del agua es de 4.180 J/kg °C.
9. Para elevar la temperatura de una pieza de hierro de 20 kg desde 10 °C a 90 °C hay que suministrar una energía de 720 kJ. Calcula el calor específico del hierro.
10. Un calorímetro de capacidad calorífica 250 J/K contiene 100 g de agua a 20 °C. Se introduce en el calorímetro una pieza de cobre de 500 g que está a una temperatura de 220 °C. Si el calor específico del cobre es 390 J/kg·K y el del agua es 4.180 J/kg·K, ¿cuál es la temperatura de equilibrio?

Práctica 1

Determinación del calor específico de una sustancia sólida

Objetivos

Determinar el calor específico de algunos materiales sólidos, usando el calorímetro y agua como sustancia cuyo valor de calor específico es conocido.

Fundamentos teóricos

Esta práctica se basa en la premisa de que si transferimos la misma cantidad de energía en forma de calor a diferentes materiales de la misma masa, el cambio de temperatura es diferente en cada material, es decir los cambios observados en cada material dependen de su capacidad calorífica. Si tomamos el agua como sustancia de referencia (c = 1 cal/g °C), podremos saber el calor específico de otro material, al colocarlos en contacto térmico.

El *calor específico* es la cantidad de calor, en julios (J) o calorías (cal) requeridos para elevar la temperatura de 1 g de sustancia en un 1 °C:

$$c = \frac{Q}{m \cdot \Delta T}$$

En calorimetría se utiliza el calorímetro para aislar los materiales que serán puestos en contacto térmico y al medir masas y cambios de temperatura se puede determinar el calor específico de un material. Partiendo de un análisis de las transferencias de energía en forma de calor que se presentan dentro del calorímetro, podremos determinar el calor específico.

En esta práctica primeramente determinaremos el calor específico del material del que está hecho el vaso interior del calorímetro (usualmente es de aluminio) suponiendo que conocemos su valor para el caso del agua. En una segunda fase determinaremos el calor específico de una sustancia sólida, conocidos los valores para el agua y el material del calorímetro.

Materiales y reactivos

- Calorímetro
- Termómetro
- Balanza de laboratorio
- Vaso de precipitados de 50 mL
- Probeta de 100 mL
- Muestra problema
- Calentador eléctrico
- Pinzas metálicas de sujeción
- Guantes térmicos

Procedimiento experimental

a) *Determinación del calor específico del calorímetro*

- Mide la masa del vaso interior del calorímetro.
- Vierte en el calorímetro 20 mL de agua a temperatura ambiente.
- Cierra el calorímetro, espera aproximadamente 1 minuto y mide la temperatura de equilibrio que alcanza el vaso interior del calorímetro y el agua que contiene.
- Vierte en el calorímetro 30 mL de agua previamente calentada a una temperatura aproximada de 70 °C y cierra el calorímetro lo más rápido posible.
- Espera a que se alcance la temperatura de equilibrio de la mezcla de agua que contiene el calorímetro, para ello observa cuidadosamente el termómetro hasta que la temperatura se estabilice (se tarda aproximadamente 1 minuto), cuando eso ocurra anota la temperatura de equilibrio.

b) *Determinación del calor específico de la muestra*

- Mide la masa del vaso interior del calorímetro.
- Mide la masa de la muestra problema.
- Coloca la muestra problema del calorímetro.

Vierte en el calorímetro 20 mL de agua a temperatura ambiente.

Cierra el calorímetro, espera aproximadamente 1 minuto y mide la temperatura de equilibrio que alcanza el vaso interior del calorímetro, la muestra colocada dentro y el agua que contiene.

Vierte en el calorímetro 30 ml de agua previamente calentada a una temperatura aproximada de 70 °C, y cierra el calorímetro lo más rápido posible.

Espera a que se alcance la temperatura de equilibrio de la mezcla de agua que contiene el calorímetro, la muestra problema colocada dentro del calorímetro y el propio calorímetro, para ello observa cuidadosamente el termómetro hasta que la temperatura se estabilice. Cuando eso ocurra anota la temperatura de equilibrio.

Baña con agua fría la pieza de material y el vaso interior del calorímetro para disminuir su temperatura y secar las piezas.

Coloca el vaso interior del calorímetro en su lugar y pon la muestra problema dentro del calorímetro.

En estas condiciones, repite tres veces el procedimiento para obtener 3 conjuntos de mediciones de temperaturas. Con estos valores de temperaturas deberás calcular tres valores de calor específico del material, a partir de tres mediciones diferentes.

Datos experimentales

Anota los siguientes datos obtenidos experimentalmente:

a) *Determinación del calor específico del calorímetro*

Masa del vaso interior del calorímetro: m_c =
Masa de 20 mL de agua: m_1 =
Temperatura de equilibrio del calorímetro con agua: T_1 =
Masa de 30 mL de agua a T_2 = 70 °C: m_2 =
Temperatura de equilibrio de la mezcla: T_f =

b) *Determinación del calor específico de la muestra*

Masa de la muestra problema: m_3 =

c) *Cálculos y gráficas*

a) *Determinación del calor específico del calorímetro*

Con los datos experimentales obtenidos, calcula el calor específico del calorímetro a partir de la expresión:

$$c_{calorímetro} = \frac{-c_{agua}\left[m_2\left(T_f - T_2\right) - m_1\left(T_f - T_1\right)\right]}{m_c\left(T_f - T_1\right)}$$

b) *Determinación del calor específico de la muestra*

Deduce una expresión similar a la anterior que permita calcular el calor específico de la muestra. Como se dispone de tres series de datos deberás calcular el calor específico promedio, la desviación estándar de este y el error promedio.

TABLA DE RESULTADOS

m_1= m_2= m_3= m_c=

Medición	T_1	T_2	T_f	C	ΔC
1					
2					
3					

$\overline{C}$= ΔC= ε_p=

Cuestiones

Contesta las siguientes preguntas:

a) ¿Cuál fue el error porcentual obtenido en el experimento? ¿Cuáles son las principales fuentes de error en este experimento? Debes ser claro y concreto al señalar las fuentes de error.

b) ¿Por qué la temperatura final de equilibrio no quedó muy cerca de la temperatura del agua? Explica tu respuesta.

c) ¿Por qué en el experimento se tiene que tomar en cuenta el vaso interior y no así el vaso exterior del calorímetro que es también de aluminio?

d) Conocido el valor del calor específico del material, ¿cuánta energía en forma de calor se necesita transferirle a 100 g de este material para elevar su temperatura en 10 °C? ¿Y al agua?

Actividades de autoevaluación

1. ¿Cuál es la densidad de un material, si 30 cm^3 tiene una masa de 600 g?
   - ☐ *a)* 10 g/cm^3.
   - ☐ *b)* 20 g/cm^3.
   - ☐ *c)* 15 g/cm^3.
   - ☐ *d)* Ninguna de las respuestas anteriores es correcta.

2. La densidad del agua es 1,0 g/cm^3. ¿Qué volumen ocupará una masa de 3.000 g?
   - ☐ *a)* 1.000 cm^3
   - ☐ *b)* 2.000 cm^3
   - ☐ *c)* 500 cm^3
   - ☐ *d)* Ninguna de las respuestas anteriores es correcta.

3. ¿Cuál es la densidad de un aceite cuyo peso específico es de 6.578 N/m^3?
   - ☐ *a)* 671,2 kg/m^3.
   - ☐ *b)* 67,12 kg/m^3
   - ☐ *c)* 6721 kg/m^3
   - ☐ *d)* Ninguna de las respuestas anteriores es correcta.

4. ¿Cuál es el número de moles de un gas que tiene un volumen de 350 mL a 2,3 atmósferas de presión y a una temperatura de 100 °C?
   - ☐ *a)* 0,0263 moles.
   - ☐ *b)* 0,263 moles.
   - ☐ *c)* 2,63 moles.
   - ☐ *d)* Ninguna de las respuestas anteriores es correcta.

5. Al mezclar 10 L de agua a 50 ºC con 1 kg de hielo a -20 ºC. ¿Qué obtenemos? El calor latente de fusión del hielo es 334 103 J/kg, y el calor específico de esta sustancia es de 2.090 J/(kg · K).
   - ☐ *a)* Agua a 15 ºC.
   - ☐ *b)* Hielo a -10 ºC.
   - ☐ *c)* Agua a 37,27 ºC.
   - ☐ *d)* Ninguna de las respuestas anteriores es correcta.
6. El picnómetro se utiliza para medir:
   - ☐ *a)* La densidad de un gas.
   - ☐ *b)* La densidad de un líquido.
   - ☐ *c)* El volumen de un líquido.
   - ☐ d) Todas las respuestas anteriores son correctas.
7. El coeficiente adiabático relaciona:
   - ☐ *a)* El volumen y la temperatura de un gas.
   - ☐ *b)* La capacidad calorífica a volumen constante y el calor específico.
   - ☐ *c)* La capacidad calorífica a volumen constante de un gas con su capacidad calorífica a presión constante.
   - ☐ *d)* Ninguna de las respuestas anteriores es correcta.
8. La temperatura de un gas influye sobre:
   - ☐ *a)* Su volumen.
   - ☐ *b)* Su presión.
   - ☐ *c)* Su densidad.
   - ☐ *d)* Todas las respuestas anteriores son correctas.
9. La densidad de un gas puede deducirse a partir de:
   - ☐ *a)* La ley de Boyle-Mariotte.
   - ☐ *b)* La ley de Gay-Lussac.
   - ☐ *c)* La ley de los gases ideales.
   - ☐ *d)* Todas las respuestas anteriores son correctas.
10. En condiciones normales, un mol de gas ocupa:
    - ☐ *a)* 22,4 L.
    - ☐ *b)* 22, 4 cm^3.
    - ☐ *c)* 24,2 L.
    - ☐ *d)* Todas las respuestas anteriores son correctas.

SOLUCIONES:

1.	a **■b** c d	5.	a b c **■d**		
2.	a b c **■d**	6.	a **■b** c d	9.	a b **■c** d
3.	**■a** b c d	7.	a b **■c** d	10.	**■a** b c d
4.	**■a** b c d	8.	a b c **■d**		

4

Determinación de propiedades eléctricas y magnéticas

Objetivos

- ✓ Especificar las principales propiedades eléctricas: conductividad y resistividad.
- ✓ Determinar la conductividad y resistividad de las sustancias.
- ✓ Clasificar las sustancias según su conductividad y su resistividad.
- ✓ Conocer y aplicar los métodos utilizados para determinar la conductividad de las sustancias.
- ✓ Definir el magnetismo y sus magnitudes y realizar cálculos relacionados con estas.
- ✓ Diferenciar los diferentes tipos de magnetismo y conocer las propiedades magnéticas de las sustancias.
- ✓ Clasificar las sustancias según su comportamiento magnético.
- ✓ Comprender y aplicar los métodos utilizados para la determinación de las propiedades magnéticas de las sustancias.
- ✓ Estudiar el equipo utilizado para las determinaciones magnéticas, su uso, conservación y medidas de seguridad.

Mapa conceptual

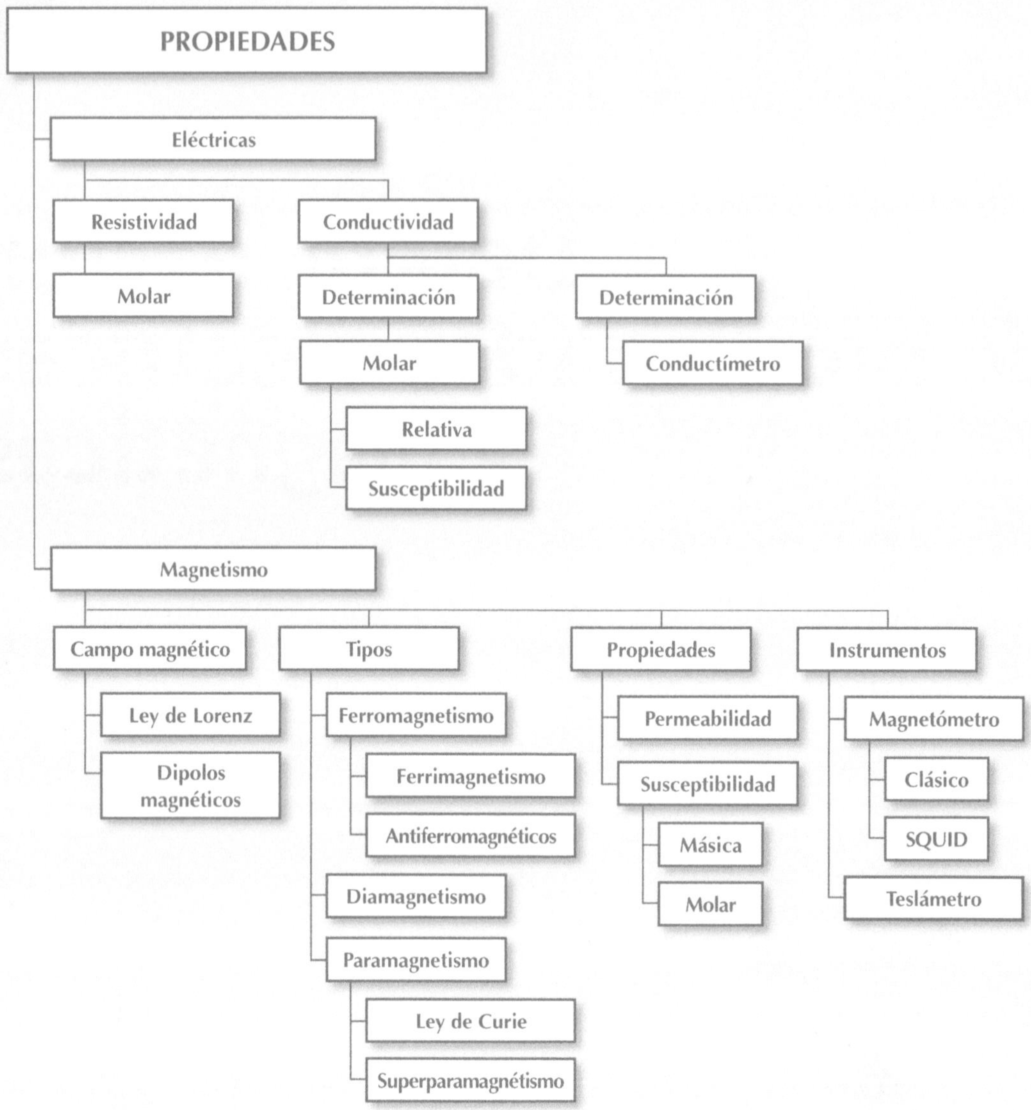

Glosario

Dieléctrico. Material con una baja conductividad eléctrica es decir, aislante, pero que tiene la propiedad de formar dipolos eléctricos en su interior bajo la acción de un campo eléctrico.

Disolución. Mezcla homogénea formada por un disolvente y por uno o varios solutos.

Disolvente. Es una sustancia química que normalmente se corresponde con el componente mayoritario de una disolución y que se encuentra en la misma fase que esta.

Electrólito. Es cualquier sustancia que contiene en su composición iones libres, que hacen que se comporte como un conductor eléctrico.

Permeabilidad. Es la capacidad de una sustancia o medio para atraer y hacer pasar a través de ella campos magnéticos.

Soluto. Es la sustancia que se reparte o se dispersa en otra sustancia en el proceso de disolución.

Supratómico. Es el tamaño de partícula, ligeramente superior al tamaño de un átomo. Suele referirse generalmente a nanopartículas.

4.1. Propiedades eléctricas: conductividad y resistividad. Unidades

La conductividad eléctrica y la resistividad son dos magnitudes inversas entre sí, relacionadas con la configuración electrónica de los átomos. Son dos propiedades importantes desde el punto de vista físico y químico para poder conocer la naturaleza de las sustancias.

4.1.1. Conductividad eléctrica

La *conductividad eléctrica* (σ) es la capacidad de una sustancia para dejar pasar la corriente. La conductividad depende de la estructura atómica y molecular de la sustancia pero también de otras propiedades de la sustancia en estudio y de la temperatura.

RECUERDA

✓ Los metales son buenos conductores porque tienen una estructura con muchos electrones con vínculos débiles y esto permite su movimiento.

La conductividad es la magnitud inversa de la resistividad, y por lo tanto puede expresarse matemáticamente como:

$$\sigma = \frac{1}{\rho}$$

donde: σ: conductividad eléctrica de la sustancia $\left(\frac{S}{m} = \frac{1}{\Omega \cdot m}\right)$.

ρ: resistividad de la sustancia ($\Omega \cdot m$).

También puede definirse la conductividad como la relación entre el campo eléctrico *(E)* y la densidad de corriente *(J)*:

$$\sigma = \frac{J}{E}$$ donde: J: densidad de corriente ($A \cdot m^2$).

E: campo eléctrico $\left(\frac{N}{C} = \frac{V}{m}\right)$.

La conductividad electrolítica en medios líquidos está relacionada con la presencia de sales en disoluciones, cuya disociación genera iones positivos y negativos capaces de transportar la energía eléctrica si se somete el líquido a un campo eléctrico. Estos conductores iónicos se denominan electrólitos.

La *conductividad de una disolución* formada por electrólitos es una medida de la capacidad de esta disolución para conducir la electricidad. Esta propiedad muchas veces recibe el nombre de *conductividad electrolítica* ya que se halla directamente relacionada con la concentración de electrolitos que contiene la disolución.

La *conductividad molar* se define como el cociente entre la conductividad de una disolución y su concentración:

$$\Lambda_m = \frac{\kappa}{c}$$ donde: Λ_m: conductividad molar $\left(\frac{m^2}{\Omega \cdot mol}\right)$.

κ: conductividad electrolítica de la disolución $\left(\frac{S}{m} = \frac{1}{\Omega \cdot m}\right)$.

c: concentración de la disolución $\left(\frac{mol}{m^3}\right)$.

Actividad resuelta 4.1

Calcula la conductividad molar de una disolución de ácido clorhídrico (HCl) de una concentración 0,1 M. Se sabe que la conductividad electrolítica de esta disolución es de 120 S/m.

SOLUCIÓN:

Debe aplicarse la la ecuación dada en el texto, pero antes debe expresarse la concentración en unidades del SI:

$$\Lambda_m = \frac{\kappa}{c} = \frac{120}{100} = 1{,}20\ \frac{m^2}{\Omega \cdot mol} \qquad 0{,}1\,M = 0{,}1\ \frac{mol}{L} \cdot \frac{1\,L}{1\,dm^3} \cdot \frac{1.000\,dm^3}{1\,m^3} = 100\ \frac{mol}{m^3}$$

Al estudiar la conductividad de las disoluciones, debe diferenciarse si se trabaja con electrolitos fuertes, o bien, con electrólitos débiles.

Los *electrólitos fuertes* se disocian totalmente en disolución, por lo tanto en la disolución las cargas positivas y las cargas negativas, se hallaran libres y separadas. Las disoluciones de electrolitos fuertes siguen la *ley de Kohlrausch:*

$$\Lambda_m = \Lambda_m^0 - K\sqrt{c}$$ donde: Λ_m: conductividad molar $\left(\frac{m^2}{\Omega \cdot mol}\right)$.

Λ_m^0: conductividad molar a dilución infinita $\left(\frac{m^2}{\Omega \cdot mol}\right)$.

K: constante empírica de proporcionalidad.

c: concentración de la disolución $\left(\frac{mol}{m^3}\right)$.

Kohlrausch también demostró experimentalmente que la conductividad de una disolución de una sal es igual a la suma de las contribuciones a la conductividad de los cationes y los aniones, lo cual se expresa como:

$$\Lambda_m^0 = \nu_+ \cdot \lambda_+^0 + \nu_- \cdot \lambda_-^0$$

Donde: Λ_m^0: conductividad molar de la disolución a dilución infinita $\left(\frac{m^2}{\Omega \cdot mol}\right)$.

ν_+: número de oxidación del catión.

λ_+^0: conductividad molar del catión a dilución infinita $\left(\frac{m^2}{\Omega \cdot mol}\right)$.

ν_-: conductividad molar del anión a dilución infinita $\left(\frac{mol}{m^3}\right)$.

λ_-^0: número de oxidación del anión.

Las conductividades molares de los iones a dilución infinita se encuentran en tablas referidas a condiciones estándar.

Se presenta a modo de ejemplo la cuadro 4.1, con las conductividades molares de los iones más frecuentes en disolución. Este cuadro se encuentra referida a condiciones estándar de temperatura (25 °C).

CUADRO 4.1
Conductividades a dilución infinita de iones

Cationes	$\lambda_+^0 \left(\frac{mS\ m^2}{mol}\right)$	Aniones	$\lambda_-^0 \left(\frac{mS\ m^2}{mol}\right)$
H^+	34,96	OH^-	19,91
Li^+	3.869	Cl^-	7 634
Na^+	5.011	Br^-	7,84
K^+	7.350	I^-	7,68
Mg^{2+}	10.612	SO_4^{2-}	15,96
Ca^{2+}	11.900	NO_3^-	7,14
Ba^{2+}	12.728	$CH_3CO_2^-$	4,09

Actividad resuelta 4.2

Con los datos proporcionados por el cuadro 4.1, calcula cuál será la conductividad molar de una disolución 0,1 M de HCl, como la actividad resuelta 4.1. El valor de la constante K es de 2,99.

SOLUCIÓN:

En primer lugar calculamos la conductividad molar a dilución infinita de la disolución, formada por los iones H^+ y Cl^-, a partir de los datos dados en el cuadro:

$$\Lambda_m^0 = v_+ \cdot \lambda_+^0 + v_- \cdot \lambda_-^0 = 1 \cdot 34{,}96 + 1 \cdot 7{,}634 = 42{,}594 \frac{\text{mS} \cdot \text{m}^2}{\text{mol}}$$

A continuación ya se puede calcular la conductividad molar de la disolución:

$$\Lambda_m = \Lambda_m^0 - K\sqrt{c} = 42{,}594 - K \cdot \sqrt{0{,}1} = 42{,}594 - 2{,}99 \cdot \sqrt{0{,}1} = 41{,}59 \frac{\text{mS} \cdot \text{m}^2}{\text{mol}}$$

Los *electrólitos débiles* son aquellos que no están totalmente disociados en disolución, por este motivo, la concentración de iones en una solución de un electrólito débil es menor que la concentración de dicho electrólito.

El caso más común de electrólitos débiles son los ácidos y las bases débiles. En estos puede calcularse la conductividad de la disolución si se conoce la constante de disociación y aplicando la *ley de dilución de Ostwald*:

$$\frac{1}{\Lambda_m} = \frac{1}{\Lambda_m^0} + \frac{\Lambda_m \cdot c}{K_a \left(\Lambda_m\right)^2}$$

donde: Λ_m: conductividad molar $\left(\frac{\text{m}^2}{\Omega \cdot \text{mol}}\right)$.

Λ_m^0: conductividad molar a dilución infinita $\left(\frac{\text{m}^2}{\Omega \cdot \text{mol}}\right)$.

K_a: constante de disociación ácida.

c: concentración de la disolución $\left(\frac{\text{mol}}{\text{m}^3}\right)$.

4.1.2. Resistividad

La *resistividad* es la resistencia eléctrica específica de una determinada sustancia. La expresión matemática para calcular la resistividad es la siguiente:

$$\rho = \frac{R \cdot S}{L}$$

donde: ρ: resistividad de la sustancia ($\Omega \cdot$ m).
R: resistencia de la sustancia (Ω).
S: superficie del material o sustancia (m^2).
L: longitud del material o sustancia (m).

La resistividad también puede definirse como la inversa de la conductividad: $\rho = \frac{1}{\sigma}$

Asimismo, es la relación entre el campo eléctrico y la densidad de corriente eléctrica:

$$\rho = \frac{E}{J}$$

La *resistividad molar* se define como el cociente entre la concentración de una disolución y su resistividad:

$\rho_m = \dfrac{c}{\kappa}$ donde: ρ_m: resistividad molar de la disolución $\left(\dfrac{\text{mol}}{\text{s} \cdot \text{mol}^2} = \dfrac{\text{mol} \cdot \Omega}{\text{m}^2}\right)$.

κ: conductividad electrolítica de la disolución $\left(\dfrac{\text{S}}{\text{m}} = \dfrac{1}{\Omega \cdot \text{m}}\right)$.

c: concentración de la disolución $\left(\dfrac{\text{mol}}{\text{m}^3}\right)$.

También pueden deducirse ecuaciones para la resistividad molar de electrólitos fuertes y débiles, pero suele ser más sencillo, calcular la conductividades correspondientes y a continuación aplicar la función inversa para obtener las resistividades.

Actividades propuestas

4.1. Calcula la conductividad molar de una disolución de cloruro de potasio (KCl) de una concentración 0,1 M. Se sabe que la conductividad electrolítica de esta disolución es de 220 S/m.

4.2. Con los datos proporcionados por el cuadro 4.1, calcula cuál será la conductividad molar de una disolución 0,1 M de NaCl. Dato: el valor de la constante *K* es de 6,99.

4.2. Clasificación de los materiales según su resistencia

Según su comportamiento frente a la corriente eléctrica, dado por su resistencia, las sustancias pueden clasificarse como *conductoras* o *aislantes.*

Una *sustancia conductora* de la electricidad es un material que ofrece poca resistencia al movimiento de la carga eléctrica. Sus átomos se caracterizan por tener pocos electrones en su capa de valencia, por lo que no se necesita mucha energía para que estos salten de un átomo a otro. Los mejores conductores eléctricos son metales, como el cobre, el oro, el hierro, la plata y el aluminio, y sus aleaciones, aunque existen otros materiales no metálicos que también poseen la propiedad de conducir la electricidad, como el grafito o las disoluciones y soluciones salinas o cualquier material en estado de plasma.

Una *sustancia aislante* es aquella que no es conductora de la electricidad, es decir, un aislante presenta una gran resistencia al movimiento de los electrones. Esto suele ser debido a que son sustancias que contienen pocos electrones libres en su estructura. Dicho de otra manera, el comportamiento de las sustancias aislantes se debe a la barrera de potencial que se establece entre las bandas de valencia y conducción, que dificulta la existencia de electrones libres capaces de conducir la electricidad a través de la sustancia.

Un material aislante de la electricidad tiene una resistencia teóricamente infinita. Algunos materiales, son aislantes bajo ciertas condiciones pero fuera de estas condiciones son conductores.

RECUERDA

✓ Las soluciones no iónicas, normalmente formadas por sustancias covalentes, son disoluciones aislantes.

También existen las sustancias semiconductoras. Estas sustancias son elementos que se comportan como un conductor o como un aislante dependiendo de diversos factores, como por ejemplo el campo eléctrico o magnético, la presión, la radiación que le incide, o la temperatura del ambiente en el que se encuentre.

Actividad propuesta 4.3

Escribe, o busca en la web, la configuración electrónica del silicio (Z = 14) y la configuración electrónica del germanio (Z = 32). En vista de la configuración de ambos elementos, ¿qué característica común explicaría su comportamiento como semiconductores?

4.3. Métodos de determinación de la conductividad eléctrica

La conductividad se determina habitualmente midiendo la resistencia de una disolución entre dos electrodos. Se debe diferenciar entre disoluciones concentradas y disoluciones diluidas.

Las soluciones diluidas siguen las *leyes de Kohlrausch* de la dependencia de la concentración y la aditividad de las concentraciones iónicas.

La conductividad eléctrica de una solución de un electrólito se mide determinando la resistencia de la solución entre dos electrodos planos o cilíndricos separados por una distancia fija.

Aunque la conductividad depende poco de la frecuencia, se utiliza una tensión alterna para evitar la electrólisis. Las frecuencias más utilizadas están en el rango 1-3 kHz. Para medir la conductividad se utiliza un instrumento llamado *conductímetro*.

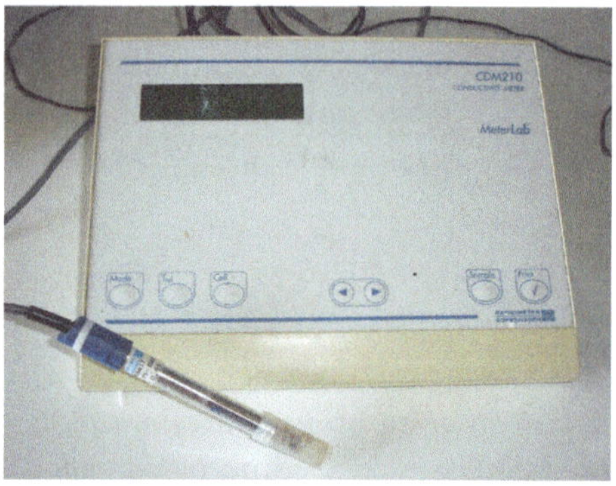

Figura. 4.1
Conductímetro con sonda de medición.

Con el conductímetro no puede medirse directamente la conductividad, sino que el instrumento mide la resistencia eléctrica que ejerce el volumen de una disolución encerrado entre los dos electrodos. En la figura siguiente se muestra un conductímetro con sonda, utilizado en el laboratorio para medir conductividades de disoluciones.

Actualmente, existen dos tipos de conductímetros comerciales: el de placas (cilíndricas o cuadradas) y el de inducción.

Para un conductímetro de placas cuadradas y que tengan la misma área se cumple que:

$$\kappa = \frac{l}{R \cdot A}$$

donde: κ: conductividad de la disolución $\left(\frac{\mathrm{S}}{\mathrm{m}} = \frac{1}{\Omega \cdot \mathrm{m}}\right)$.

l: distancia entre las placas del conductímetro (m).

R: resistencia de la disolución (Ω).

A: área de las placas del conductímetro (m^2).

Normalmente el conductímetro suele calibrarse a partir de disoluciones estandarizadas de resistividad conocida (ρ^*), además la distancia entre las placas del conductímetro y su área suelen ser parámetros de diseño del instrumento y, por lo tanto, se consideran constantes.

A partir de estos datos se define una *constante de sonda (C)*, a partir de la siguiente expresión:

$$C = \frac{R^*}{\rho^*}$$

Con estos parámetros se puede calcular la conductividad electrolítica de la disolución con:

$\kappa = \frac{C}{R}$ donde: κ: conductividad de la disolución $\left(\frac{\text{S}}{\text{m}} = \frac{1}{\Omega \cdot \text{m}}\right)$.

R: resistencia de la disolución (Ω).

C: constante de sonda $\left(\frac{1}{m}\right)$.

Actividad resuelta 4.3

La resistencia de una disolución es de 25 Ω y ha sido medida con una sonda de constante C= 5 , 1/m, ¿cuál será la conductividad electrolítica de la disolución?

Solución:

Aplicando la expresión dada en el texto:

$$\kappa = \frac{C}{R} = \frac{5}{25} = 0{,}2\frac{\text{S}}{\text{m}}$$

Debe recordarse que la conductividad de las disoluciones es dependiente de la temperatura y por este motivo las constantes de sonda, al igual que las resistencias y resistividades de las disoluciones, están referidas a la temperatura estándar de 25 °C.

Actividad propuesta 4.4

Para calibrar un conductímetro se utiliza una disolución de electrolitos de resistividad 25 $\frac{\text{mol}}{\text{s} \cdot \text{m}^2}$ y de resistencia 125 Ω. Determina el valor de la constante de la sonda.

4.4. Propiedades magnéticas. Magnetismo, campos y magnitudes

El *magnetismo* es un fenómeno natural por el cual algunos objetos o sustancias producen fuerza de atracción o repulsión sobre los otros materiales.

Recuerda

✓ Los imanes son algunos materiales conocidos que tienen propiedades magnéticas detectables fácilmente como el níquel, el hierro, el cobalto y sus aleaciones.

Debe tenerse en cuenta que todos los materiales son influidos, de mayor o menor forma, por la presencia de un campo magnético.

4.4.1. El campo magnético

Un *campo magnético* es un modelo matemático que describe la influencia magnética de las corrientes eléctricas y de los materiales magnéticos. El campo magnético en cualquier punto está especificado por dos valores, la dirección y la magnitud; de tal forma que es un campo vectorial.

El campo magnético se suele definir a partir de la fuerza de Lorentz ejercida sobre las cargas eléctricas.

El término campo magnético se utiliza para designar dos campos distintos pero relacionados entre ellos. Estos campos se representan mediante los símbolos B y H. En el vacío, B y H representan la misma magnitud pero difieren en sus unidades.

En el SI, la magnitud H se mide en $\left(\frac{A}{m}\right)$ y B se mide en $T = \frac{Wb}{m^2} = \frac{V \cdot s}{m^2}$ o .

Los campos magnéticos se producen por cualquier carga eléctrica en movimiento y desde el punto de vista cuántico está producido por el movimiento de rotación de las partículas subatómicas (espín).

Una muy buena aproximación a la descripción del campo magnético viene dada por las ecuaciones de Maxwell que describen el origen y el comportamiento de los campos que gobiernan las fuerzas magnéticas.

4.4.2. Ley de Lorentz

La misma situación que crea campos magnéticos (el movimiento de cargas o el espín subatómico) es la misma en que el campo magnético causa sus efectos creando una fuerza. Esta fuerza puede calcularse a partir de la siguiente expresión:

$F = q \cdot v \cdot B \cdot \sin\theta$ donde: F: es la fuerza magnética (N).
v: es la velocidad de la partícula (m/s).
B: es el campo magnético (T).
θ: ángulo entre la velocidad de la partícula y el campo magnético (rad).

Debe tenerse en cuenta, que como todas las fuerzas, la fuerza magnética es una magnitud vectorial, en este caso perpendicular al movimiento de la partícula y al campo magnético. Al aplicar la expresión anterior, se esta determinando solamente la magnitud de esta fuerza.

Actividad resuelta 4.4

Calcula la fuerza magnética, ejercida sobre un electrón que se desplaza a la velocidad de la luz y que atraviesa perpendicularmente un campo magnético de 10^{12} T.

Deben tenerse en cuenta los siguientes datos: $q = -1{,}602 \cdot 10^{-19}$ C; $c = 3 \cdot 10^{8}$ m/s.

SOLUCIÓN:

Aplicando la expresión dada en el texto y sustituyendo valores:

$$F = q \cdot v \cdot B \cdot \sin\theta = -1{,}602 \cdot 10^{-19} \cdot 3 \cdot 10^{8} \cdot 10^{12} \cdot 1 = -48{,}06 \text{ N}$$

4.4.3. Dipolo magnético

Un *dipolo magnético* es una aproximación que se hace del campo magnético generado por un circuito cuando la distancia al circuito es mucho mayor que las dimensiones del mismo. Se considera que cualquier sustancia magnética está formada por dos polos opuestos (norte, N, y sur, S).

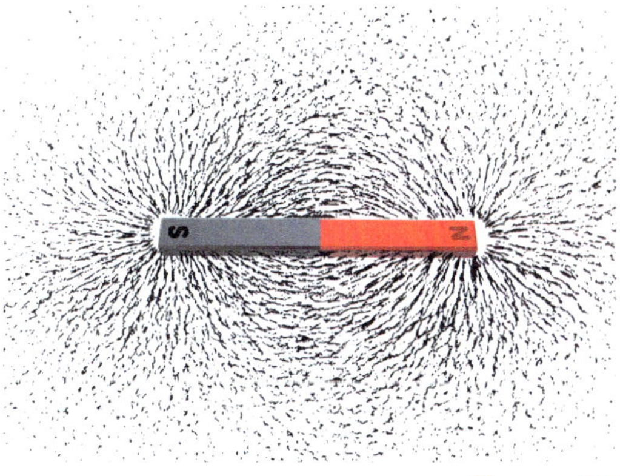

Figura. 4.2
Dipolo magnético y líneas de campo.

Desde el punto de vista cuántico, el espín de diferentes partículas también genera un campo magnético que se aproxima bien por un dipolo magnético.

Se llama *interacción magnética dipolar* a la interacción entre dos polos magnéticos. En términos simples, los polos opuestos se atraen y los del mismo signo se repelen.

Un imán en la vida cotidiana, o una sustancia magnética, genera líneas de campo, que salen de su polo positivo y acaban en su polo negativo. En la figura siguiente puede verse una representación de un dipolo magnético y de las líneas de campo magnético generadas.

4.4.4. Dipolo magnético atómico

Otra causa del magnetismo, distinta a la corriente eléctrica son los *dipolos atómicos magnéticos*. Estos dipolos, resultan de dos tipos diferentes del movimiento de electrones. El primero es el movimiento orbital del electrón sobre su núcleo atómico; este movimiento da lugar al llamado, *momento dipolar magnético del orbital*. El segundo es el movimiento de rotación del electrón sobre si mismo o *momento dipolar de spin electrónico*.

Los átomos con orbitales llenos no suelen presentar magnetismo, ya que los dipolos de los electrones emparejados que ocupan el orbital se anulan entre ellos. En cambio, los átomos con orbitales electrónicos semillenos si que presentan propiedades magnéticas, ya que al estar los electrones desaparejados, los momentos dipolares no se anulan entre ellos.

Debido a las diferentes configuraciones electrónicas que pueden presentar los átomos (dependiendo del número de electrones que posean) y de las diferentes configuraciones electrónicas que pueden presentar las sustancias y materiales, puede hablarse de diferentes tipos de magnetismo o de comportamiento magnético de los materiales.

Actividad resuelta 4.5

A partir de la configuración electrónica del sodio (Na) y del aluminio (Al), deduce si estos elementos podrían presentar propiedades magnéticas.

SOLUCIÓN:

Las configuraciones electrónicas del Na y del Al pueden buscarse en la web:

Na: $1s^2$, $2s^2\ 2p^6$, $3s^1$.
Al: $1s^2$, $2s^2\ 2p^6$, $3s^2\ 3p^1$.

El Na tiene el orbital 3s semilleno (ya que caben 2 electrones en él), por tanto podría presentar propiedades magnéticas.

El Al tiene el orbital $3p^1$ casi vacío (ya que caben 6 electrones en este orbital), a simple vista parece ser que podría presentar propiedades magnéticas, pero menos acentuadas que el sodio.

4.5. Tipos de magnetismo

Existen diversos tipos de magnetismo o de comportamientos magnéticos, siendo los principales el ferromagnetismo, el diamagnetismo y el paramagnetismo.

Estos tipos de magnetismo o comportamiento son debidos a las diferentes configuraciones electrónicas de las sustancias, que se manifiestan en forma de *permeabilidad magnética* o lo que es lo mismo en forma de *susceptibilidad magnética*.

4.5.1. Permeabilidad magnética

Se denomina *permeabilidad magnética* a la capacidad de una sustancia o medio para atraer y hacer pasar a través de ella campos magnéticos. Esta magnitud está dada por la relación entre la *inducción magnética* existente y *la intensidad de campo magnético* que aparece en el interior de dicho material.

La expresión que permite calcular la permeabilidad magnética es la siguiente:

$$\mu = \frac{B}{H}$$

donde: μ: es la permeabilidad magnética $\left(\frac{\mathrm{N}}{\mathrm{A}^2}\right)$.

B: es el campo magnético (T).

H: es la intensidad del campo magnético $\left(\frac{\mathrm{A}}{\mathrm{m}}\right)$.

PARA SABER MÁS

Para distinguir *H* y *B* se han propuesto varias interpretaciones. Así, *H* describe cuan intenso es el campo magnético en la región que afecta, mientras que *B* es la cantidad de flujo magnético por unidad de área que aparece en esa misma región. Otra interpretación es que *H* se refiere al campo en función de sus fuentes (las corrientes eléctricas) y *B* al campo en función de sus efectos (fuerzas sobre las cargas).

La *permeabilidad del vacío,* conocida también como constante magnética, se representa mediante el símbolo μ_0 y, en unidades SI, su valor es:

$$\mu_0 = 4\pi \cdot 10^{-7} \frac{N}{A^2}$$

Como ya se ha comentado, la permeabilidad magnética se utiliza para poder clasificar los diferentes materiales según su comportamiento en el campo magnético.

4.5.2. Susceptibilidad magnética

La *susceptibilidad magnética* (χ) es una constante adimensional que indica el grado de sensibilidad al magnetismo de un material que interacciona con un campo magnético. Esta constante está relacionada con la permeabilidad magnética, tratada anteriormente.

La susceptibilidad magnética puede expresarse matemáticamente como:

$$\chi = \frac{M}{H}$$

donde: M: es el momento magnético por unidad de volumen $\left(\frac{A}{m}\right)$.

H: es la intensidad del campo magnético $\left(\frac{A}{m}\right)$.

> **RECUERDA**
>
> ✓ El *momento magnético (M)* de un imán es una cantidad que determina la fuerza que el imán puede ejercer sobre las corrientes eléctricas y el par que un campo magnético ejerce sobre ellas. El campo magnético producido por un imán es proporcional a su momento magnético.

A partir de esta constante, también pueden definirse dos magnitudes más que se utilizan para diferenciar los diferentes tipos de magnetismo o sustancias magnéticas. Estas dos magnitudes son la susceptibilidad magnética de masa y la susceptibilidad magnética molar.

La *susceptibilidad magnética* de masa se expresa matemáticamente como:

$$\chi_{masa} = \frac{\chi}{\rho}$$

donde: ρ: es la densidad de la sustancia $\left(\frac{kg}{m^3}\right)$.

La *susceptibilidad magnética* molar puede expresarse matemáticamente como:

$$\chi_{mol} = \frac{M \cdot \chi}{\rho}$$

donde M: es la masa molecular de la sustancia $\left(\frac{kg}{mol}\right)$.

Según los valores de la permeabilidad magnética y/o de la susceptibilidad magnética se pueden diferenciar tres tipos principales de magnetismo o comportamiento magnético: el ferromagnetismo, el paramagnetismo y el diamagnetismo.

4.5.3. Ferromagnetismo

El *ferromagnetismo* es un tipo de magnetismo en el que se produce ordenamiento magnético de todos los momentos magnéticos de una muestra, en la misma dirección y sentido. La interacción ferromagnética es la interacción magnética hace que los momentos magnéticos atómicos tiendan a disponerse en la misma dirección y sentido.

Los materiales ferromagnéticos están divididos en dominios magnéticos, separados por superficies que actúan como si fueran paredes. En cada uno de estos dominios, todos los momentos magnéticos están alineados.

Al someter un material ferromagnético a un campo magnético intenso, los dominios tienden a alinearse con este, de forma que aquellos dominios en los que los dipolos están orientados con el mismo sentido y dirección que el campo magnético inductor aumentan su tamaño. Al eliminar el campo magnético, el dominio permanece durante cierto tiempo.

4.5.4. Paramagnetismo

El *paramagnetismo* es la tendencia de los momentos magnéticos libres (espín u orbitales) a alinearse paralelamente a un campo magnético. Cuando no existe ningún campo magnético externo, estos momentos magnéticos están orientados al azar. En presencia de un campo magnético externo tienden a alinearse paralelamente al campo, pero esta alineación está contrarrestada por la tendencia que tienen los momentos a orientarse aleatoriamente debido al movimiento térmico.

Este alineamiento de los dipolos magnéticos atómicos con un campo externo tiende a fortalecerlo. Esto se describe por una permeabilidad magnética superior a la unidad, o, lo que es lo mismo, una susceptibilidad magnética positiva y muy pequeña.

En el paramagnetismo puro, el campo actúa de forma independiente sobre cada momento magnético, y no hay interacción entre ellos. En los materiales ferromagnéticos, este comportamiento también puede observarse, pero solo por encima de su temperatura de Curie.

RECUERDA

✓ Se denomina *temperatura de Curie,* o punto de Curie, a la temperatura por encima de la cual un cuerpo ferromagnético pierde su magnetismo, comportándose como un material puramente paramagnético. Esta temperatura es característica de cada sustancia y se puede utilizar para caracterizarlas.

4.5.5. Diamagnetismo

El *diamagnetismo* es una propiedad de los materiales que consiste en repeler los campos magnéticos. Es la propiedad o el tipo de magnetismo opuesto al paramagnetismo, que se ha descrito anteriormente.

Todas las sustancias presentan una respuesta al campo magnético, ya sea el diamagnetismo o el paramagnetismo.

Las sustancias son, en su gran mayoría, diamagnéticas, puesto que todos los pares de electrones con espín opuesto contribuyen débilmente al diamagnetismo, y solo en los casos en los que hay electrones desparejados existe una contribución paramagnética (o más compleja) en sentido contrario.

Actividades propuestas

4.5. Calcula la permeabilidad magnética de una sustancia que es atravesada por un campo magnético $B = 10$ T y que suministra una intensidad magnética $H = 32$ A/m.

4.6. Calcula la susceptibilidad magnética del ejercicio anterior si el momento magnético es igual al 25 % de la intensidad magnética.

4.6. Clasificación de los materiales por su comportamiento en el campo magnético

En base a la permeabilidad y la susceptibilidad magnéticas, tal como se ha explicado anteriormente, podemos clasificar las diferentes sustancias al interactuar con los campos magnéticos. Así pues, se puede hablar de los siguientes comportamientos:

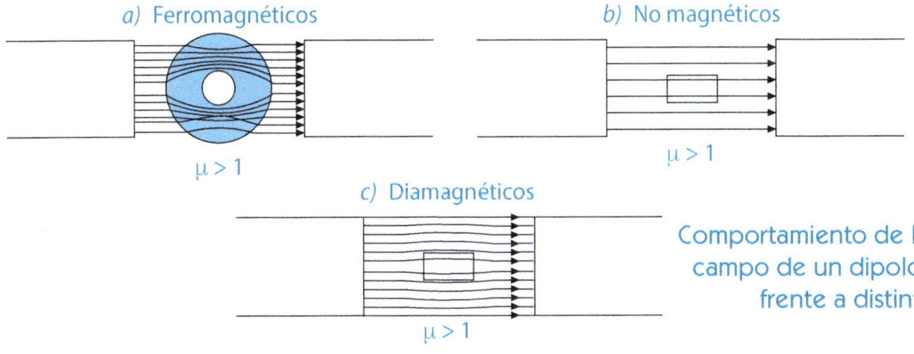

Figura 4.3
Comportamiento de las líneas de campo de un dipolo magnético frente a distintos tipos de materiales.

4.6.1. Materiales no magnéticos

Estos materiales no se ven afectados por el paso de las líneas del campo magnético. Son materiales que no presentan ninguna reacción macroscópica ni a nivel atómico, al interaccionar con los campos magnéticos.

La explicación al "no magnetismo" a nivel atómico se debe a la no presencia de orbitales atómicos semillenos, y además a la presencia de electrones debidamente emparejados.

El ejemplo por excelencia es el vacío. La no existencia de ningún tipo de átomo (o la presencia de muy pocos), permite que no haya interacción con los campos magnéticos y estos puedan atravesarlo sin ninguna dificultad.

4.6.2. Materiales diamagnéticos

Estos materiales tienden a repeler los campos magnéticos, es decir, son capaces de dispersar las líneas del campo magnético. A nivel atómico, este comportamiento se explica por la presencia de gran número de electrones aparejados, de manera que cada par contribuye al diamagnetismo de la sustancia.

Los materiales diamagnéticos presentan una permeabilidad relativa, menor a la unidad. La *permeabilidad magnética relativa* se puede determinar mediante la siguiente expresión:

$\mu_r = \dfrac{\mu}{\mu_0}$ donde: μ: es la permeabilidad absoluta del material (véase apartado 4.5.1).
μ_r: es la permeabilidad relativa del material.
μ_0: es la permeabilidad del vacío ($\mu_0 = 4\pi \cdot 10^{-7}$).

Los materiales diamagnéticos, demás presentan una inducción magnética *(B)* negativa y su susceptibilidad puede determinarse a partir de la expresión:

$\chi = \dfrac{10^{-6} \cdot M}{2}$ donde χ: es la susceptibilidad magnética.
M: masa molecular de la sustancia (g/mol).

Actividad resuelta 4.6

Calcula la susceptibilidad magnética del óxido de cobre(II) tomando como dato de partida su masa molecular.

SOLUCIÓN:

La masa molecular del CuO se puede calcular a partir de las masas atómicas de los elementos que lo conforman, y esta es 79,545 g/mol.

Aplicando la expresión dada en el texto:

$$\chi = \frac{10^{-6} \cdot M}{2} = \frac{10^{-6} \cdot 79,545}{2} = 3,98 \cdot 10^{-5}$$

Algunos ejemplos de materiales diamagnéticos son: el agua, el bismuto metálico, el hidrógeno, el helio y los demás gases nobles, el cloruro de sodio, el cobre, el oro, el silicio, el germanio, el grafito, el bronce y el azufre. Todos estos materiales tienen un número atómico par, esto quiere decir que todos sus electrones están emparejados.

4.6.3. Materiales paramagnéticos

Este comportamiento se describe a nivel subatómico, como la tendencia de los momentos magnéticos libres a alinearse paralelamente a un campo magnético. Cuando no existe ningún campo magnético externo, los momentos magnéticos atómicos están orientados al azar. En presencia de un campo magnético externo tienden a alinearse paralelamente a este, pero esta alineación está contrarrestada por la tendencia que tienen los momentos a orientarse aleatoriamente debido al movimiento térmico.

Estos materiales presentan una permeabilidad magnética superior a la unidad, y por tanto, una susceptibilidad magnética positiva y muy pequeña.

En el paramagnetismo puro, el campo actúa de forma independiente sobre cada momento magnético, y no hay interacción entre ellos.

Los *materiales paramagnéticos* tienen una permeabilidad magnética similar a la del vacío. Su permeabilidad magnética relativa tiene un valor próximo a la unidad. Los materiales paramagnéticos son materiales atraídos por imanes, pero no se convierten en materiales permanentemente magnetizados.

PARA SABER MÁS

Algunos materiales paramagnéticos utilizados a nivel industrial, en la actualidad son: el magnesio (Mg), el aluminio (Al), el titanio (Ti) y el wolframio (W).

La magnetización que sufre un material paramagnético puede describirse a partir de la *ley de Curie*:

$$M = \chi \cdot H = \frac{C \cdot H}{T}$$

Y puede verse que para un material paramagnético se cumple que:

$\chi = \frac{C}{T}$ donde: χ: susceptibilidad magnética del material.

M: es el momento magnético por unidad de volumen $\left(\frac{\text{A}}{\text{m}}\right)$.

H: es la intensidad del campo magnético $\left(\frac{\text{A}}{\text{m}}\right)$.

T: es la temperatura (K).

C: es la constante de Curie (específica para cada material).

Debe tenerse en cuenta que la ley de Curie solo es válida para valores de H pequeños y temperaturas absolutas elevadas.

4.6.4. Materiales ferromagnéticos

El comportamiento ferromagnético consiste en el ordenamiento magnético de todos los momentos magnéticos de una muestra, en la misma dirección y sentido. Un material ferromagnético es aquel que puede presentar ferromagnetismo. La interacción ferromagnética es la interacción magnética que hace que los momentos magnéticos tiendan a disponerse en la misma dirección y sentido. Ha de extenderse por todo un sólido para alcanzar el ferromagnetismo.

Al someter un material ferromagnético a un campo magnético intenso, los dominios tienden a alinearse con este, de forma que aquellos dominios en los que los dipolos están orientados con el mismo sentido y dirección que el campo magnético inductor aumentan su tamaño.

PARA SABER MÁS

Un dominio magnético es una zona del material, separada de las zonas vecinas por unas zonas de diferente energía llamadas paredes de Bloch, en la cual todos los momentos magnéticos atómicos están alineados.

Hay una serie de materiales cristalinos que presentan ferromagnetismo, lo que hace pensar que en este comportamiento influye la composición química del material, además de otros parámetros.

Cuando en un material ferromagnético actúa un campo magnético y después este campo deja de actuar, el material no pierde por completo el magnetismo que se ha inducido, sino que conserva cierto magnetismo residual. Se dice que los materiales ferromagnéticos presentan *histéresis magnética.*

Los materiales ferromagnéticos presentan una serie de características específicas:

- Presentan una inducción magnética alta.
- Concentran las líneas de flujo magnético con facilidad.
- Pueden acumular gran densidad de flujo magnético.
- Delimitan y dirigen los campos magnéticos en trayectorias definidas.
- Por encima de la *temperatura de Curie,* los materiales ferromagnéticos se transforman en paramagnéticos.

Los materiales ferromagnéticos más conocidos son: el hierro (Fe), el cobalto (Co) y el níquel (Ni).

4.6.5. Materiales ferrimagnéticos

El *ferrimagnetismo* es el comportamiento de algunas sustancias en el que se produce ordenamiento magnético de los momentos magnéticos de una muestra de modo que todos los momentos magnéticos están alineados en la misma dirección pero no en el mismo sentido. De esta manera, algunos de ellos están opuestos y se anulan entre sí, en parte o completamente. Sin embargo, estos momentos magnéticos que se pueden anular están distribuidos aleatoriamente y no consiguen anular por completo la magnetización.

El comportamiento ferrimagnético y el comportamiento ferromagnético son muy parecidos, ya que el ferrimagnetismo también presenta magnetizaciones permanentes y de saturación, aunque no en valores tan altos. Otra similitud es que por encima de la temperatura de Curie se pierde el ferrimagnetismo y el material pasa a ser paramagnético.

4.6.6. Materiales antiferromagnéticos

El *comportamiento antiferromagnético* consiste en el ordenamiento de todos los momentos magnéticos de una muestra, durante la aplicación de un campo magnético, en la misma dirección. Al cesar el campo magnético externo la mitad de los momentos magnéticos de la muestra se ordenan en sentido inverso.

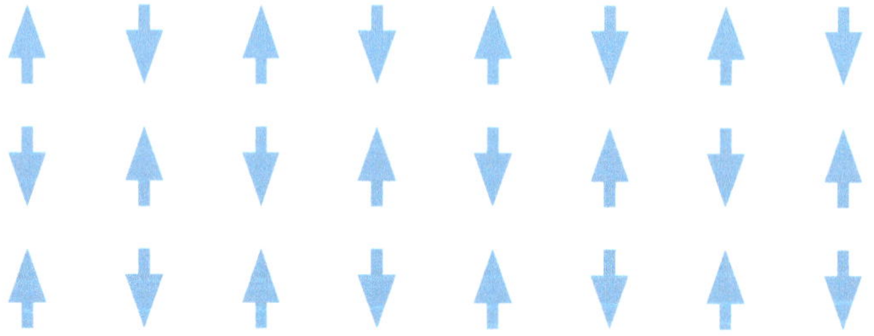

Figura. 4.4 Ordenamiento antiferromagnético.

En la figura adjunta puede verse un esquema de la ordenación de los momentos magnéticos en una sustancia antiferromagnética.

La interacción antiferromagnética es la interacción magnética que hace que los momentos magnéticos tiendan a disponerse en la misma dirección y en sentido inverso, cancelándolos si tienen el mismo valor absoluto, o reduciéndolos si son distintos. Un ejemplo habitual de material antiferromagnética, es el óxido de manganeso(IV), MnO_2.

4.6.7. Materiales superparamagnéticos

Presentan características intermedias entre las del ferromagnetismo y el paramagnetismo. Su origen se debe a partículas que no son del todo de tamaño atómico, con interacciones ferromagnéticas lo bastante intensas en su interior como para lograr un ordenamiento magnético por debajo de cierta temperatura crítica, pero con interacciones muy débiles entre ellas.

Estos materiales se comportan como sustancia de momento magnético muy grande. Como propiedades ferromagnéticas presentan ciclos de histéresis magnéticos en ciertas circunstancias. Estas sustancias pueden distinguirse porque presentan una susceptibilidad magnética, mayor que la de las sustancias paramagnéticas.

Actividades propuestas

4.7. Calcula la susceptibilidad magnética del MnO_2, tomando como dato de partida su masa molecular. A partir del resultado obtenido, ¿cuál es el comportamiento magnético esperado de esta sustancia?

4.8. Pon un ejemplo, junto con una breve explicación, de un material antiferromagnético y de uno superparamagnético.

4.7. Realización experimental de pruebas de magnetismo. Equipos y PNTs

La *magnetoquímica* es la rama de la química que se dedica a la síntesis y el estudio de las sustancias de propiedades magnéticas interesantes. Las medidas experimentales efectuadas en este campo de la ciencia, reciben el nombre de *magnetometría*. También estudia las propiedades magnéticas relacionadas con los átomos. De estas propiedades, las más analizadas son la susceptibilidad magnética y el diamagnetismo.

El *magnetómetro* es el nombre genérico dado a los dispositivos que sirven para cuantificar en fuerza o dirección la señal magnética de una muestra. Otro instrumento utilizado para la medida de los campos magnéticos, y por tanto de las propiedades magnéticas es el *teslámetro*.

A modo de recordatorio debe mencionarse que los PNT (Procedimientos Normalizados de Trabajo) han de estar redactados de manera clara y concisa para evitar dudas en su interpretación. Además deben ser fáciles de seguir por la persona que vaya a realizar la determinación de las propiedades magnéticas de la sustancia o material, o cualquier otro ensayo.

Debe tenerse en cuenta que el PNT describe una tarea específica, las operaciones que deben realizarse, sobre quien recae la responsabilidad del ensayo y tienen que ser muy detallados para evitar posibles errores de método.

En referencia a los equipos utilizados en la determinación de las propiedades magnéticas se hablará, con más profundidad, en el apartado 4.8.

En el cuadro 4.2 se enumeran, a modo de ejemplo, algunos casos de determinación de propiedades magnéticas, junto con los materiales y equipos utilizados:

CUADRO **4.2**
Ensayos magnéticos y materiales

Nombre del experimento o propiedad	Materiales y equipos
Determinación de campos magnéticos	Fuente de alimentación Teslámetro
Determinación de la permeabilidad en el vacío	Fuente de alimentación Teslámetro
Inducción magnética. Permeabilidad del vacío Permeabilidad relativa: materiales lineales Materiales no lineales: ciclo de Histéresis	Amperímetro Teslámetro Fuente de alimentación
Diamagnetismo Ferromagnetismo Paramagnetismo	Solenoide Núcleos de solenoide Teslámetro Fuente de alimentación

4.8. Equipo utilizado en los ensayos: técnicas, funcionamiento y mantenimiento

A continuación, se va a ver cuales son los equipos e instrumentos más comúnmente utilizados en los ensayos fisicoquímicos relacionados con el magnetismo. Se describirá el *magnetómetro* como instrumento básico para la realización de determinaciones magnéticas y el teslámetro.

4.8.1. El magnetómetro

Un *magnetómetro* es un dispositivo que sirve para cuantificar en fuerza o dirección la señal magnética de una muestra. Los hay muy sencillos, como la balanza de Gouy o la balanza de Evans, que miden el cambio en peso aparente que se produce en una muestra al aplicar un campo magnético y también muy sofisticado, como los dotados de SQUID, que son los más sensibles actualmente.

Existen dos tipos básicos de magnetómetros: los magnetómetros escalares y los magnetómetros vectoriales.

Los *magnetómetros escalares* miden la fuerza total del campo magnético al que están sometidos. En cambio, los *magnetómetros vectoriales* tienen la capacidad de medir el componente del campo magnético en una dirección particular.

Existe un tipo especial de magnetómetro de trabajo en continuo que es el magnetógrafo que es un magnetómetro que registra continuamente los datos que mide.

A) La balanza de Gouy

La *balanza de Gouy* es un dispositivo que sirve para medir la susceptibilidad magnética de una muestra, en particular su atracción o repulsión por un gradiente de campo magnético, derivada del cambio de energía producido por este campo (efecto Zeeman).

Este instrumento y el método utilizado tiene un importante interés didáctico, y permite determinaciones de la susceptibilidad magnética a un coste muy bajo. Tiene el inconveniente de que existen métodos más precisos y versátiles.

Para realizar determinaciones de propiedades magnéticas con este instrumento, la muestra se introduce en un recipiente cilíndrico alargado, suspendido de una balanza y este cilindro se coloca de manera que se halle parcialmente entre los polos de un imán.

La balanza mide el cambio de masa aparente al ser repelida o atraída por la región de alto campo magnético entre los polos. La expresión utilizada para las determinaciones es la siguiente:

$$f = \frac{A \cdot \chi \cdot H^2}{2 \cdot V_m}$$

donde: f: cambio aparente de peso (N).
A: área del recipiente (m^2).
χ: susceptibilidad magnética de la sustancia.
H: intensidad del campo magnético $\left(\frac{A}{m}\right)$.
V_m: volumen molar de la sustancia problema $\left(\frac{m^3}{mol}\right)$.

El volumen molar de una sustancia puede determinarse a partir de su densidad y su masa molecular:

$$V_m = \frac{M}{\rho}$$

Actividad resuelta 4.7

Mediante la balanza de Gouy se ha registrado el cambio de peso aparente de una sustancia. El área del recipiente utilizado es de 12 cm² y la susceptibilidad de la sustancia es de 0,05. Además se sabe que la intensidad del campo magnético utilizado es de 14 A/m y el volumen molar de la sustancia es 16 m³/mol. ¿Cuál será el cambio en el peso aparente registrado en el laboratorio?

SOLUCIÓN:

En primer lugar deben expresarse todas las magnitudes en unidades del SI:
$A = 12\ cm^2 = 1{,}2 \cdot 10^{-3}\ m^2$, luego:

$$f = \frac{A \cdot \chi \cdot H^2}{2 \cdot V_m} = \frac{1{,}2 \cdot 10^{-3} \cdot 0{,}05 \cdot 14^2}{2 \cdot 16} = 3{,}675 \cdot 10^{-4}\ N$$

B) Magnetómetros de SQUID

Los *magnetómetros de SQUID* se emplean para medir campos magnéticos muy pequeños, hasta el punto de que son capaces de detectar campos magnéticos muy débiles, de un orden entre 10^{-6} y

10^{-9} teslas. Los magnetómetros SQUID tiene el inconveniente de que deben trabajar refrigerados a temperaturas extremadamente bajas. Básicamente, el SQUID consta de dos electrodos de diferentes materiales con propiedades muy específicas de superconducción y magnetismo.

Existen dos tipos de magnetómetros SQUID: los SQUID DC y los SQUID RF, los primeros son capaces de medir campos magnéticos de hasta una millonésima de tesla y los segundos tienen una sensibilidad de milmillonésimas de tesla.

4.8.2. El teslámetro

Un teslámetro es un instrumento para medir la magnitud y dirección de un campo magnético. Los teslámetros más comunes utilizan un sensor de efecto Hall, el cual está conectado a una interfase que, entre otras funciones, se encarga de amplificar la señal generada al exponer el instrumento a un campo magnético. La interfase traduce la señal al valor de dicho campo magnético y hacer posible su visualización en un *display*.

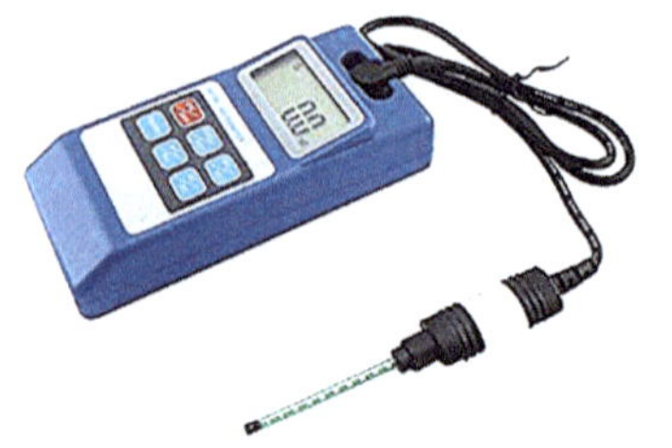

Figura. 4.5
Teslámetro digital.

El teslámetro es adecuado para medir con precisión la densidad de flujo magnético *(B)* de un material o de un circuito. Los sensores de efecto Hall se suelen encontrar dentro de sondas que son las que se introducen en el campo magnético a medir.

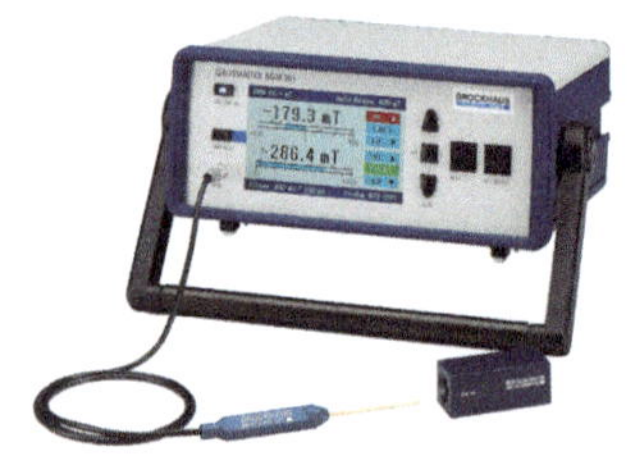

Figura. 4.6
Teslámetro analógico.

Estos instrumentos permiten medir, tanto los campos magnéticos continuos como los campos alternos. En el caso de la medida de los campos magnéticos continuos se puede reconocer el sentido del campo por el signo en el indicador digital.

También, se utilizan muy frecuentemente en el laboratorio de ensayos fisicoquímicos los teslámetros analógicos. Su precisión es más limitada, pero su coste y sencillez de funcionamiento los hace aptos para su uso didáctico.

Actividad propuesta 4.9

> Para conocer la susceptibilidad magnética de una sustancia se han utilizado un teslámetro y una balanza de Gouy. El valor de la intensidad de campo magnético dada por el teslámetro ha sido de 5 A/m. La variación de peso experimentada por la sustancia ha sido de 7 mN. La densidad de la sustancia es de 0,95 g/m³ y su masa molecular de 111 g/mol. El área del recipiente utilizado es de 13 cm². A partir de estos datos, determina la susceptibilidad magnética de la sustancia.

4.9. Riesgos asociados. Medidas de seguridad y EPIs

En referencia a los riegos asociados, las medidas de seguridad y los equipos de protección individual, durante la realización de ensayos eléctricos y magnéticos, así como la exposición a estos campos y el uso de equipos e instrumentos, debemos remitirnos a las *Normas Técnicas de Prevención (NTP)* dictadas por el *Instituto Nacional de Seguridad e Higiene en el Trabajo (INSHT)*.

La instalación eléctrica del laboratorio debe estar diseñada en el proyecto de obra de acuerdo con el Reglamento Electrotécnico de Baja Tensión (REBT) y en función de sus líneas de trabajo, del tipo de instrumental utilizado y teniendo en cuenta las futuras necesidades del laboratorio. Este aspecto debe ser contemplado en todas las modificaciones que se realicen.

Por otro lado, la incorporación de nuevo instrumental debe tener en cuenta sus requerimientos eléctricos. De entre los distintos aparatos que tienen conexión eléctrica, es recomendable disponer de líneas específicas para los equipos de alto consumo.

Los *riesgos más frecuentes,* asociados a la utilización de instrumental eléctrico, son:

- Electrocución por contacto directo o indirecto, generado por todo aparato que tenga conexión eléctrica.
- Inflamación o explosión de vapores inflamables por chispas o calentamiento del aparato eléctrico.

Los *consejos para la prevención* de estos riesgos son:

- No emplear de modo permanente alargaderas y multiconectores (ladrones).
- Usar circuitos específicos para aparatos especiales.
- En áreas especiales (húmedas y laboratorios de prácticas) emplear bajo voltaje (24 V), estancos, tapas, etc.
- Efectuar el mantenimiento adecuado y realizar inspecciones y comprobaciones periódicas.

En referencia a los *campos eléctricos* se deberían tener en cuenta las siguientes NTPs:

- La *NTP 567: Protección frente a cargas electrostáticas,* trata el fenómeno de la electricidad estática que se presenta de diversas formas en múltiples circunstancias del trabajo diario, sea con descargas incomodas en tareas de oficina, como foco de ignición en procesos con presencia de nieblas, vapores, gases o polvos combustibles y en determinadas operaciones en que las cargas electrostáticas afectan al propio producto o a su manipulación.
- La *NTP 887: Calzado y ropa de protección "antiestáticos",* revisa la protección que proporcionan los equipos de protección individual, calzado, ropa y guantes, comúnmente denominados "antiestáticos" y presenta una serie de pautas a tener en cuenta al llevar a cabo su selección frente al riesgo de ignición por descarga electrostática del trabajador.

En los ensayos sobre magnetismo, también debe tenerse en cuenta la exposición al campo magnético de los trabajadores de los laboratorios de ensayos fisicoquímicos.

En referencia a los *campos magnéticos* se debería tener en cuenta la *NTP 598: Exposición a campos magnéticos estáticos.* En este documento se presentan las conclusiones de algunas instituciones, en referencia a la exposición a los campos magnéticos.

Suele darse una cierta relación entre la variación con el tiempo de la intensidad de los campos eléctricos y magnéticos y la gravedad de los efectos perjudiciales, que pueden derivarse, para la salud en las personas a ellos expuestas. La opinión mayoritaria en el mundo científico parece ser que cuando no existe variación y se trata de valores constantes del campo, los riesgos para la salud son menores. A pesar de ello, conviene conocer las características de las exposiciones y los límites propuestos por las instituciones más solventes que han estudiado este tema. Entre estas últimas figuran la *Organización Mundial de la Salud (OMS)* y la *International Protection Association (IRPA)* a través de su *Non-Ionizing Radiation Committee* (ICNIRP).

En el documento se reconocen las interacciones de los campos magnéticos con la materia viva, y estas se recogen en el siguiente cuadro extraído de la citada NTP 598.

CUADRO 4.3
Interacción de campos magnéticos con la materia viva

Mecanismo	Tipo de acción	Efecto físico	Efecto biológico
Inducción magnética	Electrodinámica	Fuerzas de Lorenz	Efectos hemodinámicos
	Eléctrica	Corrientes de Faraday	Efectos en el sistema nervioso
			Efectos en el sistema cardiovascular
			Magnetosfenos
Fenómenos magnetomecánicos	Orientación magnética	Minimizar energía libre molecular	Giro de orientación de moléculas en células retinianas
	Traslación magnética	Fuerzas sobre materiales para y ferromagnéticos	En ciertas especies que posee partículas de magnetita
Interacciones electrónicas	Spin electrónico	Radicales libres	Modificación de la actividad enzimática

En referencia a la exposición a campos electromagnéticos, existe la *NTP 894: Campos electromagnéticos: evaluación de la exposición laboral* que se resumen en:

"Los campos y ondas electromagnéticas cuyas frecuencias están situadas entre 0 y 300 GHz se pueden hallar en el ambiente de trabajo debido a múltiples causas; también forman parte del ambiente público y doméstico. Las dificultades para la valoración de las exposiciones empiezan ya en la determinación inicial de su importancia, es decir, en una primera criba de aquellas situaciones que comportan riesgos para las personas frente a las que pueden considerarse 'seguras'".

Actividad propuesta 4.10

¿Qué efecto biológico pueden producir las fuerzas de Lorenz? ¿Qué mecanismo las origina?

Resumen

- Las propiedades eléctricas más interesantes desde el punto de vista de los ensayos fisicoquímicos son la resistividad y la conductividad de las sustancias. A partir de estas propiedades, las sustancias pueden clasificarse como conductoras, aislantes o semiconductoras.
- El comportamiento magnético de las sustancias puede estar originado por las cargas eléctricas en movimiento, o bien puede deberse a la configuración electrónica de los átomos. Para que una sustancia tenga propiedades magnéticas es necesario que posea orbitales electrónicos semillenos.
- Podemos clasificar los diferentes tipos de magnetismo en función de la permeabilidad magnética de las sustancias y de la susceptibilidad magnética: el ferromagnetismo, el diamagnetismo y el paramagnetismo.
- El comportamiento magnético de las sustancias está relacionado con la permeabilidad magnética y la susceptibilidad. A su vez, estas magnitudes pueden estar influidas

por varios parámetros, como la temperatura, la masa molecular, la estructura atómica, etc.

- Los ensayos magnéticos suelen estar encaminados a determinar la susceptibilidad o la permeabilidad magnética de la sustancia, pero mediante de instrumentos como la balanza de Gouy o el teslámetro, también pueden determinarse otras propiedades fisicoquímicas, como la densidad, la masa molecular, el volumen molar, etc.
- Las actuales NTPs del INSHT contemplan una serie de medidas de prevención y de protección individual (ropa y calzados antiestáticos) para la realización de trabajos, en los que se esté expuesto a un campo eléctrico. No sucede lo mismo para la realización de ensayos y trabajos en los que se esté expuesto a un campo magnético estacionario, aunque sí se conoce la interacción de este tipo de campos con el organismo humano.

Ejercicios propuestos

1. Con los datos proporcionados por el cuadro 4.1, calcula cual será la resistividad molar de una disolución 0,1 M de Na_2S. El valor de la constante K es de 4,69.
2. Calcula la resistividad molar de una disolución de sulfuro de potasio (K_2S) de una concentración 0,01 M. Se sabe que la conductividad electrolítica de esta disolución es de 335 S/m.
3. ¿Cuál es la diferencia entre la configuración electrónica de un conductor como, por ejemplo, la plata y un aislante como, por ejemplo, la madera?
4. Para calibrar un conductímetro se utiliza una disolución de electrólitos de resistividad 125 mol/s·m^2 y de resistencia 25 Ω. A continuación con el conductímetro se mide la resistencia de una disolución problema y esta da un valor de 150 Ω. A partir de estos datos, determina:

   a) El valor de la constante de la sonda.
   b) La conductividad de la disolución problema.

5. ¿Qué fuerza actuará sobre una carga de 30 mC, que se mueve a una velocidad de 10^6 m/s, en el vacío, al atravesar de forma perpendicular un campo magnético de 1.000 T?
6. Calcula la permeabilidad magnética de una sustancia que es atravesada por un campo magnético B = 0,10 T y que suministra una intensidad magnética H = 12 A/m.
7. Calcula la susceptibilidad magnética de una sustancia inmersa en un campo magnético B = 250 T y que a la vez proporciona un momento magnético M = 2.500 A/m.
8. A partir de la masa molecular del $KMnO_4$, determina la susceptibilidad magnética de esta sustancia, e indica cuál sería su comportamiento magnético esperado.
9. Conocida la susceptibilidad magnética del compuesto del ejercicio anterior, determina su densidad a partir de los datos obtenidos con una balanza de Gouy. Datos: Variación de peso: 5 N; área del recipiente utilizado 7 cm^2; intensidad del campo magnético: 11 mA/m.
10. ¿Qué equipo de protección individual crees necesario para realizar los ensayos de electricidad y magnetismo en el laboratorio?

Práctica 2

Aplicaciones del magnetismo

Objetivos

Estudiar algunas de las aplicaciones del magnetismo, como por ejemplo el magnetismo inducido.

Fundamentos teóricos

Gilbert, que fue el primero en estudiar el magnetismo en forma científica en el 1600, sabía que los imanes podían atraerse o repelerse entre sí. Los polos iguales se repelen, polos opuestos se atraen. Además, se sabe que el hierro no magnético es atraído por los imanes. Sin embargo, Gilbert fue el primero en preguntarse ¿por qué ocurre eso?

Encontró la respuesta en lo que conocemos como *magnetismo inducido*, el hecho de que el hierro normal se convierte en un imán temporal cuando se le coloca cerca de uno permanente, con una polaridad que provoca la atracción.

En palabras científicas, se puede definir el magnetismo inducido como el magnetismo temporal que adquiere un material no magnético, al ponerlo en contacto con un imán permanente o con un electroimán. También puede definirse como el magnetismo que adquieren los cuerpos cuando son colocados en el interior de un campo magnético.

Materiales y equipos

- Brújula
- Imán de barra
- Imán de herradura
- Limaduras de hierro
- Núcleo de hierro auxiliar
- Hilo de cobre sin aislante y de pequeña sección
- Una pila tipo petaca

Procedimiento

A) *Experimento 1*
- Acerca un polo del imán de barra a la brújula y a continuación el otro polo. Observa lo que ocurre.
- Acerca el imán de herradura a la brújula. Haz lo mismo con el núcleo de hierro (puede ser un trozo de hierro normal). Observa lo que ocurre en cada caso.

B) *Experimento 2*
- Espolvorea las limaduras de hierro sobre un pedazo de cartón, o sobre un papel en blanco. A continuación, acerca el imán de barra de forma perpendicular, por debajo al cartón o papel y observa lo que pasa con las limaduras de hierro. Retira el imán de barra.
- Acerca de la misma forma, el imán de herradura a las limaduras de hierro y observa lo que sucede. Retira el imán de cerradura.
- Acerca el núcleo de hierro a las limaduras de la misma forma que en las ocasiones anteriores, a continuación, acerca uno de los imanes al núcleo de hierro. Observa lo que sucede, tal como en las ocasiones anteriores.

C) *Experimento 3*
- Espolvorea, de nuevo, las limaduras de hierro sobre un pedazo de cartón, o sobre un papel en blanco.
- Enrolla el hilo de cobre, en torno al núcleo de hierro, cuanto más largo sea el hilo de cobre y más vueltas se puedan dar, mucho mejor.
- Conecta los extremos del conductor de cobre a los polos de una pila y acercar el circuito a la brújula. Observa qué sucede.

	• A continuación, acerca el circuito a las limaduras de hierro, como se ha hecho en el experimento n.º 2. Observa qué sucede. • Repite las operaciones anteriores, pero sin el núcleo de hierro en el circuito, es decir, solo con el conductor de hierro enrollado. Observa lo que ocurre.
Datos experimentales y conclusiones	• Anota todas las observaciones efectuadas en el experimento 1. • Dibuja o fotografía el comportamiento de las limaduras de hierro en las diferentes fases del experimento 2. • Anota las observaciones efectuadas en el experimento 3 y dibuja o fotografía el comportamiento de las limaduras de hierro.

Actividades de autoevaluación

1. Las conductividades medidas en el laboratorio dependen de:
   - ☐ *a)* Las condiciones de humedad.
   - ☐ *b)* La temperatura de medición.
   - ☐ *c)* La constante de sonda.
   - ☐ *d)* Ninguna de las respuestas anteriores es correcta.

2. Los materiales conductores:
   - ☐ *a)* Tienen resistencia infinita.
   - ☐ *b)* Tienen electrones libres en su configuración electrónica.
   - ☐ *c)* Tienen conductividad negativa.
   - ☐ *d)* Ninguna de las respuestas anteriores es correcta.

3. Una carga eléctrica que atraviesa un campo magnético de manera que su trayectoria es paralela a dicho campo experimenta una fuerza:
   - ☐ *a)* Máxima.
   - ☐ *b)* Mínima.
   - ☐ *c)* Cero.
   - ☐ *d)* Ninguna de las respuestas anteriores es correcta.

4. Los átomos con propiedades magnéticas:
   - ☐ *a)* Tiene orbitales electrónicos semillenos.
   - ☐ *b)* Tienen todos sus orbitales completos.
   - ☐ *c)* Están sometidos a un campo electrostático.
   - ☐ *d)* Todas las respuestas anteriores son correctas.

5. El oro (Au) es un material:
   - ☐ *a)* No magnético.
   - ☐ *b)* Diamagnético.
   - ☐ *c)* Paramagnético.
   - ☐ *d)* Ninguna de las respuestas anteriores es correcta.

6. El níquel (Ni) es un material:
   - ☐ *a)* Diamagnético.
   - ☐ *b)* Paramagnético.
   - ☐ *c)* Ferromagnético.
   - ☐ *d)* Ninguna de las respuestas anteriores es correcta.

7. La susceptibilidad magnética de una sustancia puede depender de:
   - ☐ *a)* Su estructura atómica.
   - ☐ *b)* La temperatura.
   - ☐ *c)* Su masa molecular.
   - ☐ *d)* Todas las respuestas anteriores son correctas.

8. Un magnetómetro escalar sirve para determinar:
   - ☐ *a)* La dirección y sentido del campo magnético.
   - ☐ *b)* Solamente la dirección del campo magnético.
   - ☐ *c)* Solamente la intensidad del campo magnético.
   - ☐ *d)* Ninguna de las respuestas anteriores es correcta.

9. Las interacciones de los campos magnéticos con la materia viva se recogen en...
   - ☐ *a)* La norma UNE-EN-9002.
   - ☐ *b)* La NTP 546.
   - ☐ *c)* La NTP 598.
   - ☐ *d)* Todas las respuestas anteriores son correctas.

10. El uso de ropa antiestática...
   - ☐ *a)* No es obligatorio pero si aconsejable su uso en laboratorios de ensayos fisicoquímicos.
   - ☐ *b)* No es obligatorio para los operarios industriales que trabajan en presencia de campos electrostáticos.
   - ☐ *c)* Es obligatorio para los operarios industriales que trabajan en presencia de campos electrostáticos No es obligatorio pero sí aconsejable su uso en laboratorios de ensayos fisicoquímicos.
   - ☐ *d)* Todas las respuestas anteriores son correctas.

SOLUCIONES:

1. a **b** c d	5. a **b** c d	
2. a **b** c d	6. a b **c** d	9. a b **c** d
3. a b **c** d	7. a b c **d**	10. **a** b c d
4. **a** b c d	8. a b **c** d	

5

Determinación de las propiedades de la materia asociadas a los cambios de estado

Objetivos

- ✓ Estudiar los diferentes diagramas de equilibrio de sustancias puras y mezclas binarias.
- ✓ Definir las diferentes propiedades fisicoquímicas que pueden deducirse a partir de los diagramas de equilibrio.
- ✓ Calcular la energía asociada a los diferentes cambios de estado.
- ✓ Deducir y dibujar el diagrama de fases del agua a partir de datos experimentales.
- ✓ Conocer las zonas y puntos característicos del diagrama de fases del agua.
- ✓ Saber que materiales e instrumentos se utilizan en el laboratorio de ensayos fisicoquímicos para el estudio de los diferentes equilibrios entre fases.
- ✓ Conocer los riesgos asociados al trabajo en el laboratorio de ensayos fisicoquímicos en relación al estudio de los equilibrios entre fases.
- ✓ Aplicar las medidas de seguridad y prevención en el trabajo de laboratorio relacionado con el estudio de los equilibrios entre fases.

Mapa conceptual

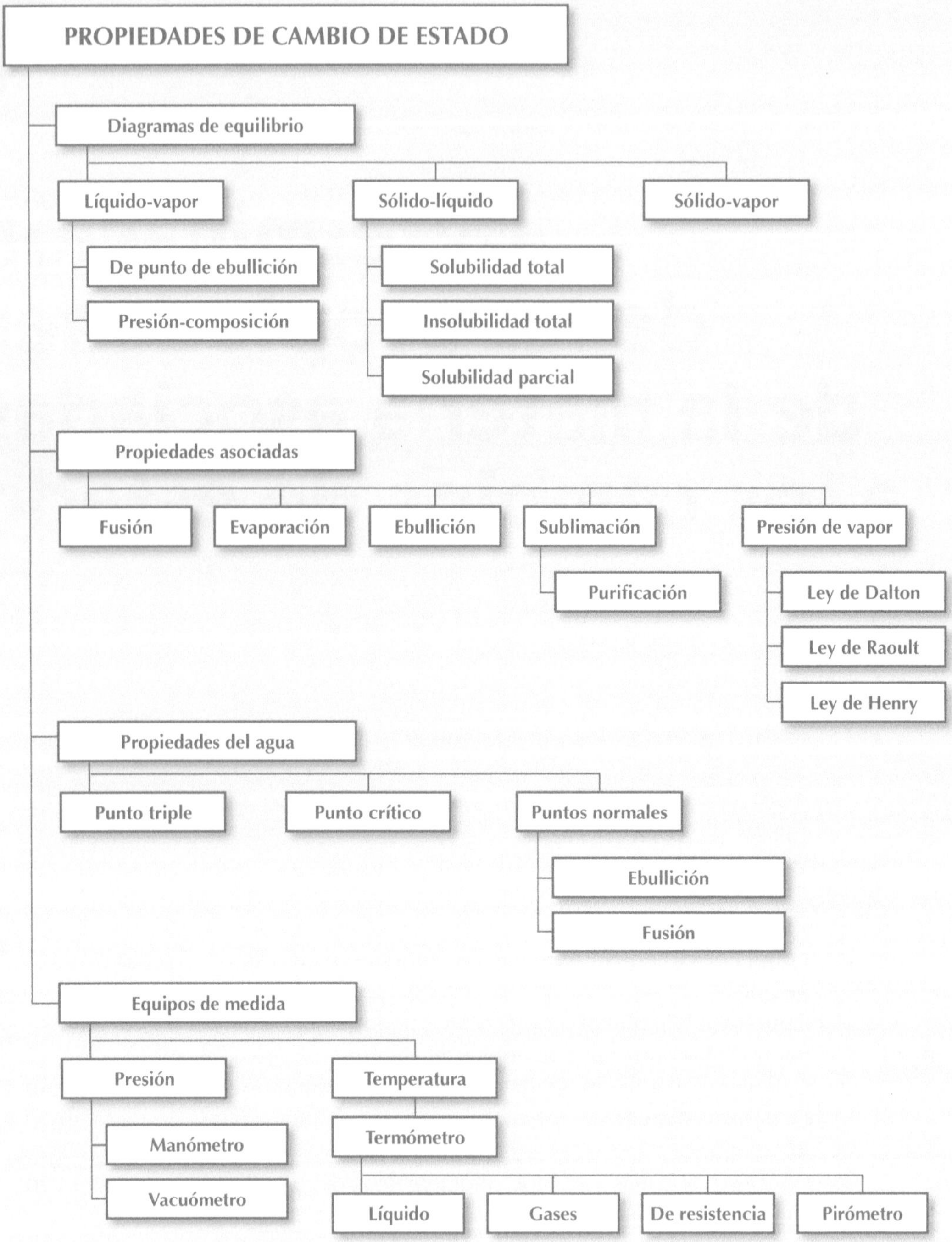

Glosario

Aleación. Producto homogéneo, obtenido por fusión, de dos o más materiales sólidos, uno de los cuales ha de ser un metal.

Azeótropo. Mezcla líquida de composición definida entre dos o más compuestos químicos que hierve a temperatura constante y que se comporta como si estuviese formada por un solo componente, por lo que al hervir su fase de vapor tendrá la misma composición que su fase líquida.

Bar. Unidad de presión, aproximadamente igual a una atmósfera o también equivalente a 760 mmHg.

Eutéctico. Mezcla de varios componentes con punto de fusión o punto de vaporización mínimo, inferior al correspondiente a cada uno de los componentes en estado puro.

Fase. Es la porción homogénea de un sistema con idénticas propiedades físicas y químicas.

Isobara (o isóbara). Curva que une puntos de presión igual en un gráfico.

Isoterma. Es una línea de un gráfico que une puntos que se hallan a la misma temperatura.

5.1. Propiedades de cambio de estado: equilibrios L-V, S-L y S-V

Un *cambio de estado* o *transición de fase* es la evolución de la materia entre varios estados sin que haya cambios en la composición. Por lo tanto, los cambios de estado se estudian desde un punto de vista físico.

Para cada elemento o compuesto químico, existen unas determinadas condiciones de presión y temperatura en las que se producen los cambios de estado. Es decir, para cada sustancia existe un valor de la presión y de la temperatura que determina, si la sustancia se encuentra en estado sólido, líquido o gaseoso.

A nivel termodinámico, las transiciones de fase se producen cuando la energía libre del sistema no es una función matemática perfecta para alguna de las variables termodinámicas: presión, volumen, temperatura, calor, trabajo… El fenómeno anterior se manifiesta porque para pasar de un estado a otro, las sustancias deben ganar o perder energía, normalmente en forma de calor. Cuando cambian de fase, las sustancias ganan o pierden calor, lo que se manifiesta por una variación de la temperatura, justo antes y después del cambio de fase.

La energía calorífica, o entalpía, asociada a un cambio estado, se denomina la entalpía de cambio de estado o *entalpía de cambio de fase*.

RECUERDA

✓ La *entalpía* de un sistema es la variación del calor del sistema, cuando este fenómeno se produce a presión constante.

Las transiciones entre los diferentes estados físicos tienen nombres especiales (solidificación, sublimación, fusión, etc.) y hay unas condiciones específicas de presión y temperatura para que se pueda producir estas transiciones, siempre refiriéndonos a sustancia puras.

Estas condiciones de transición corresponden a las líneas que hacen de frontera entre fases en los diagramas de fase. Con cada cambio de fase, se produce la liberación o absorción de cierta cantidad de calor.

La regla de las fases de Gibbs identifica el número de fases microscópicas que coexisten en equilibrio asociadas a una condición de estado, es decir a una presión, temperatura y composición dadas. Esta regla puede representarse mediante la siguiente expresión:

$F + L = C + 2$ donde: *F:* número de fases que coexisten.
L: número de variables independientes que se pueden modificar sin alterar el estado de la fase o fases en equilibrio.
C: número de componentes de un sistema.

5.1.1. Diagrama de cambio de estado o fases

En el diagrama de fases, se suele representar el equilibrio entre dos fases, de las tres posibles en las que puede encontrarse una sustancia. Generalmente se suele representar en uno de los ejes la presión total del sistema y en el otro la temperatura.

Como ya se ha comentado en otras ocasiones, los diagramas de fases más utilizados en fisicoquímica son los diagramas de equilibrio líquido-vapor, sólido-líquido y sólido-vapor. A continuación se van a comentar los tres tipos de diagramas y las propiedades que pueden deducirse a partir de ellos.

5.1.2. Equilibrio líquido-vapor. Diagramas de equilibrio

El diagrama de equilibrio líquido-vapor (V-L) describe la distribución de una o varias especies químicas entre la fase de vapor y una fase líquida.

La concentración en el vapor de un componente en contacto con el mismo componente en estado líquido en equilibrio, se expresa a partir de la *presión de vapor*. Si se trabaja con más de un componente esta presión de vapor será igual a la presión parcial del gas en la mezcla.

RECUERDA

✓ La presión parcial de un gas en una mezcla es la presión teórica de ese gas si ocupase por si solo el volumen completo de la mezcla original, a la misma temperatura. La presión total de una mezcla de gases ideal es la suma de las presiones parciales de los gases en la mezcla.

La presión de vapor de equilibrio de un líquido depende de la temperatura. En el equilibrio L-V, la concentración de equilibrio de cada componente en la fase líquida es a menudo diferente de su concentración en la fase de vapor, pero existe una relación. Los datos de concentración del equilibrio L-V pueden ser determinados experimentalmente, o aproximados con la ayuda de teorías tales como *ley de Raoult, ley de Dalton* y *ley de Henry*. Estas leyes se comentarán en el apartado 5.2.

En las mezclas que contienen dos o más componentes, las concentraciones de cada componente se expresan a menudo como *fracciones molares*. La fracción molar de un componente dado de una mezcla en una fase particular (ya sea la fase de vapor o la fase líquida) es el número de moles de ese componente en esa fase dividido por el número total de molares de todos los componentes en esa fase.

Las expresiones para calcular la fracción molar de cada componente en la fase líquida *(x_i)* o en la fase gaseosa *(y_i)* son las siguientes:

$$x_i = \frac{n_i}{n} \qquad y_i = \frac{n_i}{n}$$

En el caso de un solo componente la representación de diagramas de equilibrio L-V, no ofrece ninguna información relevante, diferente de la que se puede obtener a partir de las leyes de Raoult, Dalton o Henry.

En el caso de una mezcla binaria existen dos diagramas que ofrecen información interesan te sobre el equilibrio líquido-vapor. Estos diagramas son el diagrama del punto de ebullición y el diagrama isotérmico presión-composición. También, podría representarse un tercer diagrama que se correspondería con las composiciones de la fase líquida frente a las composiciones de la fase vapor, deducidas a partir de la ley de Raoult.

A) Diagrama del punto de ebullición

El llamado *diagrama del punto de ebullición* de una mezcla binaria, muestra a una presión constante dada, las temperaturas de ebullición, de un determinado compuesto de una mezcla binaria, en función de la fracción molar de este compuesto.

Debe tenerse en cuenta que al representar los datos de fracción molar de uno de los componentes, automáticamente, también se conocen los datos del otro componente, tanto en la fase líquida como en la fase vapor, ya que:

$$x_1 + x_2 = 1 \qquad y_1 + y_2 = 1$$

Cuando se representa un rango completo de temperaturas en comparación con las fracciones de vapor y líquido de los componentes, se obtienen dos líneas (generalmente curvas). La línea inferior, que representa la fracción molar del líquido en ebullición a distintas temperaturas, se denomina *curva punto de burbuja*. La línea superior, que representa la fracción molar del vapor a diversas temperaturas, se denomina *curva del punto de rocío*. En la figura siguiente se muestra el diagrama del punto de ebullición de una mezcla binaria.

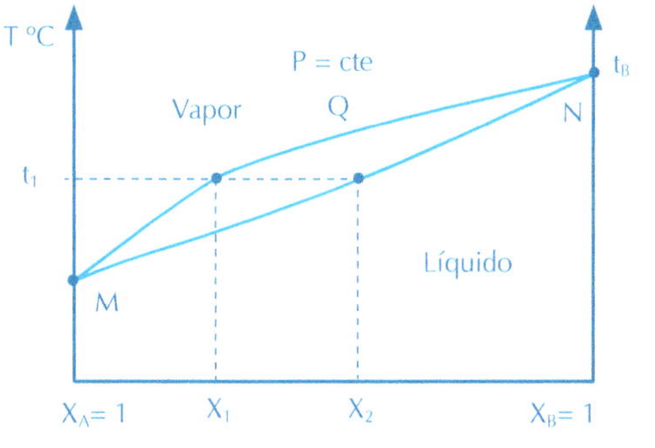

Figura. 5.1
Diagrama de punto de ebullición.

Los puntos de coincidencia de las líneas de punto de rocío y de punto de burbuja, con el eje vertical, se corresponden con los puntos de ebullición de los componentes puros a la presión de trabajo, fijada para el sistema. Debe observarse que estos puntos se conocen cuando $x_A = 1$ (punto de ebullición de la sustancia A) y cuando $x_B = 1$ (punto de ebullición de la sustancia B).

Este tipo de diagrama es muy útil, ya que nos permite conocer a una temperatura determinada, cual será la composición en la fase vapor, y también en la fase líquida, de cada uno de los componentes que forman la mezcla. De igual manera, conocida la fracción molar en el líquido o en vapor de uno de los componentes, podremos conocer la temperatura de ebullición.

Para algunas mezclas binarias, puede darse el caso que las dos curvas también coinciden en alguna composición intermedia de las mostradas en el diagrama. Este punto de encuentro, en que se tiene una mezcla binaria se denomina un *azeótropo* y se produce a una temperatura característica de cada sistema denominada *temperatura azeotrópica* y una composición azeotrópica también característica.

Puede existir azeótropos de punto de ebullición máximo, o azeótropos de mínimo punto de ebullición.

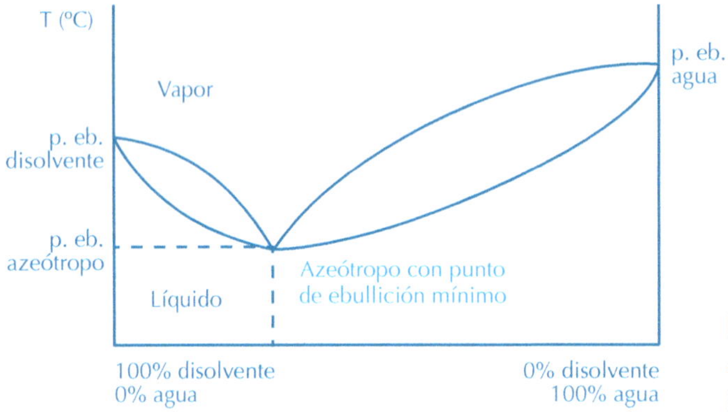

Figura. 5.2 Azeótropo de mínimo punto de ebullición.

B) Diagrama presión-composición

En este tipo de diagrama se trabaja a temperatura constante (isotérmico). En el eje de abscisas se toman los valores de composición (fracción molar) del compuesto a estudiar y en el eje de ordenadas la presión total del sistema, a la temperatura de trabajo.

Generalmente, se suele representar el diagrama de equilibrio líquido-vapor de una mezcla binaria, ya que es el que tiene más aplicaciones prácticas.

En la figura siguiente se muestran los diagramas típicos de presión-temperatura para una mezcla ideal (gráfico izquierdo) y los diagramas de dos mezclas con azeótropos (gráfico central y derecho).

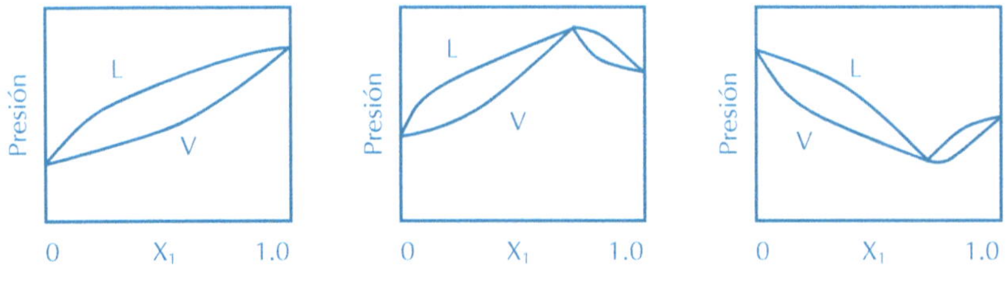

Figura. 5.3 Diagramas presión-composición de mezclas binarias.

5.1.3. Equilibrio sólido-líquido. Diagramas S-L

El equilibrio sólido-líquido es una división más de los equilibrios entre diferentes fases de la materia. Existen dos tipos de equilibrio S-L. El primero de ellos, se da cuando existen las condiciones adecuadas para que una sustancia pura en estado líquido esté en equilibrio con su estado sólido. El segundo tipo se daría cuando se tiene una mezcla de sustancias en solución que pueden solidificarse y estar ambas fases en equilibrio.

El caso más interesante para su estudio es el equilibrio sólido-líquido de una mezcla binaria. Pueden darse tres casos diferentes que se explican a continuación: dos compuestos que sean totalmente solubles en estado sólido (aleación pura), dos compuestos que sean parcialmente solubles en estado sólido, y por último, dos compuestos que sean totalmente insolubles en estado sólido.

A) Solubilidad total en estado sólido

En la figura siguiente se muestra un diagrama de equilibrio sólido-líquido de dos sustancias que son totalmente solubles en ambos estados.

En este diagrama pueden destacarse varios aspectos interesantes:

- Pueden determinarse las temperaturas de fusión de ambos sólidos puros. Son los puntos en que las líneas del diagrama tocan al eje de ordenadas.
- Pueden diferenciarse tres zonas diferentes, limitadas por la línea "sólidus" y la línea "líquidus".
  - Por encima de la línea de "líquidus" los dos componentes se encuentran en fase líquida.
  - Por debajo de la línea de "sólidus" los dos componentes se hayan en estado sólido.
  - Entre las dos líneas, los dos componentes coexisten es fase sólida y líquida.

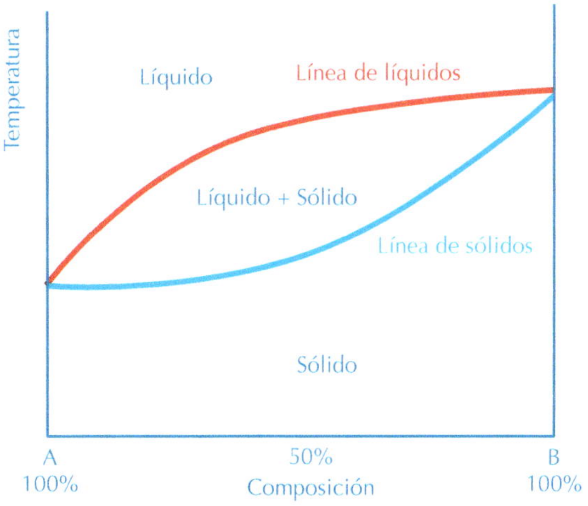

Figura. 5.4
Diagrama de equilibrio binario S-L (solubilidad total).

Puede decirse que en este tipo de diagrama existen dos zonas monofásicas, la zona de sólido y la zona de líquido y una zona bifásica, la zona líquido + sólido.

En las zonas bifásicas, puede determinarse la fracción en peso de cada uno de los componentes, utilizando la *regla de la palanca*, que puede expresarse mediante las siguientes ecuaciones:

$$W_L = \frac{C_\alpha - C_0}{C_\alpha - C_L}$$

$$W_\alpha = \frac{C_0 - C_L}{C_\alpha - C_L}$$

donde: *W:* fracciones en peso del componente líquido (L) o sólido (α).
C: composiciones en % iniciales (0), del componente líquido (L) o del sólido (α).

Para poder realizar cálculos de fracciones en peso de cada uno de los componentes es necesario disponer del diagrama de fases correspondiente y conocer la composición en un punto inicial *(C_0)*. A partir de aquí puede determinarse la composición de cada una de las fases, a partir de la línea de líquidus y la línea de sólidus.

Ejemplo 5.1

El caso típico de mezcla binaria sólido-líquido ideal, sería la mezcla cobre-níquel (Cu-Ni), a la presión de 1 atmósfera.

B) *Insolubilidad total en estado sólido*

En la siguiente figura puede verse un ejemplo de diagrama de equilibrio sólido-líquido en que ambos componentes son solubles en estado líquido, pero totalmente insolubles en estado sólido.

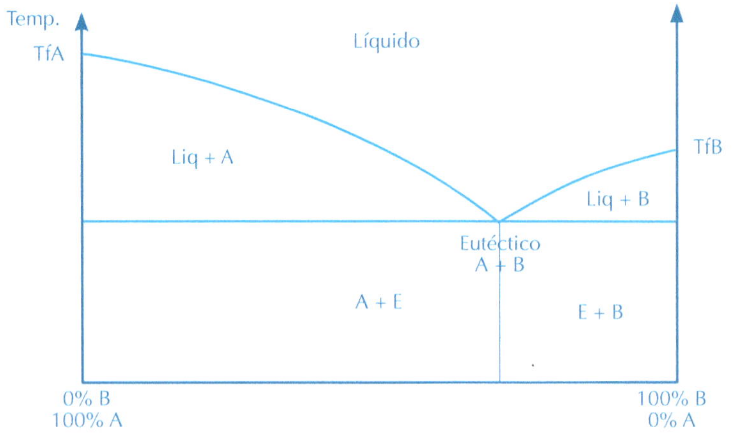

Figura 5.5
Diagrama binario S-L. Insolubilidad total en estado sólido.

En este tipo de diagrama, como en el diagrama anterior, pueden apreciarse las temperaturas de fusión de ambos sólidos (T_A y T_B), situadas en el punto en que la línea de *líquidus* toca a los ejes verticales. La *línea de líquidus* se encuentra en la parte superior del diagrama y en este caso la *línea de sólidus* es horizontal y paralela al eje de las composiciones. El punto donde coinciden las líneas de sólidus y líquidus es el eutéctico de composición A+B. Como puede verse el punto de fusión de este eutéctico es menor que el punto de fusión de cada uno de los sólidos.

En el diagrama también puede apreciarse que por encima de la línea de líquidus existe una sola fase, ya que los dos componentes son solubles totalmente en estado líquido. Entre la línea de sólidus y la de líquidus puede apreciarse que aparecen dos zonas bifásicas. En estas zonas se da la coexistencia de la fase líquida, con la fase sólida.

Estas dos zonas bifásicas se encuentran separadas por el *punto eutéctico,* que es el único punto del diagrama donde existe una mezcla homogénea sólida de ambos componentes. Debido a este fenómeno este tipo de diagrama se conoce como diagrama eutéctico.

En la parte inferior del diagrama, por debajo de la línea de sólidus, existe una sola fase sólida heterogénea, es decir, puede distinguirse cada uno de los componentes sólidos que la forman.

Hacia la izquierda del punto eutéctico, se podrá apreciar a simple vista que el componente A es mayoritario en la mezcla sólida, y hacia la derecha del punto eutéctico pasará justamente al revés, el componente B será mayoritario.

C) Solubilidad parcial en estado sólido

En la siguiente figura puede verse el diagrama de equilibrio sólido-líquido en el caso de que los dos componentes sean solubles en estado líquido, pero solo sean parcialmente solubles en estado sólido. Se toma como ejemplo el diagrama cobre-plata (Cu-Ag).

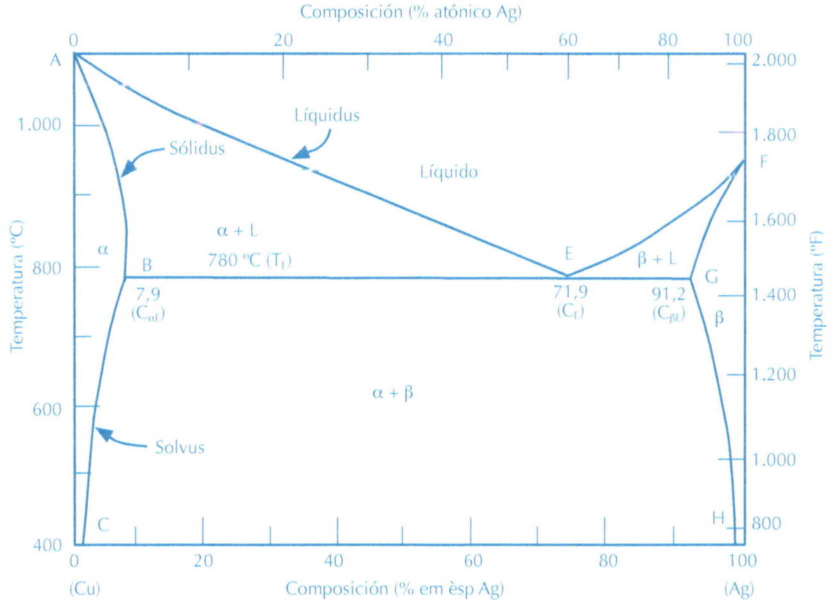

Figura 5.6
Diagrama de equilibrio S-L. Solubilidad parcial en estado sólido.

En este nuevo diagrama, además de la líneas de sólidus y líquidus, que ya aparecían en diagramas anteriores, aparece una nueva línea, *la línea solvus.* Esta línea separa zonas sólidas de dos fases, de las zonas en las cuales se encuentra cada uno de los componentes en estado sólido y nos indica la máxima solubilidad de B en A (α) y la máxima solubilidad de A en B (β).

A partir de este diagrama también se puede deducir que nunca cristalizan A y B puros, sino en forma de soluciones α y β. Estas soluciones, limitadas por los ejes, se llaman soluciones *sólidas terminales*.

Si la temperatura desciende, también desciende la solubilidad. El punto de corte de la línea de solvus con el eje de abscisas marca la solubilidad a temperatura ambiente de la mezcla.

5.1.4. Equilibrio sólido-vapor. Diagrama S-V

La *sublimación* es el proceso que consiste en el paso del estado de sólido al estado gaseoso sin pasar por el estado líquido. Al proceso inverso, es decir, al paso directo del estado gaseoso al estado sólido, se le denomina *sublimación inversa*.

La energía necesaria para que un gramo de sólido pase al estado gaseoso se llama *energía de sublimación* y coincide con la suma de los calores latentes de fusión y de vaporización.

Los calores latentes de los diferentes elementos y sustancias se suelen encontrar recogidos en tablas o bases de datos informáticas.

Actividad resuelta 5.1

La nieve carbónica que se utiliza en algunos efectos especiales de películas es dióxido de carbono (CO_2) sólido que sublima a -78 °C. ¿En qué estado se encuentra a temperatura ambiente?

SOLUCIÓN:

La nieve carbónica (dióxido de carbono de color blanco en estado sólido) se encuentra en estado sólido a temperaturas inferiores a -78 °C, y por encima de esta temperatura pasa directamente a estado gaseoso sin pasar por estado líquido, formando una blanca niebla constituida por vapor de agua condensado y dióxido de carbono gaseoso.

La sublimación puede producirse por una variación de la presión del sistema, o bien, de su temperatura. Teóricamente, es posible transformar cualquier compuesto sólido, en un gas, directamente sin pasar por el estado líquido, siempre y cuando sea posible determinar y alcanzar su temperatura y presión de sublimación.

La presión atmosférica desciende con la altura, esto hace que a grandes alturas la temperatura de ebullición de los líquidos se relativamente baja. Siguiendo el mismo razonamiento, es posible que a bajas presiones, las moléculas de la superficie de los sólidos puedan pasar directamente a la fase vapor y producirse la sublimación.

Actividades propuestas

5.1. Aplicando la regla de las fases de Gibbs, determinar cuantas fases estarán presentes en un sistema de dos componentes cuyo equilibrio depende de la temperatura y la presión.

5.2. ¿Cuántos componentes formarán un diagrama de equilibrio líquido-vapor, cuyo equilibrio entre sus tres fases depende únicamente de la composición del sistema?

5.2. Definición de las propiedades asociadas a los cambios de estado

Todas las propiedades asociadas a los cambios de estado tienen su origen en un fenómeno físico característico: la *difusión*. Cuando se ponen en contacto dos fluidos o un sólido soluble en un líquido, estos acaban mezclados al cabo de cierto tiempo de forma espontánea.

Para que tenga lugar el fenómeno de la difusión, la distribución espacial de partículas no debe ser homogénea, debe existir una diferencia de concentración de las partículas entre dos zonas. Podemos deducir, pues, que la difusión depende en primer lugar de la concentración de las sustancias.

En el caso del estado gaseoso, la difusión se observa siempre. No obstante, en el caso de los líquidos, donde existen las fuerzas de cohesión, y de los líquidos con los sólidos este fenómeno solo se observa cuando las fuerzas de cohesión son menores que las establecidas entre las partículas de diferentes sustancias, llamadas fuerzas de interacción.

Aunque en el estado sólido, las partículas ocupan lugares fijos en el espacio, tienen movimiento de vibración. Conforme aumenta la temperatura, aumenta la amplitud de oscilación de las partículas, y por tanto su energía total, aumentando la distancia que las separa y así el sólido aumenta su volumen. A este fenómeno lo llamamos *dilatación*. La dilatación siempre es un paso previo a un *cambio de estado progresivo*.

Los cambios de estado progresivos son el paso de sólido a líquido, o fusión; el paso de líquido a gas o vaporización y el paso directo de sólido a gas o sublimación. Además, a estos cambios de estado se hallan asociadas ciertas temperaturas características: el punto de fusión, el punto de ebullición y el punto de sublimación.

Si por el contrario se aumenta la presión de un sistema, las partículas tienden a juntarse y a reducir su movimiento, de manera que se producirá un cambio de estado regresivo, es decir, una solidificación o sublimación regresiva.

Podemos deducir que el estado de agregación de una sustancia se puede modificar al aumentar la energía cinética de sus moléculas y esto se consigue mediante un aumento de temperatura, o bien al reducir su energía cinética, es decir, mediante un aumento de la presión.

A continuación se repasan las propiedades asociadas a los cambios de estado, como son la fusión, la evaporación, la ebullición y la sublimación; así como el concepto de presión de vapor y los cálculos implicados en los procesos.

5.2.1. Fusión

Se llama *fusión* al proceso físico mediante el cual un sólido pasa al estado líquido.

Al calentar un sólido, las partículas que lo constituyen aumentan su energía cinética de vibración, con lo que sus partículas se separan cada vez más (dilatación). Llega un momento en que esta separación debilita las fuerzas que las mantienen unidas y desaparece la estructura cristalina con lo que se pasa al estado líquido debido a que ahora estas partículas pueden realizar movimientos de traslación, además de los de vibración. A la temperatura a la que se produce el cambio de estado sólido a líquido se la denomina *temperatura de fusión*.

Al calor necesario para que un gramo de sólido pase al estado líquido se la denomina *calor latente de fusión* (L_f) y se mide en J/kg en el Sistema Internacional de Unidades. Los calores latentes de fusión se encuentran tabulados.

Recurso WWW

En la siguiente dirección web puede hallarse más información sobre el calor latente de fusión de algunas sustancias y otros datos relacionados con los cambios de estado:

Se puede calcular el calor implicado en un proceso de fusión a partir de la expresión siguiente:

$Q = m \cdot L_f$ donde: Q: cantidad de calor implicado en el proceso (J o cal).
m: masa de la sustancia (kg).
L_f: calor latente de fusión (J/kg).

Actividad resuelta 5.2

Busca el calor latente de fusión del hielo. Una vez conocido este valor, calcula el calor implicado en la fusión de 500 g de hielo.

Solución:

En el recurso web anterior puede hallarse el calor de fusión del hielo. El valor dado es de 334 J/kg.

A partir de este dato y con la expresión correspondiente se puede calcular el calor pedido (debemos fijarnos en las unidades):

$$Q = m \cdot L_f = 0{,}5 \cdot 334 = 167\ \text{J}$$

5.2.2. Evaporación

En primer lugar se debe aclarar que para que se produzca el proceso de evaporación no es necesario que se alcance la temperatura de ebullición.

Cuando las partículas pasan del estado líquido al estado gaseoso por haber adquirido suficiente energía cinética para escapar de la superficie del líquido, decimos que se ha producido un cambio de estado líquido-gas o evaporación.

Este cambio de estado se puede producir en la superficie del líquido, en cuyo caso se habla de evaporación; o bien en el interior del líquido, en cuyo caso se habla de ebullición. La velocidad de evaporación depende de la temperatura: a mayor temperatura, mayor velocidad de evaporación.

La energía necesaria para que un gramo de líquido pase al estado gaseoso se denomina *calor latente de vaporización* (L_v).

El calor implicado en un proceso de vaporización puede determinarse a partir de la expresión:

$Q = L_v \cdot m$ donde: Q: calor implicado en el proceso de vaporización (J).
L_v: calor latente de vaporización (J/kg).
m: masa de sustancia a evaporar (kg).

Actividad resuelta 5.3

Calcula el calor implicado en el proceso de vaporización de 2 g de amoníaco (NH_3), a su temperatura de fusión.

SOLUCIÓN:

El calor latente de vaporización del amoníaco (NH_3), obtenido a partir de tablas es de: 327 cal/g a la temperatura de –33,34 °C.

Aplicando la ecuación correspondiente:

$$Q = L_v \cdot m = 327 \cdot 2 = 654 \text{ cal}$$

5.2.3. Ebullición

Cuando el paso de líquido a gas se produce en toda la masa del líquido, se dice que se produce la *ebullición*. La temperatura a la cual hierven los líquidos se llama *temperatura de ebullición*. Esta temperatura de ebullición depende de la presión a la que esté sometido el líquido. A mayor presión, mayor temperatura de ebullición.

La temperatura de ebullición es única, al igual que la temperatura de fusión, y es una característica propia de las sustancias puras. Las temperaturas de ebullición y de fusión sirven para distinguir una sustancia pura de otra y de las mezclas.

5.2.4. Sublimación

No siempre es necesario que una sustancia sólida pase al estado líquido para después transformarse en un gas. Las partículas de la superficie de un sólido pueden adquirir suficiente energía cinética para vencer las fuerzas que las mantienen unidas y pasar directamente al estado gaseoso. A este proceso se le llama *sublimación*.

De la misma forma, cuando los gases se enfrían, pueden pasar directamente al estado sólido, este cambio físico se llama *sublimación inversa*.

La energía necesaria para que 1 gramo de sólido pase al estado gaseoso se llama *calor de sublimación* y, lógicamente, coincide con la suma de los calores latentes de fusión y de vaporización.

El calor de sublimación puede determinarse a partir de la expresión:

$Q = (L_f + L_v) \cdot m$ donde: Q: calor implicado en el proceso de sublimación (J).
L_f: calor latente de fusión (J/kg).
L_v: calor latente de vaporización (J/kg).
m: masa de sustancia a sublimar (kg).

Actividad resuelta 5.4

El calor latente de fusión del agua es de 79,7 cal/g a 0 °C y su calor latente de vaporización es de 539,4 cal/g a 97 °C. A partir de estos datos, determina el calor de sublimación del hielo.

SOLUCIÓN:

A partir de la expresión dada en el texto, se puede deducir que:

$$L_s = (L_f + L_v) = 79{,}7 + 539{,}4 = 619{,}1 \text{ cal/g}$$

5.2.5. Presión de vapor

La *presión de vapor* es la presión de la fase gaseosa sobre la fase líquida, o la fase sólida, en un recipiente cerrado y donde se ha creado el vacío, medida a una temperatura determinada, en la ambas fases se encuentran en equilibrio dinámico.

El valor de la presión de vapor valor es independiente de las cantidades materia presentes siempre y cuando está se halle repartida en dos fases diferentes y forzosamente una de ellas sea un se halle en estado gaseoso.

Este fenómeno también tiene lugar cuando una de las fases es un sólido durante la sublimación o en la sublimación regresiva. En la situación de equilibrio, se dice que las fases están *saturadas*.

En el caso que la presión de vapor sea igual a la presión externa de un sistema se dice que se ha alcanzado el punto de ebullición en el caso de los líquidos y el punto de sublimación en el caso de los sólidos.

Cuanto mayor es la masa molecular de una sustancia, mayor energía se requerirá para que las moléculas puedan pasar a la fase vapor y por tanto la presión de vapor será más pequeña. Es decir, la presión de vapor de una sustancia es inversamente proporcional a su masa molecular.

Existen tres leyes fisicoquímicas relacionadas con la presión de vapor que se deben conocer al estudiar los cambios de estado de los compuestos: la ley de Raoult, la ley de Henry y la ley de Dalton o de las mezclas de gases.

A) Ley de Dalton o de las presiones parciales

Esta ley establece que la presión de una mezcla de gases, que no reaccionan químicamente, es igual a la suma de las presiones parciales que ejercería cada uno de ellos si solo uno ocupase todo el volumen de la mezcla, sin variar la temperatura.

La ley de Dalton es muy útil cuando deseamos determinar la relación que existe entre las presiones parciales y la presión total una mezcla. Esta ley puede enunciarse a partir de la siguiente expresión:

$$p = \sum p_i = p_1 + p_2 + \ldots + p_n$$

A partir de esta ley se puede deducir que la presión de vapor que ejerce una mezcla líquida se corresponde con la suma de las presiones de vapor de cada uno de los componentes que la forman.

B) Ley de Raoult

Esta ley establece que la presión de vapor parcial de cada componente de una mezcla ideal de líquidos es igual a la presión de vapor del componente puro multiplicado por su fracción molar en la mezcla. Esta ley, para un solo componente, puede expresarse como:

$p_i = p_i^* \cdot x_i$ donde: p_i: presión parcial del componente (atm, mmHg, Pa).
p^*_i: presión de vapor del componente puro (atm, mmHg, Pa).
x_i: fracción molar del componente en la mezcla.

En el caso de una mezcla de varios líquidos se puede aplicar la ley de Dalton y se obtiene que:

$$p = \sum x_i \cdot p_i^* = x_A \cdot p_A^* + x_B \cdot p_B^* + \ldots + p_N \cdot x_N^*$$

La anterior expresión nos dice que la presión de vapor de una mezcla ideal de varios componentes será igual a la suma de las presiones de vapor de cada uno de los componentes, multiplicadas por su correspondiente fracción molar.

Actividad resuelta 5.5

Se tiene una mezcla de benceno y tolueno al 50%. La presión de vapor del benceno y del tolueno son 95,1 y 28,4 mmHg, respectivamente. ¿Cuál es la presión de vapor total de la mezcla?

SOLUCIÓN:

Aplicando la ley de Raoult y de Dalton simultáneamente, tenemos que:

$$p = \sum x_i \cdot p_i^* = x_A \cdot p_A^* + x_B \cdot p_B^*$$

$$p = 0{,}5 \cdot 95{,}1 + 0{,}5 \cdot 28{,}4 = 61{,}75 \text{ mmHg}$$

A partir de la ley de Raoult y la ley de Dalton, también se puede determinar, en el caso de mezclas ideales, cual será la fracción molar de cada componente en la fase vapor. La expresión utilizada es la siguiente:

$$y_i = \frac{p_i}{p} = \frac{x_i \cdot p_i^*}{p}$$

Donde y_i es la fracción molar del componente i en la fase vapor. El resto de parámetros son conocidos de las explicaciones anteriores.

Actividad resuelta 5.6

Calcula la fracción molar de benceno y tolueno, en la fase vapor, con los datos obtenidos en el ejercicio resuelto 5.5.

SOLUCIÓN:

Si designamos por el subíndice 1 al benceno, y por el subíndice 2 al tolueno, podemos escribir:

$$y_1 = \frac{0,5 \cdot 95,1}{61,75} = 0,76 \qquad y_2 = \frac{0,5 \cdot 28,4}{61,75} = 0,24$$

Puede comprobarse que $y_1 + y_2 = 1$.

C) Ley de Henry

La ley de Henry enuncia que a una temperatura constante, la cantidad de gas disuelta en un líquido es directamente proporcional a la presión parcial que ejerce ese gas sobre el líquido. La expresión matemática de la ley es la siguiente:

$C_i = p_i \cdot k_H$ donde: C_i: concentración de gas en la disolución (mol/L, g/L...).
p_i: presión de vapor del gas (atm, Pa, mmHg...).
k_H: constante de Henry.

Las unidades de la constante de Henry dependen de las unidades en que vengan expresadas la concentración de la disolución y la presión de vapor.

Actividad resuelta 5.7

La concentración de tolueno en una disolución de acetona es del 1%. Sabiendo que se trabaja a una temperatura de 25 °C y que la presión de vapor del tolueno a esta temperatura es de 28,4 mmHg, calcula el valor de la constante de Henry para esta disolución.

SOLUCIÓN:

En primer lugar, deben expresarse los diferentes parámetros en unidades coherentes.

$$1\% = \frac{1 \text{ mol tolueno}}{100 \text{ moles disolución}} = 0,01$$

$$28,4 \text{ mmHg} \cdot \frac{1 \text{ atm}}{760 \text{ mmHg}} = 0,037 \text{ atm}$$

Aplicando la correspondiente expresión matemática y aislando la constante:

$$C_i = p_i \cdot k_H$$

$$k_H = \frac{C_i}{p_i} = \frac{0,01}{0,037} = 0,268 \text{ atm}^{-1}$$

Una aplicación muy importante de las leyes anteriores, es que permiten el cálculo teórico de datos de equilibrio L-V a partir de datos fisicoquímicos y utilizando modelos matemáticos adecuados. En el caso de mezclas ideales, se ha comprobado que los modelos basados en las leyes anteriores dan resultados muy parecidos a los obtenidos experimentalmente en el laboratorio.

Actividades propuestas

5.3. Para fundir 1 kg de hielo, se necesita una energía de 334 J. A partir de estos datos determinar el calor latente de fusión del hielo.

5.4. El calor latente de vaporización del amoníaco (NH_3), obtenido a partir de tablas es de: 327 cal/g a la temperatura de –33,34 °C. Calcula la energía necesaria para vaporizar 100 g de amoníaco a dicha temperatura.

5.5. La presión de vapor del benceno y del tolueno son 95,1 y 28,4 mmHg, respectivamente. Si tenemos una mezcla líquida de fracciones molares de benceno y tolueno 0,75 y 0,25. Determina:

a) ¿Cuál será la presión de vapor de la mezcla?
b) Las fracciones molares de cada componente en la fase vapor.

5.3. Determinación experimental del diagrama de fases del agua

En fisicoquímica se denomina *diagrama de fase* o diagrama de estados de la materia, a la representación de los diferentes estados de la materia, en función de variables elegidas para facilitar el estudio de los mismos. Normalmente las variables elegidas son la presión *(P)*, la temperatura *(T)*, el volumen *(V)* o diversas combinaciones de estas tres.

Los diagramas de equilibrio más sencillos son los de presión-temperatura *(P-T)* y para una sustancia pura, como por ejemplo el agua. En el eje de ordenadas se coloca la presión y en el de abscisas la temperatura.

Un diagrama de cambio de fases es un gráfico, donde se representan los diferentes estados de una sustancia pura, en función de la presión y de la temperatura. Normalmente, se suele representar la presión en el eje de ordenadas y la presión en el eje de abscisas. La siguiente figura se corresponde con la representación de un diagrama de fases de una sustancia pura.

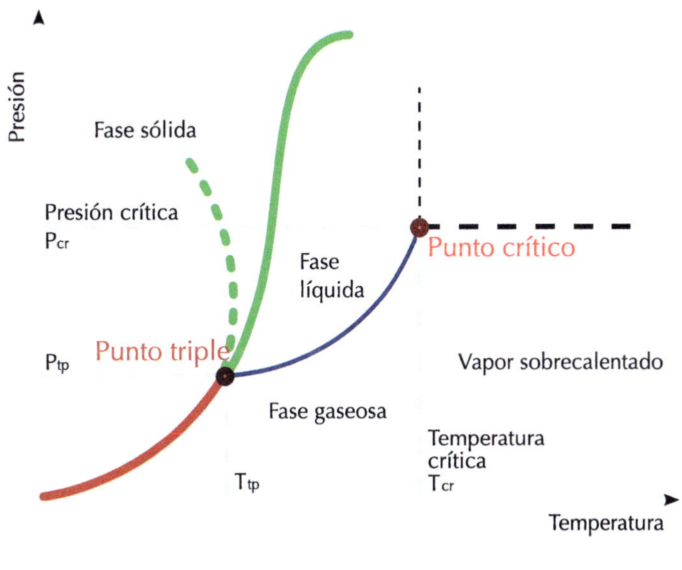

Figura. 5.7
Diagrama de fases de una sustancia pura.

En diagrama de fases de presión y temperatura de una sustancia describe la forma en que, en función del valor de la presión y la temperatura, la sustancia se encuentra en una u otra fase o estado físico. Las líneas indican a qué presión y temperatura la sustancia cambia de estado físico.

Las líneas indican las fronteras entre diferentes fases y son los puntos de presión y temperatura en los que se producen las transiciones de fase. En cada fase, la sustancia se encuentra en equilibrio dinámico con respecto a las otras.

Para determinar experimentalmente el diagrama de fases del agua, se toma una cierta cantidad de agua líquida y se mantiene en un recipiente hermético, de manera que el volumen sea constante. A partir de aquí se puede hacer variar la presión o la temperatura, según nos convenga.

Normalmente se hace variar la temperatura del recipiente, calentándolo o enfriándolo y midiendo esta temperatura con un termómetro de precisión. Para cada valor de temperatura se registra el valor de la presión total y de la presión del vapor (si este está presente).

Las unidades de trabajo, suelen ser grados centígrados (°C) o kelvin (K) para la temperatura y atmósferas (atm), milímetros de mercurio (mmHg) o pascales (Pa) para la presión.

RECUERDA

$$T(K) = t\,(°C) + 273$$

1 atm = 760 mmHg = 101.300 Pa

La tabla de valores obtenida sería parecida a la que se presenta en el siguiente recurso web.

RECURSO WWW

En la siguiente dirección web se tiene una tabla con los datos de la presión de vapor del agua y del hielo a diferentes temperaturas:

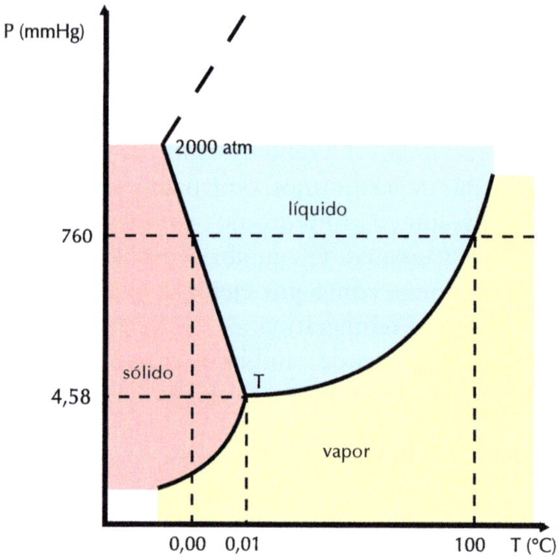

Figura 5.8
Diagrama de fases del agua.

El diagrama obtenido sería muy similar al que se presenta en la figura 5.8.

Tanto en el diagrama, como en la tabla de valores pueden observarse algunas propiedades interesantes del agua, que se comentan en el apartado 5.4.

Actividad propuesta 5.6

Traza esquemáticamente el diagrama de fases del agua, tomando como referencia, el punto crítico, el punto triple y los puntos de fusión y ebullición normales.

5.4. Propiedades derivadas del diagrama de fases del agua

En el diagrama pueden observarse a simple vista tres zonas diferenciadas y tres líneas que hacen de frontera entre las zonas: zona sólida (hielo), zona líquida y zona vapor.

La línea que hace de frontera entre la zona del agua líquida de la zona del hielo, como ya sabemos se denomina *línea de sólidus*. Esta línea tiene pendiente negativa debido a que la densidad del hielo es menor que la densidad del agua líquida. Es relativamente fácil aproximar la línea de sólidus mediante una recta tomando los puntos normales de fusión del hielo y el punto crítico.

La línea que hace de frontera entre el agua líquida y el vapor de agua se denomina *línea de líquidus*. Esta línea podría aproximarse por una función exponencial que pasa por el punto crítico del agua, el punto de ebullición normal y el punto triple.

La línea que hace de frontera entre la zona de hielo y la zona vapor se suele denominar línea o *frontera de sublimación*.

La sublimación del hielo se produce a temperaturas inferiores a la del punto triple y a presiones bajas. La frontera de sublimación se puede obtener mediante una curva de ajuste que cumpla los siguientes requisitos:

- La curva intersecciona en el punto triple con la curva de líquidus y la de sólidus.
- La curva corta con el eje de ordenadas en el punto de intersección de este eje con la recta que une el punto triple con el punto de ebullición normal.
- La curva de sublimación es tangente a la recta que une el punto crítico y el punto triple.

El *punto triple* nos indica a que presión y temperatura podrán coexistir los tres estados o fases (sólido, líquido y gas) de la sustancia en estudio, y el *punto crítico* nos indica a partir de que valor de la presión y la temperatura, la sustancia tiene la misma densidad en la fase líquida y en la fase gaseosa. La temperatura y la presión en el punto crítico se denominan temperatura y presión críticas, respectivamente.

La *temperatura crítica* es característica de cada sustancia y es la temperatura límite por encima de la cual un gas no puede ser licuado por compresión. Por encima de esta temperatura no es posible condensar un gas aumentando la presión.

Actividades propuestas

5.7. Determina la pendiente de la recta que une el punto de fusión normal del agua con el punto crítico y que puede utilizarse como una aproximación de la línea de líquidus.

5.8. Determina la ecuación de la recta que une el punto de ebullición normal del agua, con su punto triple. A continuación, determina el punto de intersección de esta recta con el eje de ordenadas y la ecuación de la recta que une el punto crítico del agua, con el punto triple.

5.5. Aplicación de la sublimación a la purificación de sustancias

Purificar un sólido por sublimación es una técnica simple, utilizada en los laboratorios de ensayos fisicoquímicos, que permite obtener un producto muy puro. La condición necesaria es que a una temperatura determinada la presión de vapor del sólido se iguale a la presión externa (atmosférica). En estas condiciones el sólido pasa a gas directamente sin pasar por la fase líquida.

Aunque muchos sólidos tienen una presión de vapor inferior a la atmosférica en su punto de fusión, puede ser suficiente para que se vaya produciendo una evaporación lenta desde un recipiente abierto generando olores característicos. El proceso se acelera calentando suavemente o reduciendo la presión con o sin calor.

Figura. 5.9
Purificación de yodo mediante sublimación.

Actividad propuesta 5.9

Busca información en la web sobre el método de purificación mediante sublimación a baja presión, o también conocido como "método del dedo frío". Explica brevemente cómo funciona este método.

Las moléculas orgánicas no polares forman sólidos de estructuras muy simétricas y fuerzas electrostáticas débiles, tienen una presión de vapor alta y por tanto subliman con facilidad. Esta propiedad puede aprovecharse para separarlas de otras sustancias que no subliman, de forma más rápida y con mejor rendimiento que en un proceso de recristalización.

Para llevar a cabo una purificación por sublimación es necesario poner en contacto el vapor sublimado con una superficie fría para que condense. Debe tenerse en cuenta que se esta produciendo un equilibrio sólido-gas, y que están teniendo lugar dos fenómenos físicos simultáneos: la evaporación y la solidificación.

5.6. Equipo utilizado en los ensayos: técnicas, funcionamiento y mantenimiento

El equipo utilizado en los ensayos fisicoquímicos relacionados con el estudio de los diagramas de equilibrio entre fases puede clasificarse de la siguiente forma:

- Equipos para la medida de la presión.
- Equipos para la medida de la temperatura.

Conocidos los datos de presión y temperatura aplicando cualquiera de las expresiones estudiadas en apartados anteriores pueden deducirse los datos de composición necesarios para construir los diagramas de fases deseados.

5.6.1. Medida de la presión

Para la medición de la presión y del vacío en el laboratorio de ensayos fisicoquímicos se han desarrollado muchas técnicas y medidores.

El aparato más utilizado para este tipo de mediciones es el *manómetro*. En principio, el manómetro es un instrumento que utiliza una columna de líquido para medir la presión. En la actualidad, el término manómetro se usa para designar cualquier instrumento de medida que sirva para medir la presión.

A) El manómetro

El manómetro es un instrumento utilizado para la medición de la presión de fluidos contenidos en recipientes cerrados. Existen dos tipos de manómetros, según se empleen para medir la presión de líquidos o de gases.

La gran mayoría de los manómetros utilizan la presión atmosférica como de referencia y miden la diferencia entre la presión real o absoluta y la presión atmosférica. El valor medido se conoce como *presión manométrica* se expresa ya sea por encima, o bien por debajo de la presión atmosférica. Si el valor medido se halla por encima de la presión atmosférica se tendrá una presión positiva, si en cambio, el valor medido es inferior a la presión atmosférica se tendrá una presión negativa.

Figura 5.10
Manómetro para líquidos.

Los aparatos que sirven exclusivamente para medir presiones inferiores a la atmosférica, o negativas, se llaman *vacuómetros* o manómetros de vacío.

Básicamente, existen cuatro tipos de manómetros utilizados en el laboratorio de ensayos, o a nivel industrial. Las características de estos instrumentos se resumen a continuación:

- *Manómetro de dos ramas abiertas*. El manómetro más sencillo consiste en un tubo de vidrio doblado en U que contiene un líquido apropiado. Una de las ramas del tubo está abierta a la atmósfera y consta de una escala graduada donde puede leerse la presión atmosférica; la otra está conectada con el depósito que contiene el fluido cuya presión se desea medir. El fluido del recipiente penetra en el tubo en forma de U, empujando y desplazando al líquido de medición. La presión puede leerse directamente en la escala.
- *Manómetro truncado*. El llamado manómetro truncado sirve para medir presiones de gases muy pequeñas. No es más que un barómetro de sifón con sus dos ramas cortas. Si la rama abierta se comunica con un depósito cuya presión supere la altura máxima de la columna barométrica, el líquido barométrico llena la rama cerrada.
- *Tubo de Bourdon*. El tubo de Bourdon, en su forma más simple, consiste en un tubo aplanado que forma una sección circular de aproximadamente 270°. Un extremo del tubo está sellado y libre para sus desplazamientos, el otro extremo está fijado y conectado a la cámara o al conducto en el que la presión debe ser medida. Cuando la presión a medir aumenta, el tubo tiende a desenrollarse, y cuando disminuye, el tubo tiende a curvarse más. Este movimiento se transmite mediante una conexión mecánica a un sistema de engranajes conectado a una aguja que va señalando la presión sobre una escala graduada. En la siguiente figura pueden apreciarse los detalles constructivos de este instrumento.

- *Manómetro metálico o aneroide.* Es el tipo de manómetro más utilizado a escala industrial. Básicamente, es un barómetro modificado de tal forma que dentro de la caja actúa la presión desconocida que se desea medir y afuera actúa la presión atmosférica.

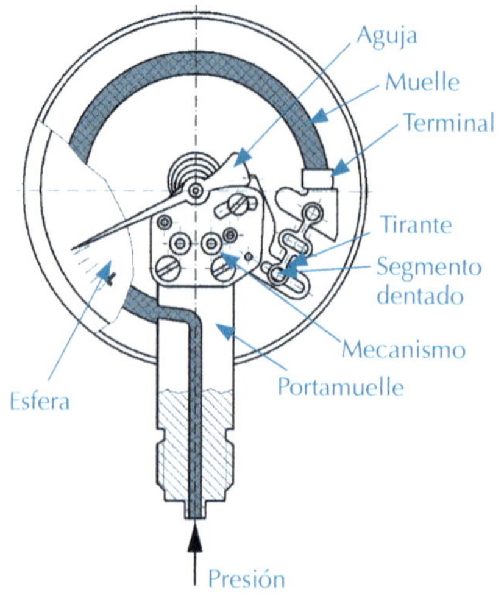

Figura 5.11
Manómetro de Bourdon.

5.6.2. Medida de la temperatura

Como ya sabemos la temperatura se mide con un instrumento denominado termómetro y este puede hallarse graduado en diferentes escalas de temperatura. Tanto a nivel de laboratorio, como a nivel industrial existen diferentes tipos de termómetros. Estos se suelen elegir en función del margen de temperaturas a medir o de la precisión deseada.

A) Termómetro de líquido

Los termómetros de líquido encerrado en vidrio son, ciertamente, los más familiares. Existen los termómetros de mercurio y los de alcohol coloreado. Actualmente se desaconseja el uso de termómetros de mercurio en el laboratorio, pero estos se siguen usando con frecuencia. Los termómetros de mercurio pueden medir un rango de temperaturas que va de -39 °C (punto de congelación del mercurio) a 357 °C (su punto de ebullición), con la ventaja de ser portátiles y permitir una lectura directa. El inconveniente es que no son muy precisos.

El termómetro de alcohol coloreado es aún menos preciso que el anterior, aunque también es portátil. Como ventaja se puede decir que son de uso muy cómodo y rápidos. El rango de temperaturas que puede medir va desde -112 °C (punto de congelación del etanol, el alcohol empleado en él) hasta 78 °C (su punto de ebullición).

B) Termómetro de gases

El termómetro de gas de volumen constante es muy exacto, y tiene un margen de aplicación extraordinario: desde -27 °C hasta 1.477 °C. Pero es más complicado, por lo que se utiliza más bien como un instrumento normativo para la graduación de otros termómetros.

El termómetro de gas a volumen constante se compone de una ampolla llena de un gas inerte y que se elige según la gama de temperaturas deseada, y un manómetro medidor de la presión. Se pone la

Figura. 5.12
Termómetro de gas.

ampolla del gas en el ambiente cuya temperatura hay que medir y se ajusta entonces la columna de mercurio (manómetro) que está en conexión con la ampolla, para darle un volumen fijo al gas de la ampolla. La altura de la columna de mercurio indica la presión del gas. A partir de ella se puede calcular la temperatura. En la correspondiente figura puede verse un moderno termómetro de gas.

Al ser un sistema de medición indirecta está sujeto a errores de cálculo o personales, por ello no se utiliza mucho en el laboratorio.

C) Termómetro de resistencia de platino

Este termómetro basa su funcionamiento en la variación de la resistencia, de una espiral de alambre de platino, con la temperatura. Es el termómetro más preciso que puede utilizarse en el laboratorio o en la industria y su rango de temperaturas va -259 °C a 631 °C, aunque también se puede emplear para medir temperaturas de hasta 1.127 °C. Su principal inconveniente es que tiene un tiempo de respuesta largo, ya que reacciona despacio a los cambios de temperatura, debido a su gran capacidad térmica y baja conductividad, por lo que se emplea sobre todo para medir temperaturas fijas.

D) Termopar

El termopar se basa en la variación de la resistencia con la temperatura de dos metales diferentes. Este instrumento consta de dos cables de metales diferentes unidos, que producen un voltaje que varía con la temperatura de la conexión. Se emplean diferentes pares de metales para las distintas gamas de temperatura, de esta manera se pueden obtener rangos de medición desde -248 °C hasta 1.477 °C. El termopar es el termómetro más preciso en el rango de temperaturas de -631 °C a 1.064 °C y, como es muy pequeño, tiene un tiempo de respuesta muy corto.

E) Pirómetro

Este tipo de termómetro basa su funcionamiento en la medida del calor radiante y se emplea para medir temperaturas muy elevadas sin entrar en contacto con la sustancia de la cual se quiere conocer su temperatura.

Se basa en la medición del calor o la radiación visible emitida por objetos calientes y mide el calor de la radiación mediante un termopar, o la luminosidad de la radiación visible, comparada con un filamento de tungsteno incandescente conectado a un circuito eléctrico. El pirómetro es el único termómetro que puede medir temperaturas superiores a 1.477 °C.

Figura 5.13
Uso de pirómetro de infrarrojos en un barco.
Fuente: US Navy.

El principal inconveniente de este instrumento es que con la finalidad de asegurar que las mediciones de temperatura que se hacen son adecuadas es necesario realizar su calibración previa. Existen diferentes tipos de pirómetros, en la figura puede verse un pirómetro de infrarrojos.

Actividad propuesta 5.10

Estudiamos el equilibrio líquido-vapor de una mezcla de hexano y heptano. A 25 °C, el hexano tiene una presión de vapor de 151,4 mmHg y el heptano de 45,7 mmHg. Utilizando la ley de Raoult, calcula las presiones de vapor para ambos componentes, además de la presión total, utilizando diferentes concentraciones de cada uno, y dibuja aproximadamente el diagrama de equilibrio líquido-vapor.

5.7. Riesgos asociados. Medidas de seguridad. EPIs

Los riesgos asociados a los ensayos encaminados a generar datos de presión y temperatura para el estudio y generación de datos de equilibrio de fases son los siguientes:

- Riesgo de explosión debido a las temperaturas y presiones de trabajo.
- Riesgo de liberación brusca de la presión.
- Riesgos debidos a las características físicas y químicas de las sustancias de trabajo (presión, temperatura, toxicidad, quemaduras, etc.).

Al margen de las características constructivas de los equipos, los usuarios de los aparatos a presión y que además funcionen a temperaturas más elevadas o más bajas que la presión atmosférica deberán llevar un libro registro, visado y sellado por la correspondiente autoridad competente, en el que deben figurar todos los aparatos instalados e instrumentos utilizados, indicándose en el mismo: características, procedencia, suministrador, instalador, fecha en la que se autorizó la instalación y fecha de la primera prueba y de las pruebas periódicas, así como las inspecciones no oficiales y reparaciones efectuadas con detalle de las mismas.

RECUERDA

✓ Los equipos de protección individual o EPIs deberán utilizarse cuando los riesgos no se puedan evitar o no puedan limitarse suficientemente por medios técnicos de protección colectiva o mediante medidas, métodos o procedimientos de organización del trabajo.

En referencia a los *equipos de protección individual,* en el caso de las quemaduras o posibles proyecciones de líquidos debido a liberación brusca de la presión, es obligatorio el uso de guantes térmicos y de gafas de protección. Para disminuir el riesgo de quemaduras por contacto térmico, es recomendable no manipular los equipos e instrumentos durante su funcionamiento, y en caso de ser necesario se deben usar los correspondientes guantes térmicos.

En el caso de los guantes, principalmente, se utilizan para la protección durante el uso de sustancias químicas (guantes de vinilo o látex) y para la protección respecto a temperatura altas (guantes térmicos o ignífugos). En el caso del laboratorio de ensayos fisicoquímicos y siguiendo el R. D. 1407/92, los EPIs utilizados pueden ser de categoría I o categoría II, que son los que protegen contra riesgos mínimos y los que protegen frente a riesgos de grado medio o elevado, pero no protegen de consecuencias mortales o irreversibles.

Actividad propuesta 5.11

Explica en qué se diferencian los guantes de protección normales de los guantes ignífugos.

Resumen

- Las propiedades de los cambios de estado quedan reflejadas en los diagramas de cambio de fase de la sustancias. Estos diagramas pueden ser del equilibrio líquido-vapor (L-V), sólido-líquido (S-L) o sólido-vapor (S-V).
- Existen dos tipos de diagrama L-V, el diagrama de punto de ebullición (P-T) y el diagrama presión-composición. Los diagramas S-L se clasifican según la solubilidad en fase sólida: diagrama de solubilidad total, diagrama de insolubilidad total y diagrama de solubilidad parcial. Solo existe un tipo de diagrama S-V y no se suelen utilizar normalmente.
- Son propiedades asociadas a los cambios de estado: la evaporación, la fusión, la ebullición, la sublimación y la presión de vapor. Los puntos de fusión y de ebullición siempre son únicos para cada sustancia si se trabaja a la presión de 1 atmósfera. La sublimación es una técnica utilizada en el laboratorio de ensayos fisicoquímicos para purificar sustancias.
- A partir de los datos de presión composición y las leyes de Raoult, Dalton y Henry pueden construirse diagramas de equilibrio líquido-vapor para mezclas binarias ideales.
- El diagrama de fases del agua es característico de esta sustancia y pueden distinguirse una serie de líneas y de puntos específicos: la línea de líquidus, la línea de sólidus, la frontera de sublimación, el punto normal de ebullición y el de fusión, además del punto triple y el punto crítico. A partir de estas líneas y puntos, se distinguen las diferentes zonas del diagrama.
- Los equipos, técnicas y EPIs utilizados en el estudio de los diagramas de equilibrio de fases siempre están relacionados con las variables a medir, en este caso la temperatura y la presión.

Ejercicios propuestos

1. Una mezcla líquida de 20 % n-pentano, 65 % n-hexano y 15 % n-octano se introduce en un recipiente y se deja alcanzar equilibrio L-V. Considerando a estos componentes como una mezcla ideal que obedece a la ley de Raoult, calcula:

   a) La presión total que se genera en el recipiente.
   b) La composición de la fase gaseosa.

   Nota: Las presiones de vapor de los compuestos deben buscarse en cualquier base de datos online.

2. Calcula el número de grados de libertad que definen un sistema compuesto por sacarosa sólida en equilibrio con una disolución acuosa de sacarosa.
3. El etanol y el metanol forman una disolución que es prácticamente ideal. A 20 °C, la presión de vapor del etanol es 44,5 mm Hg y la del metanol, 88,7 mm Hg. Calcula:
   a) Las fracciones molares del metanol y etanol en una disolución obtenida mezclando 1,3 moles de etanol y 1,25 moles de metanol.
   b) Las presiones parciales de los componentes, la presión de vapor total y la fracción molar del etanol en el vapor en equilibrio con la disolución anterior.
4. Traza esquemáticamente el diagrama de fases del amoníaco (NH_3), tomando como referencia el punto crítico, el punto triple y los puntos de fusión y ebullición normales de esta sustancia.
5. El calor latente de vaporización del amoníaco (NH_3), obtenido a partir de tablas es de: 327 cal/g a la temperatura de -33,34 °C. A partir de estos datos, calcula el calor implicado en el proceso de vaporización de 1 mol de amoníaco.
6. Determina la pendiente de la recta que une el punto de fusión normal del metano (CH_4) con el punto crítico y que puede utilizarse como una aproximación de la línea de líquidus, para el diagrama de fases de esta sustancia. La temperatura de fusión del metano es de -182 °C a 1 atm y su punto crítico es -82,6 °C a una presión de 46 bar.
7. En el laboratorio se está estudiando el equilibrio líquido-vapor, de una mezcla de hexanol y heptanol. A 25 °C, el hexanol tiene una presión de vapor de 0,24 kPa y el heptanol de 17 kPa. Utilizando la ley de Raoult, calcula las presiones de vapor para ambos componentes, además de la presión total, utilizando diferentes concentraciones de cada uno y dibuja aproximadamente el diagrama de equilibrio líquido-vapor.
8. Determina la ecuación de la recta que une el punto de ebullición normal del amoníaco, con su punto triple. A continuación, determina el punto de intersección de esta recta con el eje de ordenadas. Busca los datos necesarios en base de datos químicos online.
9. La temperatura de fusión del mercurio (Hg) es de -38,9 °C y su calor latente de fusión es de 11,73 J/kg. Calcula el calor necesario para fundir 1 kg de mercurio a su temperatura de fusión.
10. Calcula el calor de sublimación de 10 g de mercurio, tomando el calor latente de fusión del ejercicio 5.9 y sabiendo que su calor latente de vaporización es de 285 J/kg.

Práctica 3

Construcción de un diagrama de equilibrio L-V a partir de datos fisicoquímicos

Objetivos

Obtener el diagrama de equilibrio líquido-vapor de una mezcla binaria ideal a partir de datos fisicoquímicos que pueden obtenerse en el laboratorio y mediante el uso de una hoja de cálculo tipo EXCEL o similar.

Para ello será necesario alcanzar una serie de objetivos previos:

- Buscar de forma experimental o en biografía específica las presiones de vapor de los compuestos a estudiar.

- Construir una hoja de cálculo con las composiciones en la fase líquida de uno de los compuestos y utilizarla para calcular las composiciones del mismo componente en la fase vapor.
- Aplicar la hoja de cálculo a la representación del diagrama de equilibrio correspondiente.

Fundamentos teóricos

Conocida la fracción molar de un componente en una mezcla y la presión de vapor de este, podemos calcular su presión parcial, aplicando la ley de Raoult: $P_i = x_i \cdot P_i^0$.

Una vez conocida esta presión parcial, se puede calcular la fracción molar del mismo componente en la fase vapor, si se conoce la presión total del sistema:

$$y_i = \frac{P_i}{P_T}$$

Aplicando este método a una mezcla binaria ideal, donde el componente 1 es el más volátil, es decir, el que tiene una presión de vapor mayor, se obtendrían estas expresiones: $P_1 = x_1 \cdot P_1^0$; $P_2 = x_2 \cdot P_2^0$.

Se debe recordar que: $x_2 = 1 - x_1$.

La presión total se calcula aplicando la ley de Dalton: $P_T = P_1 + P_2$.

Una vez conocida la presión total, se pueden calcular las fracciones molares en la fase vapor:

$$y_1 = \frac{P_1}{P_T} y_2 = \frac{P_2}{P_T} = 1 - y_1$$

Finalmente, para construir el diagrama de equilibrio podemos representar los valores de la fracción molar de cada componente en la fase líquida frente a la presión parcial o total.

Materiales y reactivos

Para llevar a término la práctica propuesta será necesario el siguiente material:

- Ordenador con conexión a internet y con software de hoja de cálculo (EXCEL o similar).
- Bibliografía especializada.

No será necesario el uso de ningún reactivo ya que se trata de una práctica con soporte informático.

Procedimiento experimetnal

En primer lugar, se debe elegir la pareja de compuestos de los cuáles se quiere construir el diagrama de equilibrio líquido-vapor. Se debe elegir una pareja que tenga un comportamiento ideal, es decir que se pueda aplicar la ley de Raoult.

Se propone el estudio de la pareja benceno (BZN)-tolueno (TOL). Se debe localizar en la bibliografía especializada o en bases de datos químicos *online*, la presión de vapor normal de los dos compuestos. A modo de orientación cabe decir que la presión de vapor del benceno y del tolueno a 25 °C se aproximan a 95 y 28 mmHg.

Siempre se toma como base para los cálculos el compuesto más volátil, es decir, el que tenga la presión de vapor más alta, en este caso es el benceno.

Construye con el software de base de datos una tabla de cálculo similar a la siguiente, programando, además las ecuaciones de las que se dispone para realizar los cálculos:

x_1	P_1	x_2	P_2	P_T	y_1	y_2
0,00	$P_1 = x_1 \cdot P_1^0$	$x_2 = 1 - x_1$	$P_2 = x_2 \cdot P_2^0$	$P_T = P_1 + P_2$	$y_1 = \frac{P_1}{P_T}$	$y_2 = 1 - y_1$
0,05						
0,10						
0,15						
0,20						
0,25						
0,30						
0,35						
0,40						
0,45						
0,50						
0,55						
0,60						
0,65						
0,70						
0,75						
0,80						
0,85						
0,90						
0,95						
1,00						

Cálculos y resultados

Una vez completada la tabla, representa el diagrama de equilibrio líquido-vapor y el resultado debe ser similar al siguiente:

En el eje horizontal y vertical se han representado las fracciones molares del componente más volátil.

La línea superior representa la fracción molar de benceno en la fase vapor y la línea inferior la fracción molar del tolueno en la fase vapor.

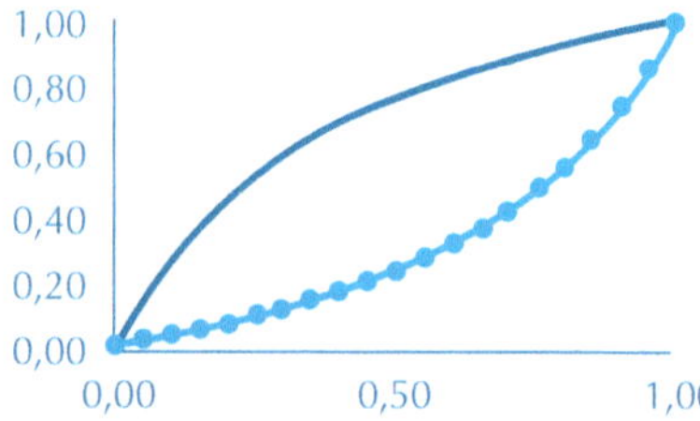

Actividades de autoevaluación

1. El diagrama del punto de ebullición muestra la dependencia entre:
   - ☐ *a)* La presión y la temperatura de un compuesto o mezcla.
   - ☐ *b)* La presión y la composición de un compuesto o mezcla.
   - ☐ *c)* La temperatura y el volumen de un compuesto o mezcla.
   - ☐ *d)* Todas las respuestas anteriores son correctas.

2. El diagrama de fases de un compuesto presenta siempre:
   - ☐ *a)* El punto crítico.
   - ☐ *b)* El punto de fusión y ebullición.
   - ☐ *c)* El punto triple del compuesto.
   - ☐ *d)* Todas las respuestas anteriores son correctas.

3. Los puntos azeotrópicos son típicos de los diagramas de equilibrio.
   - ☐ *a)* Sólido-vapor.
   - ☐ *b)* Líquido-vapor y sólido líquido.
   - ☐ *c)* De los diagramas de las tres fases.
   - ☐ *d)* Ninguna de las respuestas anteriores es correcta.

4. La temperatura de fusión de un sólido depende de:
   - ☐ *a)* La composición del sistema.
   - ☐ *b)* La presión del sistema.
   - ☐ *c)* El volumen del sistema.
   - ☐ *d)* Todas las respuestas anteriores son correctas.

5. La temperatura de ebullición del agua destilada depende de:
   - ☐ *a)* La pureza de esta.
   - ☐ *b)* La presión atmosférica.
   - ☐ *c)* La presión de vapor.
   - ☐ *d)* Ninguna de las respuestas anteriores es correcta.

6. Al representar la fracción molar de un compuesto en la fase líquida frente a la fracción molar del mismo compuesto se obtiene:
   - ☐ *a)* Una recta de pendiente positiva.
   - ☐ *b)* Una recta de pendiente negativa.
   - ☐ *c)* Una curva cóncava decreciente.
   - ☐ *d)* Todas las respuestas anteriores son correctas.

7. La ley de Dalton relaciona:
   - ☐ *a)* La presión y la temperatura de una mezcla de gases.
   - ☐ *b)* La presión total del sistema con las presiones parciales de los componentes.
   - ☐ *c)* La presión de vapor con la presión de cada componente.
   - ☐ *d)* Ninguna de las respuestas anteriores es correcta.

8. La ley de Henry relaciona:
   - ☐ *a)* La presión y la temperatura de una mezcla de gases.
   - ☐ *b)* La presión total del sistema con las presiones parciales de los componentes.
   - ☐ *c)* La presión parcial de cada componente con su fracción molar y su presión de vapor.
   - ☐ *d)* Ninguna de las respuestas anteriores es correcta.

9. El barómetro es un instrumento utilizado para medir:
   - ☐ *a)* La densidad.
   - ☐ *b)* La temperatura.
   - ☐ *c)* La presión.
   - ☐ *d)* Todas las respuestas anteriores son correctas.

10. Son riesgos asociados al estudio del equilibrio entre fases de un sistema:
    - ☐ *a)* La liberación brusca de la presión.
    - ☐ *b)* Las salpicaduras de líquidos.
    - ☐ *c)* Las quemaduras.
    - ☐ *d)* Todas las respuestas anteriores son correctas.

SOLUCIONES:

1.	**a**	b	c	d
2.	a	b	c	**d**
3.	a	**b**	c	d
4.	a	**b**	c	d
5.	a	**b**	c	d
6.	a	b	**c**	d
7.	a	**b**	c	d
8.	a	b	c	**d**
9.	a	b	**c**	d
10.	a	b	c	**d**

6

Determinación de las propiedades coligativas de la materia

Objetivos

- ✓ Recordar las definiciones de las propiedades coligativas más importantes.
- ✓ Calcular masas moleculares de solutos desconocidos a partir del incremento del punto de ebullición.
- ✓ Determinar las masas moleculares y magnitudes asociadas de solutos desconocidos por crioscopía.
- ✓ Obtener en el laboratorio la masa molecular y otras magnitudes a partir de la medición de la presión osmótica de una disolución.
- ✓ Conocer el equipo usado en el laboratorio de ensayos fisicoquímicos para la determinación de la presión osmótica y otras magnitudes relacionadas como, por ejemplo, la masa molecular de un soluto.
- ✓ Comprender cómo se comportan las disoluciones concentradas respecto al aumento ebulloscópico.
- ✓ Utilizar el equipo asociado a la determinación de la presión osmótica en el laboratorio de ensayos fisicoquímicos.
- ✓ Estudiar las técnicas utilizadas en el laboratorio de ensayos fisicoquímicos para determinar la masa molecular de un soluto a partir de ebulloscopía, crioscopía o de la presión osmótica.
- ✓ Aprender los riesgos asociados al uso del equipo utilizado para determinar la presión osmótica, cómo evitar estos riesgos y utilizar el equipo de protección individual correspondiente.

Mapa conceptual

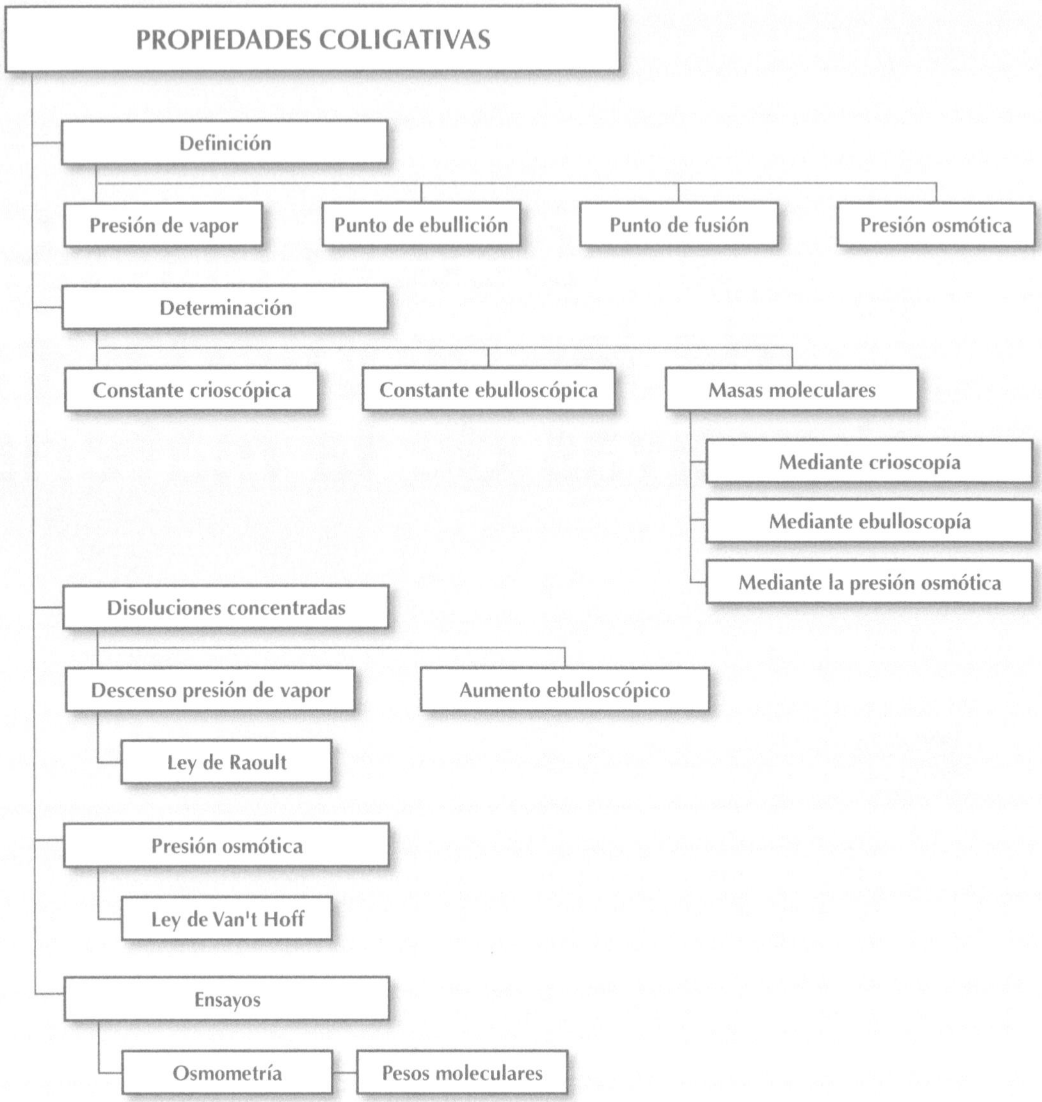

Glosario

Concentración. Es la manera de expresar la cantidad de soluto que contiene una disolución en relación al volumen o la masa del disolvente utilizado.

Molalidad. En una disolución, relación entre los moles de soluto y la masa del disolvente en kg.

Molaridad. En una disolución, la relación entre los moles de soluto y el volumen de disolución resultante.

Osmometría. Ensayo fisicoquímico basado en la presión osmótica que permite determinar la masa molecular de una sustancia desconocida.

Ósmosis. Fenómeno físico relacionado con el movimiento de un disolvente a través de una membrana semipermeable.

Permeabilidad. Capacidad que tiene un material de permitirle a un fluido que lo atraviese sin alterar su estructura interna.

6.1. Definición de presión de vapor, punto de ebullición, punto de congelación y presión osmótica

Todas estas variables ya han sido definidas en capítulos anteriores, de todas maneras se van a recordar.

La *presión de vapor* es la presión de la fase gaseosa o vapor de un sólido o un líquido sobre la fase líquida en un recipiente cerrado al vacío, para una temperatura determinada, en la que la fase líquida o sólida y el vapor se encuentran en equilibrio dinámico; su valor es independiente de las cantidades de líquido (o sólido) y vapor presentes mientras existan ambas fases.

La presión de vapor depende de la masa molecular de los compuestos. Cuanto mayor es la masa molecular de una sustancia, más le costará evaporarse y por tanto, tendrá una presión de vapor menor.

En la figura puede verse una representación de la presión de vapor y del equilibrio líquido-vapor.

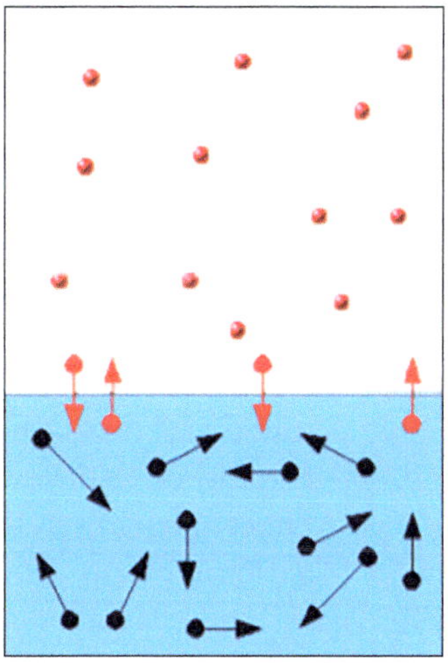

Figura. 6.1 Representación de la presión de vapor.

El *punto de ebullición* de una sustancia es la temperatura a la cual la presión de vapor del líquido es igual a la presión que rodea al líquido y en este punto el líquido se transforma en vapor. El punto de ebullición de un líquido varía según la presión atmosférica que lo rodea. Un líquido en un vacío parcial tiene un punto de ebullición más bajo que cuando ese líquido está a la presión atmosférica normal.

El *punto de ebullición normal* (también llamado punto de ebullición atmosférico o punto de ebullición a presión atmosférica) es la temperatura en que la presión de vapor del líquido es igual a la presión atmosférica normal, es decir 1 atm o 760 mmHg.

El punto de ebullición depende de la masa molecular de la sustancia y del tipo de fuerzas intermoleculares de esta sustancia. Para ello se debe determinar si la sustancia es covalente polar, covalente no polar, y determinar el tipo de enlaces.

La *presión osmótica* se define como la presión que ejerce una solución al atravesar una membrana semipermeable. Para que se produzca el fenómeno de la osmosis, es necesario tener dos soluciones de un mismo compuesto, pero de diferentes concentraciones, separadas por una membrana semipermeable. En este caso, las moléculas de disolvente tenderán a pasar de la solución menos concentrada a la de mayor concentración, a través de la membrana.

Actividad propuesta 6.1

¿Cuáles son las cuatro propiedades coligativas de la materia?

6.2. Determinación de pesos moleculares por ebulloscopía y crioscopía

La ebulloscopía y la crioscopía, basadas en los puntos de ebullición y el de congelación respectivamente, son dos de las cuatro propiedades coligativas de la materia.

La palabra *ebulloscopía* tiene dos significados diferentes que se utilizan indistintamente para referirnos a:

- Estudio de las leyes de ebullición de las disoluciones.
- Determinación del peso molecular de una sustancia por la variación del punto de ebullición de sus disoluciones.

Crioscopia tiene varias acepciones, ya que se usa indistintamente para referirnos a:

- Determinación del punto de congelación de un líquido en el que se halla disuelta una sustancia, con el objetivo de conocer el grado de concentración de la disolución.
- Estudio de las leyes de congelación de las disoluciones.
- Determinación del peso molecular de una sustancia por la variación del punto de congelación de sus disoluciones.

6.2.1. Determinación de pesos moleculares por ebulloscopía

Como ya se ha comentado en el apartado anterior, la ebulloscopía es la determinación del punto de ebullición de una disolución, lo que permite conocer la concentración de la solución, o bien el peso molecular del soluto.

El soluto que se encuentra en una disolución disminuye la presión de vapor de esta, lo que se traduce en un incremento del punto de ebullición. De acuerdo con la ley de Raoult, este incremento del punto de ebullición en relación al del disolvente puro es proporcional a la concentración del soluto, por lo tanto, también a su masa molecular.

El *aumento* o *ascenso ebulloscópico* es el aumento del punto de ebullición que experimenta un disolvente puro, al formar una disolución con un soluto determinado en un solvente. Este ascenso puede determinarse a partir de la siguiente expresión:

$$\Delta T_{eb} = T - T_{eb}^{0} = i \cdot K_b \cdot c$$

Donde: ΔT: incremento ebulloscópico (K).
T: temperatura de la disolución (K).
T_{eb}^{0}: temperatura del disolvente puro (K).
i: coeficiente de Van't Hoff (es igual al número de iones presentes en la disolución).
K_b: constante de aumento ebulloscópico, propia de cada disolvente.
c: molalidad de la disolución (mol/kg).

Conocida la molaridad de la disolución, es relativamente fácil conocer la masa molecular del soluto. Aislamos la molaridad de la expresión anterior:

$$c = \frac{\Delta T_{eb}}{i \cdot K_b}$$

Si expresamos la concentración de la disolución en función de la masa molecular *(M)* del soluto:

$$c = \frac{n}{m_{dl}} = \frac{\frac{m}{M}}{m_{dl}} = \frac{m}{M \cdot m_{dl}} = \frac{x}{M}$$

Llegamos a la siguiente expresión, de donde se puede aislar M:

$$\frac{\Delta T_{eb}}{i \cdot K_b} = \frac{m}{M \cdot m_{dl}} \leftrightarrow \Delta T_{eb} \cdot M \cdot m_{dl} = i \cdot K \cdot m$$

$$M = \frac{i \cdot K_b \cdot m}{\Delta T_{eb} \cdot m_{dl}} = \frac{i \cdot K_b \cdot x}{\Delta T_{eb}}$$

Debe tenerse en cuenta que en el caso de sustancias covalentes polares, es decir, que no forman iones en disolución el valor de i es igual a la unidad.

De la última expresión se deduce que puede calcularse el peso molecular de un soluto, conocidas las magnitudes ebulloscópicas, su masa y el volumen de la disolución, o bien las magnitudes ebulloscópicas y la fracción en masa del soluto y del disolvente.

En última instancia, se deduce de la expresión dada que la magnitud del aumento ebulloscópico depende de la relación entre la masa del soluto y la del disolvente. Por lo tanto, para un disolvente determinado, solo depende del número de partículas de soluto disuelto y no de su naturaleza. Como veremos en el apartado siguiente, lo mismo pasa con el descenso crioscópico de las disoluciones.

Actividades resueltas

6.1. *Calcula el ascenso ebulloscópico de una disolución de NaCl, si sabemos que su temperatura de ebullición es de 102 °C y el disolvente utilizado es agua.*

SOLUCIÓN:

Aplicando la ecuación correspondiente y sabiendo que la temperatura de ebullición del agua pura es 100 °C.

$$\Delta T_{eb} = T - T_{eb}^{0} = 102 - 100 = 2\ °C$$

6.2. *A partir de los datos y resultados del ejercicio propuesto 6.1 y sabiendo que la constante ebulloscópica del agua es 0,52 °C·mol^{-1}·kg^{-1}. Calcula la concentración de la disolución de NaCl.*

SOLUCIÓN:

Aplicando la ecuación dada en el texto, y teniendo en cuenta que el NaCl se disocia en dos iones diferentes ($i = 2$):

$$c = \frac{\Delta T_{eb}}{i \cdot K_b} \Rightarrow \frac{2}{2 \cdot 0{,}52} = 1{,}92 \frac{\text{mol NaCl}}{\text{kg } H_2O}$$

6.3. *Se prepara una disolución de manera que la fracción en masa del soluto es de 0,15 y el disolvente es agua. Se sabe que el soluto es un compuesto iónico y que su fórmula química es del tipo A_2B_3. El aumento ebulloscópico de la disolución es de 1,25 °C. Con estos datos, deduce la masa molecular del soluto.*

SOLUCIÓN:

Tomando la ecuación dada en el texto, teniendo en cuenta que en este caso $i = 5$ y que la constante ebulloscópica del agua es 0,52 °C·mol^{-1} · kg^{-1}:

$$M = \frac{i \cdot K_b \cdot x}{\Delta T_{eb}} = \frac{5 \cdot 0{,}52 \cdot 0{,}15}{1{,}25} = 0{,}312 \; {}^{\text{kg}}\!/_{\text{mol}}$$

6.2.2. Determinación de pesos moleculares por crioscopía

Como ya se ha explicado con anterioridad, se conoce como *descenso crioscópico* o disminución del punto de fusión a la disminución de la temperatura del punto de congelación que experimenta una disolución respecto a la del disolvente puro. Todas las disoluciones en las que, al enfriarse, el disolvente solidifica, tienen una temperatura de congelación inferior al disolvente puro.

La magnitud del descenso crioscópico depende de la relación entre el número de partículas de soluto y las de disolvente, es decir, de la relación entre la masa del soluto y la del disolvente. Por lo tanto, para un disolvente determinado, solo depende del número de partículas de soluto disuelto y no de su naturaleza.

Ejemplo 6.1

Disolver glucosa ($C_6H_{12}O_6$) en agua daría un descenso crioscópico igual al de disolver cloruro sódico (NaCl), siempre y cuando la molalidad de las dos disoluciones resultantes fuera la misma. Se debe fijar en que esto no quiere decir que la masa de soluto en cada una de las disoluciones sea la misma, ya que la masa molecular de la glucosa (180) es diferente de la masa molecular del cloruro de sodio (58,5).

La aplicación del descenso crioscópico es esencial para el estudio de las propiedades de las sustancias, ya que permite la determinación de sus masas moleculares de forma precisa. En termodinámica, también se utiliza para determinar coeficientes de actividad de las disoluciones. En la figura siguiente puede verse un equipo usado para determinaciones crioscópicas en el laboratorio.

La expresión para determinar masas moleculares a partir del descenso crioscópico, se basa en la ley de Raoult para el descenso crioscópico, posteriormente mejorada por Van't Hoff, al introducir el factor de Van't Hoff del cual ya se ha hablado en el apartado anterior. La expresión obtenida es la siguiente:

$\Delta T_c = i \cdot K_f \cdot c$ donde: *i:* coeficiente de Van't Hoff (1, 2, 3…*n*).
K_f: constante crioscópica del disolvente.
c: concentración molal.

Haciendo una deducción prácticamente igual a la que se hizo en el caso del ascenso ebulloscópico se llega a la expresión final:

$$M = \frac{i \cdot K_f \cdot m}{\Delta T_f \cdot m_{dl}} = \frac{i \cdot K_f \cdot x}{\Delta T_f}$$

Donde en este caso se utiliza el descenso crioscópico y para calcular este la temperatura de fusión o de congelación de la disolución:

$$\Delta T_f = T_f - T_f^0$$

Actividades resueltas

6.4. *Calcula el descenso crioscópico que producirá una disolución de cloruro de calcio ($CaCl_2$) en agua, si la molalidad de la disolución es 0,5 mol/kg y la constante crioscópica del agua es 1,86 °C·mol⁻¹·kg⁻¹.*

SOLUCIÓN:

En este caso, el valor del coeficiente de Van't Hoff es $i = 3$.
Aplicando la expresión correspondiente:

$$\Delta T_c = i \cdot K_f \cdot c = 3 \cdot 1{,}86 \cdot 0{,}5 = 2{,}79\ °C$$

6.5. *Calcula la fracción molar del $CaCl_2$ en la disolución del ejercicio anterior a partir del descenso crioscópico y sabiendo que su masa molecular es de 111 g/mol.*

SOLUCIÓN:

A partir de los datos y resultados de la actividad resuelta 6.4 y aplicando la expresión correspondiente (¡cuidado con las unidades!):

$$M = \frac{i \cdot K_f \cdot x}{\Delta T_f} \rightarrow 0{,}111 = \frac{3 \cdot 1{,}86 \cdot x}{2{,}79}$$

$$x = \frac{0{,}111 \cdot 2{,}79}{3 \cdot 1{,}86} = 0{,}055$$

Por último, se debe tener en cuenta que las constantes crioscópicas de los disolventes se hallan recogidas en tablas en bibliografía especializada, o bien pueden obtenerse *online,* en diferentes páginas web. Un detalle que puede ser útil a la hora de resolver problemas es que las constantes crioscópicas serán elevadas si lo son las temperaturas de congelación y las masas molares, ya que son directamente proporcionales.

Actividades propuestas

6.2. Al disolver 120 g de un compuesto orgánico en 240 g de agua, se observa que la temperatura de ebullición de la disolución es de 102,22 °C. Sabiendo que la constante ebulloscópica del agua es 0,52 $°C \cdot mol^{-1} \cdot kg^{-1}$, ¿cuál es la masa molecular del soluto?

6.3 Propón y resuelve un ejercicio basado en la explicación dada en el ejemplo 6.1.

6.4. La temperatura de fusión del ácido acético (CH_3COOH) es de 16,6 °C y su constante crioscópica es de 3,73 $°C \cdot kg^{-1} \cdot mol^{-1}$. ¿Cuál será la masa molecular de un soluto orgánico, si una disolución al 50% en masa, hace que la temperatura de fusión del ácido acético disminuya hasta los 15 °C?

6.3. Técnicas de ensayo y procedimientos ebulloscópicos y crioscópicos

Algunos de los ensayos que pueden llevarse a cabo, en el laboratorio de ensayos fisicoquímicos, relacionados con el aumento del punto de ebullición en las sustancias son:

- Determinación del aumento ebulloscópico y del descenso crioscópico.
- Determinación de constantes ebulloscópicas o crioscópicas.
- Determinación de masas moleculares por ebulloscopía o crioscopia.

6.3.1. Determinación del aumento ebulloscópico y el descenso crioscópico

Para determinar el *aumento ebulloscópico* de un disolvente, solo es necesario disponer del disolvente puro y de una disolución, a poder ser de molalidad conocida. En primer lugar se debe determinar la temperatura de ebullición del disolvente puro y a continuación la de la disolución de molaridad conocida.

Para determinar los puntos de ebullición se necesita un recipiente adecuado, puede ser un matraz Erlenmeyer o similar con un tapón de caucho, termómetro para líquidos y una fuente de calor regulable (puede ser una placa calefactora, o un mechero Bunsen. El tapón de caucho debe estar agujereado para que se pueda introducir el termómetro dentro del líquido, a la vez que tapa el recipiente.

A continuación se coloca una cierta cantidad de disolvente puro en el Erlenmeyer, se coloca el termómetro en el tapón y se tapa el conjunto. El bulbo del termómetro debe quedar totalmente sumergido en el líquido, pero sin tocar ni el fondo ni las paredes del recipiente. A través de la fuente de calor, debe aumentarse la temperatura del líquido, de forma moderada. Veremos que la temperatura que marca el termómetro aumenta con el paso del tiempo, hasta que se llega a un punto en que esta permanece constante, mientras el líquido hierve.

Se debe anotar esta temperatura, ya que es la temperatura de ebullición del disolvente puro (T_{eb}).

TOMA NOTA

- ✓ Habrás observado que, aunque el símbolo de la concentración molal o molalidad (moles de soluto / kg de disolvente) es *m*, con objeto de no confundir esa letra con otros conceptos, en ocasiones hemos usado *c*.
- ✓ A nivel experimental se debe determinar la temperatura de ebullición del solvente puro, es decir, no se puede asumir que esta es la que aparece en la bibliografía o webgrafía, ya que este parámetro depende de la presión atmosférica y esta varía de un lugar a otro.

Seguidamente, se debe proceder de igual manera para determinar la temperatura de ebullición de la disolución de molaridad conocida (T). Se debe tener en cuenta que el punto de ebullición de esta disolución será más alto que el del disolvente puro. Una vez conocidas las dos temperaturas, se puede determinar el aumento ebulloscópico:

$$\Delta T_{eb} = T - T_{eb}$$

Para determinar *disminución crioscópica* de un disolvente, solo es necesario disponer del disolvente puro y de una disolución, a poder ser de molalidad conocida. En primer lugar se debe determinar la temperatura de fusión del disolvente puro y a continuación la de la disolución de molaridad conocida.

El equipo necesario para determinar las temperaturas de fusión, es exactamente igual que el utilizado para determinar las temperaturas de ebullición.

En uno de los erlenmeyer se coloca el disolvente puro y en otro la disolución, se colocan los termómetros, de la misma manera que se explicó para el punto de ebullición y se colocan ambos recipientes en el congelador. Para asegurarse que se solidifican las sustancias (congelan) se dejan en el congelador, unas doce horas como mínimo.

Una vez que las disoluciones se hallan solidificado, se deben llevar a la placa calefactora y aplicar calor de forma moderada, se verá que en principio la temperatura aumenta, pero llega un punto en que esta se mantiene constante que es justamente cuando el sólido empieza a fundirse. Se deben anotar ambas temperaturas de fusión, la del disolvente puro (T_f) y la de la disolución de concentración conocida (T).

Actividad resuelta 6.6

La temperatura de ebullición del agua a la presión de 1 atmósfera es de 100 °C. Se ha preparado una disolución mezclando 100 g de cloruro de sodio (NaCl) y 300 g de agua destilada. Se ha preparado el equipo tal como se explica en el texto y se ha determinado la temperatura de ebullición de la disolución, también a 1 atm, resultando ser de 100,002 °C. A partir de los datos obtenidos en el laboratorio, calcula el ascenso ebulloscópico de la mezcla.

SOLUCIÓN:

En primer lugar calcularemos la molalidad de la disolución, no es necesario, pero en caso de querer determinar otras magnitudes en el laboratorio resultará útil.

$$m = \frac{n}{m_{dvt}}$$

$$n = \frac{m_s}{M} = \frac{100}{58,5} = 1,71\ {}^{g}\!/_{mol}$$

En este caso, el descenso crioscópico será: $\Delta T_{eb} = 100,002 - 100 = 0,002$ °C

6.3.2. Determinación de constantes ebulloscópicas y crioscópicas

En primer lugar se determinará el ascenso del punto de ebullición, si se quiere determinar la constante ebulloscópica del solvente, o bien, se determinará el descenso del punto de fusión si se pretende determinar la constante crioscópica del solvente. La determinación del ascenso ebulloscópico y del descenso crioscópico se ha explicado en el apartado anterior.

Para determinar la constante ebulloscópica, se tiene la siguiente expresión:

$$\Delta T_{eb} = i \cdot k_{eb} \cdot c$$

Como puede observarse al determinar el aumento ebulloscópico conocíamos cuales eran el soluto y disolvente utilizados y en qué cantidades, así pues se conocen los valores de la constante de Van't Hoff *(i)* y la molalidad *(m)* de la disolución. Se puede aislar directamente la constante ebulloscópica de la expresión y calcularla.

$$k_{eb} = \frac{\Delta T_{eb}}{i \cdot c}$$

Actividad resuelta 6.7

Determina la constante ebulloscópica del agua a partir de los datos obtenidos en el laboratorio y que se utilizan en el ejercicio resuelto 6.6.

SOLUCIÓN:

A partir de los datos de la determinación anterior y aplicando la expresión de cálculo dada en el texto:

$$k_{eb} = \frac{\Delta T_{eb}}{i \cdot c} = \frac{0,002}{2 \cdot 1,71} = 5,8 \cdot 10^{-4} \frac{°C}{g \cdot mol}$$

En el caso que se quisiera determinar la constante crioscópica se procedería de la misma manera, pero teniendo en cuenta que la expresión sería:

$$k_f = \frac{\Delta T_f}{i \cdot f}$$

Las unidades utilizadas en los ensayos de laboratorio son las mismas que se utilizan en el texto y en los ejercicios resueltos.

6.3.3. Determinación de masas moleculares en el laboratorio

Supongamos que tenemos un soluto desconocido del cual se quiere determinar su masa molecular. Esta magnitud podría determinarse por métodos ebulloscópicos o crioscópicos. Existen diferentes maneras de realizar esta determinación en el laboratorio de ensayos fisicoquímicos. A continuación, se describe el procedimiento experimental de una de ellas.

En primer lugar debe determinarse el punto de fusión o de ebullición del disolvente puro, siguiendo el procedimiento explicado en apartados anteriores. Una vez determinado este punto se debe determinar el mismo parámetro para la disolución que contenga el soluto. Debe recordarse que se trabaja con disoluciones suficientemente diluidas; en caso de trabajar con soluciones concentradas deben introducirse algunas modificaciones en las expresiones estudiadas.

Cuando se conocen ambos puntos de ebullición puede calcularse el ascenso ebulloscópico o el descenso crioscópico. Como datos de partida para este tipo de determinaciones, también se conocen las masas del disolvente y soluto, además de la constante crioscópica o ebulloscópica del disolvente.

Además de la masa molecular del soluto, también se desconoce el coeficiente de Van`t Hoff *(i)* de esta sustancia. Debemos tener en cuenta que i puede tomar valores naturales desde $i = 1$ en adelante.

La expresión de partida es la siguiente:

$$\Delta T = \frac{K \cdot m_s \cdot 100}{m_d \;\; M \;\; i} \rightarrow M = \frac{K \cdot m_s \cdot 100}{m_d \cdot \Delta T \cdot i}$$

$$i = 1,2,3\ldots$$

En la ecuación se ha introducido el coeficiente 100 para poder trabajar directamente con las masas expresadas en gramos y la masa molecular en g/mol.

El caso más sencillo de determinación de la masa molecular de una sustancia es cuando esta es un compuesto orgánico ya que $i = 1$.

Actividad resuelta 6.8

Se pretende determinar la masa molecular de una proteína soluble en el laboratorio. Para ello se prepara una disolución que contiene 1 g de la proteína en 50 g de agua y se determina la temperatura de ebullición de la mezcla resultando ser de 100,002 °C. ¿Cuál es la masa molecular de la proteína?

SOLUCIÓN:

En primer lugar se determina el aumento ebulloscópico de la disolución, resultando ser este de 102 – 100,002 = 0,002 °C.

A continuación se determina la masa molecular de la proteína aplicando la expresión dada en el texto:

$$M = \frac{K \cdot m_s \cdot 100}{m_d \cdot \Delta T \cdot i} \qquad M = \frac{K \cdot m_s \cdot 100}{m_d \cdot \Delta T \cdot i} = \frac{0{,}52 \cdot 1 \cdot 100}{50 \cdot 0{,}002 \cdot 1} = 520 \ g/mol$$

En el caso de compuestos iónicos en que el valor del coeficiente de Van't Hoff toma valores de dos en adelante, sería necesario determinar el aumento ebulloscópico y el descenso crioscópico de la disolución para poder determinar el coeficiente *i* y la masa molecular del soluto.

Actividades propuestas

6.5. El punto de ebullición del 1-propanol es de 97 °C. Al mezclar una cierta cantidad de este alcohol con 10 g de agua el punto de ebullición de este compuesto, aumenta hasta 99 °C. La constante ebulloscópica de este alcohol es de 1,66 K·(kg·mol)$^{-1}$. ¿Cuál es el aumento ebulloscópico de esta disolución de 1-propanol?

6.6. Determina la constante crioscópica del 1-propanol, sabiendo que al medir el descenso crioscópico de la disolución de la actividad anterior, esta resultó ser de 0,5 °C.

6.7. Se pretende determinar la masa molecular de un soluto iónico en el laboratorio mediante ebulloscopía. Para hacerlo se prepara una disolución que contiene 50 g de soluto en 100 g de disolvente y se determina el ascenso ebulloscópico, resultando ser de 0,5 °C. Además, se sabe que la constante ebulloscópica del disolvente es de 2 g·(K·mol)$^{-1}$. Con los datos obtenidos en el laboratorio encontrar la posible masa molecular del soluto. Pista: esta masa molecular debe ser un número exacto y los valores posibles de *i* van desde 2 a 5.

6.4. Leyes aplicadas al punto de ebullición de disoluciones concentradas

Una solución concentrada es aquella que contiene una gran cantidad de soluto en relación con la cantidad que podría disolver. La concentración de soluto de una solución concentrada es cercana o igual a la existente en una solución saturada. En la figura 6.4 puede verse la clasificación de los diferentes tipos de disoluciones según su concentración.

La principal característica de una solución saturada es que no puede solubilizar una cantidad adicional de soluto a una temperatura determinada, en cambio la disolución concentrada admite aún cantidades adicionales de soluto.

TOMA NOTA

✓ Las soluciones concentradas tienen una presión de vapor baja. La explicación es que las moléculas de soluto desplazan a las moléculas de agua en la interfase líquido-vapor. Debido a esto, todas las propiedades que dependan de la presión de vapor se verán afectadas.

De acuerdo a Ley de Raoult, la elevación del punto de ebullición del solvente puro es directamente proporcional a la molaridad de la solución que se origina por la adición de soluto. Por lo tanto, las soluciones concentradas tienen un punto de ebullición más elevado que en el caso del disolvente puro.

Figura. 6.2
Llamamos *disoluciones seriadas* a aquellas de distintas concentraciones obtenidas a partir de una misma disolución "madre", lógicamente, muy concentrada.

Ejemplo 6.2

El valor teórico, para una disolución diluida de NaCl ($m < 0{,}1$), del coeficiente de Van't Hoff es i=2.

Se ha observado en el laboratorio que para disoluciones más concentradas, aproximadamente $0{,}1 < m < 1$, el valor de este coeficiente se encuentra entre 1,87 y 2. Para disoluciones de concentración mayor $m > 1$, el valor del coeficiente es $i < 1{,}83$.

En referencia al ascenso ebulloscópico, también se produce en disoluciones concentradas, pero debe tenerse en cuenta que un aumento en la concentración del soluto hace disminuir el valor de la constante de Van't Hoff haciendo que este se aleje del valor ideal.

Actividad resuelta 6.9

Calcula la variación entre los ascensos ebulloscópicos de una disolución de $MgCl_2$ de concentración 0,01 molal y otra disolución del mismo compuesto pero de concentración 1 molal. En la bibliografía consultada consta que la constante de Van't Hoff para disoluciones de $MgCl_2$ de concentraciones mayores de 1 molal, vale 1,87.

SOLUCIÓN:

En primer lugar se aplica la ecuación del ascenso ebulloscópico para cada una de las disoluciones, recordando que el valor de la constante ebulloscópica para el agua es de 0,52:

$$\Delta T_1 = 2 \cdot 0{,}52 \cdot 0{,}1 = 0{,}104 \text{ °C}$$

$$\Delta T_2 = 1{,}87 \cdot 0{,}52 \cdot 1 = 0{,}9724 \text{ °C}$$

Si restamos ambos resultados: $\Delta T_2 - \Delta T_1 = 0{,}9724 - 0{,}104 = 0{,}8684$ °C

Actividad propuesta 6.8

Para una disolución concentrada 0,3 m de sacarosa, el valor de la constante de Van't Hoff, no es igual a la unidad, sino que es $i = 0{,}987$. Calcula el aumento ebulloscópico de esta disolución y compararlo con el aumento ebulloscópico de una disolución de sacarosa normal.

En todo caso cuando sea necesario hacer cálculos de propiedades coligativas alejadas de la idealidad, es decir que por ejemplo, sean más concentrada, debe recurrirse a los valores de los parámetros que se encuentran en la bibliografía.

En todos los casos debe recordarse que la variación del punto de ebullición no depende del soluto utilizado, sino que más bien depende de la cantidad de este.

6.5. Presión osmótica. Ecuación de Van't Hoff. Determinación de pesos moleculares

Como puede deducirse fácilmente, cualquiera de las propiedades coligativas de la materia puede utilizarse para determinar la masa molecular de solutos desconocidos. En los apartados anteriores se ha visto como puede hacerse este cálculo a partir del aumento ebulloscópico y del descenso crioscópico, a continuación se deduce como puede hacerse este cálculo a partir de la presión osmótica.

La presión osmótica puede calcularse a partir de la siguiente expresión:

$\Pi = R \cdot T \cdot c$ donde: Π: presión osmótica (Pa).
R: constante de los gases ideales (8,314472 J · K^{-1} · mol^{-1}).
T: temperatura de la disolución (K).
c: concentración de la disolución (mol/m^3).

La concentración puede expresarse en función del número de moles y del volumen y sustituirla en la expresión anterior:

$$c = \frac{n}{V} \qquad \Pi = R \cdot T \cdot \frac{n}{V}$$

Aplicando la definición del número de moles para una sustancia cualquiera y sustituyendo en la última expresión obtenida:

$$n = \frac{m}{M} \qquad \Pi = R \cdot T \cdot \frac{\frac{m}{n}}{V}$$

De la expresión anterior se puede aislar la masa molecular M, resultando finalmente:

$$M = \frac{m \cdot R \cdot T}{\Pi \cdot V}$$

donde: M: masa molecular del soluto desconocido (kg/mol, g/mol…).
m: masa de soluto (kg).
V: volumen de la disolución (m^3, dm^3, L…).
Π: presión osmótica (Pa).
R: constante de los gases ideales (8,314472 J · K^{-1} · mol^{-1}).
T: temperatura de la disolución (K).

Como puede verse, conocida la masa de soluto empleada en la disolución y el volumen de esta, junto a magnitudes termodinámicas y la presión osmótica puede calcularse la masa molecular del soluto empleado.

Actividad resuelta 6.10

Se prepara una disolución de un soluto desconocido, pesando 0,5 g de este y disolviéndolo en una pequeña cantidad de agua destilada, después se enrasa hasta un volumen final de 50 mL. A una temperatura de 25 °C, se determina la presión osmótica de la disolución resultando ser esta de 10.130 Pa. ¿Cuál será la masa molecular del soluto desconocido?

SOLUCIÓN:

Tomando la expresión dada en el texto, sustituyendo valores y realizando los cambios de unidades correspondientes:

$$R = 0{,}082 \frac{\text{atm} \cdot \text{L}}{\text{K} \cdot \text{mol}}$$

$$10.130 \text{ Pa} \cdot \frac{1 \text{ atm}}{101.300 \text{ Pa}} = 0{,}1 \text{ atm}$$

$$T = 25 + 273 = 298 \text{ K}$$

$$M = \frac{m \cdot R \cdot T}{\Pi \cdot V} = \frac{0{,}5 \cdot 0{,}082 \cdot 298}{0{,}1 \cdot 0{,}05} = 2.443{,}6 \ \text{g}/\text{mol}$$

El elevado peso molecular nos indica que el soluto desconocido debe ser una macromolécula.

Normalmente, las presiones osmóticas medidas en el laboratorio suelen ser muy cercanas a la presión atmosférica normal.

Actividad propuesta 6.9

Al medir la presión osmótica de 100 mL de una disolución preparada a partir de 5 g de un soluto de masa molecular desconocida, esta ha resultado ser de 1,25 atm. La disolución se encontraba a una temperatura de 30 °C. ¿Cuál será la masa molecular de este soluto?

6.6. Equipo utilizado en los ensayos: técnicas, funcionamiento y mantenimiento

En capítulos anteriores, ya se comentó cuál es el equipo utilizado y las técnicas para realizar los ensayos ebulloscópicos y crioscópicos en el laboratorio de ensayos fisicoquímicos. En este capítulo nos limitaremos a explicar cuál es el equipo y las técnicas utilizadas en el laboratorio para la realización de los ensayos relacionados con la presión osmótica, y en concreto, para la determinación de pesos moleculares mediante esta propiedad.

6.6.1. Equipo para osmometría

La determinación de la masa molecular de sustancias en el laboratorio, mediante la medida de la presión osmótica se denomina *osmometría*. Con un dispositivo como el mostrado en la figura 6.5 puede determinarse la presión osmótica de una disolución.

Básicamente el dispositivo esta formado por un recipiente, con dos ramas abiertas a la atmósfera, ambas ramas se hayan separadas por una membrana semipermeable. En uno de los lados del recipiente se introduce una solución hipotónica, normalmente formada por el disolvente puro, y en el otro extremo de la membrana se introduce una disolución hipertónica, es decir una disolución con una concentración de soluto bastante alta.

La presión generada por ósmosis eleva el nivel de la disolución hipertónica por la rama correspondiente. El equilibrio se alcanza cuando la presión hidrostática de la columna iguala a la presión osmótica de la disolución. Debe tenerse en cuenta que la entrada del solvente en la solución puede provocar cambios en la concentración de esta y dar lugar a pequeños errores. Es por este motivo que se suelen determinar en el laboratorio, masas moleculares de macromoléculas.

En la figura siguiente se representa de manera esquemática el equipo utilizado para la determinación de la presión osmótica de una disolución.

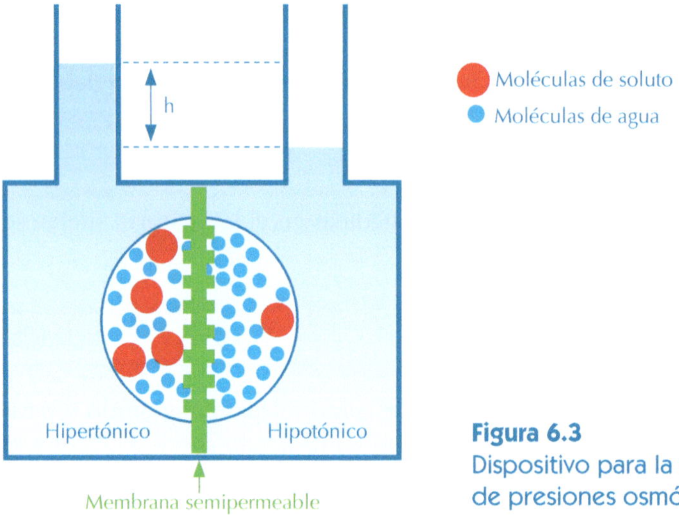

Figura 6.3
Dispositivo para la medida de presiones osmóticas.

6.6.2. Técnica osmométrica

Como el efecto de la presión osmótica es elevado y, relativamente, fácil de medir, a partir de esta propiedad puede determinarse la masa molecular de moléculas grandes, las denominadas macromoléculas, como por ejemplo las proteínas y polímeros sintéticos. Estas disoluciones se pueden disolver en determinadas circunstancias y dan lugar a disoluciones no ideales, que cumplirían una ecuación de Van't Hoff modificada (tipo virial):

$\Pi = c \cdot R \cdot T + B \cdot c + \ldots$ donde: Π: presión osmótica (atm).
c: es la concentración en masa del soluto (g/L).
$R = 0{,}082 \text{ atm} \cdot \text{L} \cdot \text{K}^{-1} \cdot \text{mol}^{-1}$.
T: temperatura absoluta (K).
B: primer coeficiente del virial.

Para determinar la masa molecular de macromoléculas en primer lugar deben prepararse una serie de disoluciones de diferentes concentraciones *(c, g/L)* en masa. Seria interesante medir la densidad de cada una de estas disoluciones y calcular su densidad media *(r, g/cm³)*. Además debe tomarse nota de la temperatura *(T, K)* de trabajo y procurar que esta se mantenga constante.

Se introduce en uno de los compartimentos del equipo el disolvente puro y en el otro una de las disoluciones hipertónicas, se espera a que se alcance el equilibrio y se mide la altura *(h)* entre las columnas de ambos líquidos. Se repite el mismo procedimiento para cada una de las disoluciones preparadas. Se obtendrá una tabla de concentraciones y las correspondientes alturas.

Para hallar la masa molecular se debe representar la presión osmótica en este caso calculada como:

$$\Pi = \frac{h}{c}$$

En función de la altura, para cada una de las disoluciones. Se obtendrá una línea recta de manera que su ordenada en el origen *(b)*, nos permitirá deducir la masa molecular del soluto, a partir de la expresión:

$$M = \frac{R \cdot T}{\rho \cdot g \cdot b}$$

A continuación se muestra el procedimiento mediante un ejemplo de cálculo.

Actividad resuelta 6.11

Para determinar la masa molecular de una macromolécula, se preparan una serie de disoluciones de esta en ciclohexanona a 298 K y se mide la presión osmótica de estas, anotando la altura de la columna de liquido, tal como se ha descrito en el texto. Por otro lado se determina la densidad de esta disolución resultando ser de 0,980 g/cm³. Los datos obtenidos en el laboratorio se presentan a continuación:

c (g/dm³)	h (cm)
1,00	0,28
2,00	0,71
4,00	2,01
7,00	5,10
9,00	8,00

Con los datos presentados, determina la masa molecular de la macromolécula.

SOLUCIÓN:

En primer lugar debe obtenerse la recta *h/c* frente a *c* y representarla gráficamente:

c (g/dm³)	h/c
1,00	0,280
2,00	0,355
4,00	0,503
7,00	0,729
9,00	0,889

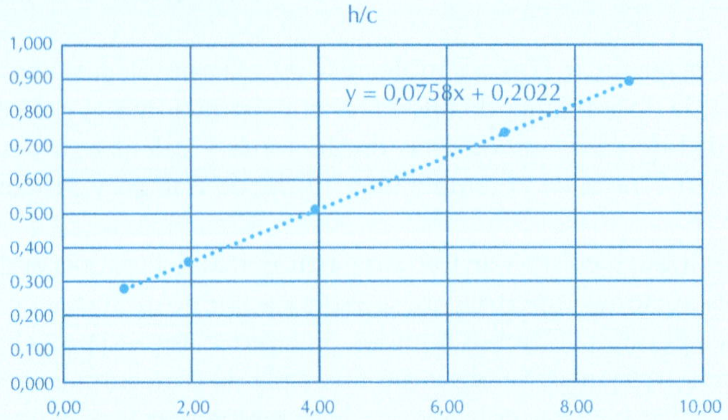

Cuando $c = 0$ resulta que la ordenada en el origen es 0,2022, es decir:

$$0,2022 = \frac{R \cdot T}{\rho \cdot g \cdot M}$$

El valor obtenido, después de hacer los correspondiente cambios de unidades, es $M = 1.200$ g/mol.

Por último, cabe destacar que el fenómeno de la ósmosis y las técnicas osmométricas son de gran utilidad en fisiología humana, animal y vegetal, a la vez que en bioquímica, especialmente la determinación de pesos moleculares de proteínas y otras macromoléculas orgánicas.

6.7. Riesgos asociados. Medidas de seguridad. EPIs

De la misma manera que en el apartado 6.6 los riesgos asociados, las medidas de seguridad y los equipo de protección individual, utilizados en las determinaciones de puntos de ebullición y puntos de fusión, ya se comentaron en capítulos precedentes. En este punto, solo nos detendremos en comentar brevemente los riesgos asociados, las medidas de seguridad a utilizar y los EPIs que deben usarse en las determinaciones, realizadas en el laboratorio de ensayos fisicoquímicos, basadas en la presión osmótica

Como ya se ha visto, el equipo utilizado en las determinaciones osmométricas es relativamente sencillo. Los riesgos asociados que se pueden enumerar por el uso de este equipo son:

- Riesgos asociados al manejo de líquidos y disoluciones.
- Riesgos asociados a la temperatura de las disoluciones.
- Riesgo por la manipulación y uso de productos químicos.
- Riesgo por uso de equipos a presión.

Cualquier operación del laboratorio en la que se manipulen productos químicos presenta siempre unos riesgos. Para eliminarlos o reducirlos de manera importante es conveniente, antes de efectuar cualquier operación, hacer una lectura crítica del procedimiento a seguir, asegurarse de disponer del material adecuado, manipular siempre la cantidad mínima de producto químico, llevar las prendas y accesorios de protección adecuados y tener previsto un plan de actuación en caso de incidente o accidente.

En el caso particular de las osmometrías utilizar recipientes de vidrio especiales capaces de soportar las variaciones de presión. Estos recipientes deben tener paredes gruesas o formas esféricas e instalar el aparato en un lugar donde no haya riesgo de que sufra un choque mecánico.

El aparato o el montaje utilizado para las osmometrías debe estar adaptado a las cantidades y características de los productos a utilizar. La utilización de pequeñas cantidades de productos en todas aquellas operaciones sobre las que no se tiene información previa del posible comportamiento de las substancias presentes es una norma general que aplicar en la reducción de riesgos en el laboratorio.

Cuando se trabaja con aparatos a presión, aunque esta presente valores bajos o del orden de la presión atmosférica, siempre deben tenerse en cuenta una serie de indicaciones generales:

- No sobrepasar la presión máxima admisible, es decir, no sobrepasar la presión máxima para la cual esta diseñado el aparato.
- También existe un rango de temperaturas para el funcionamiento ideal y sin riesgos del equipo, no sobrepasar estas cantidades máximas y mínimas.
- Se debe trabajar con recipientes de tamaño adecuado, ni demasiado grandes, ni demasiado pequeños. El volumen del aparato siempre debe ser aproximadamente el doble del volumen de muestra que se ha de tratar.

En referencia a los equipos de protección individual, debe remarcarse que la protección aportada por estos equipos debe cubrir todas las operaciones que se realicen en el laboratorio, así como las actuaciones en caso de incidentes o accidentes. Su eficacia está supeditada a su adecuada gestión, que incluye desde su selección, adquisición y mantenimiento de *stocks,* hasta la distribución y el almacenamiento, sin olvidar la formación e información del personal del laboratorio que los va a utilizar.

Entre los diferentes tipos de equipos de protección individual, los más frecuentemente usados en el trabajo de laboratorio son las protecciones faciales de cara y ojos (pantallas y gafas), los protectores de las extremidades superiores (guantes), las del aparato respiratorio (máscaras y mascarillas) y las prendas de protección general (batas y delantales).

Las pantallas y gafas utilizadas para la protección de la cara y los ojos permiten protegerse frente a los riesgos causados por proyecciones de partículas solidas y proyecciones de líquidos (corrosivos, irritantes). Los guantes tienen la función de impedir el contacto y penetración de sustancias tóxicas, corrosivas o irritantes a través de la piel, especialmente a través de las manos que es la parte del cuerpo que más probablemente puede entrar en contacto con los productos químicos. Por último, las máscaras y mascarillas son las encargadas de proteger las vías respiratorias tratando de impedir que el contaminante penetre en el organismo a través de la nariz o de la boca.

Actividad propuesta 6.10

¿Son las batas y delantales parte del equipo de protección individual obligatorio que debe proporcionar el laboratorio a sus trabajadores?

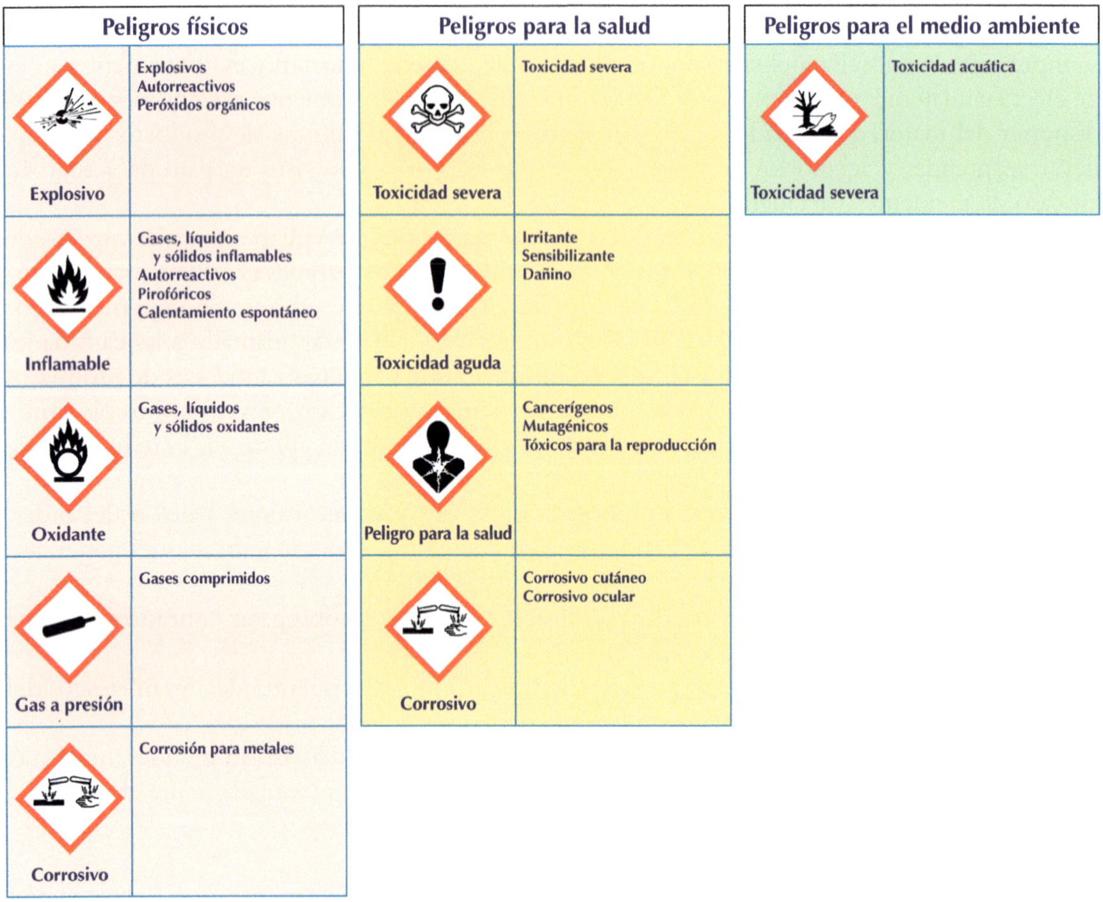

Figura 6.4
Pictogramas de peligros relativos al manejo de productos químicos.

Resumen

- Las cuatro propiedades coligativas de la materia son el descenso de la presión de vapor, la disminución el punto de fusión, la elevación el punto de ebullición y la presión osmótica. Estas propiedades pueden utilizarse para diferenciar unos compuestos químicos de otros.
- Tanto el ascenso crioscópico, como el aumento ebulloscópico o la presión osmótica se pueden utilizar para determinar la pureza de los compuestos químicos y la masa molecular de compuestos desconocidos.
- Todas las propiedades coligativas dependen de la concentración del soluto en la disolución, las propiedades ideales funcionan a concentraciones bajas y medias. En caso de disoluciones concentradas se deben introducir nuevos parámetros en las leyes que describen las propiedades para que los resultados teóricos concuerden con los resultados experimentales.

- La determinación de la presión osmótica y de masas moleculares a partir de esta propiedad son de vital importancia en ramas de la ciencia como la bioquímica, el estudio de los polímeros, la proteómica, y la fisiología humana.
- El equipo utilizado en osmometría no es un equipo complejo. Un recipiente adecuado, además de una membrana semipermeable que separe la dos disoluciones es suficiente para hacer medidas de presiones osmóticas. La comparación de la presión osmótica y de la presión hidrostática es la clave para determinar la masa molecular de compuestos desconocidos.
- Los equipos de protección individual utilizados para las determinaciones osmométricas son los mismos equipos básicos que se utilizan en cualquier determinación en el laboratorio de ensayos fisicoquímicos.

Ejercicios propuestos

1. Al agregar 100 g de un compuesto a 750 g de CCl_4, el punto de congelación disminuye 10,5 K. Calcula la masa molecular de este compuesto. Si necesitas algún dato adicional debes buscarlo en la web.

2. Al mezclar 5 g de un compuesto desconocido con 250 g de naftaleno, se produce un descenso del punto de ebullición del disolvente de 0,780 K. Calcula la masa molecular del compuesto desconocido.

3. Deduce una expresión que relacione la presión osmótica de una disolución con su punto de ebullición o de congelación, y en la que además aparezca la masa molecular del soluto.

4. Se midieron las presiones osmóticas de diferentes soluciones de poliestireno en tolueno a 25 °C y se expresaron en función de la altura del solvente. Se sabe que la densidad de la disolución es de 1,0004 g/cm^3. A partir de los datos del cuadro adjunto, determina la masa molecular del poliestireno.

c (g/dm^3)	2,042	6,613	9,521	12,602
h (cm)	0,592	1,91	2,75	3,6

5. A partir de los datos del ejercicio anterior, calcula el coeficiente del virial de la expresión de la presión osmótica para una disolución real.

6. Al medir la presión osmótica de 10 mL de una disolución preparada a partir de 5 g de un soluto de masa molecular desconocida, esta ha resultado ser de 0,125 atm. La disolución se encontraba a una temperatura de 50 °C. ¿Cuál será la masa molecular de este soluto?

7. Para una disolución concentrada 0,5 m de glucosa, el valor de la constante de Van't Hoff, no es igual a la unidad, sino que es $i = 0{,}870$. Calcula el aumento ebulloscópico de esta disolución y compararlo con el aumento ebulloscópico de una disolución de glucosa normal.

8. Al disolver 20 g de un compuesto orgánico en 240 g de agua, se observa que la temperatura de ebullición de la disolución es de 100,22 °C. Sabiendo que la constante ebulloscópica del agua es 0,52 °C $\cdot$mol^{-1} $\cdot$ Kg^{-1}, ¿cuál es la masa molecular del soluto?

9. La temperatura de fusión del ácido acético (CH_3COOH) es de 16,6 °C y su constante crioscópica es de 3,73 °C $\cdot$ kg^{-1}$\cdot$ mol^{-1}. ¿Cuál será la masa molecular de un soluto orgánico, si una disolución al 5 % en masa, hace que la temperatura de fusión del ácido acético disminuya hasta los 16°C?

10. Se pretende determinar la masa molecular de una macromolécula soluble en el laboratorio. Para ello se prepara una disolución que contiene 0,11 g de la proteína en 500 g de agua y se determina la temperatura de ebullición de la mezcla resultando ser de 100,05 °C. ¿Cuál es la masa molecular de la proteína?

Práctica 4

Determinación osmométrica de pesos moleculares

Objetivos	Comparar la masa molecular teórica de una sustancia con la masa molecular de la misma sustancia obtenida mediante osmometría. La práctica en sí es una comprobación simple de la validez de los métodos osmométricos para determinación de masas moleculares.
Fundamentos teóricos	El fenómeno de la osmosis consiste en el paso espontaneo de un disolvente puro hacia una disolución separada del mismo, estando ambos separados por una membrana semipermeable. Este tipo de membrana permite el paso del disolvente pero no del soluto. La presión osmótica es la presión que debe aplicarse a la solución para impedir el paso del solvente a través de la membrana semipermeable. La osmometría consiste en la determinación de las masas moleculares mediante la medición de la presión osmótica. Normalmente, el instrumental disponible en el laboratorio para la medida de la presión osmótica consiste en un osmómetro parecido al que se muestra en la figura siguiente. Se pueden ir introduciendo soluciones de diferente concentración en el osmómetro e ir obteniendo la lectura de las diferentes presiones osmóticas. Se debe tener especial cuidado en que la temperatura de las soluciones sea más o menos la misma y con las unidades en que vienen expresados los resultados.

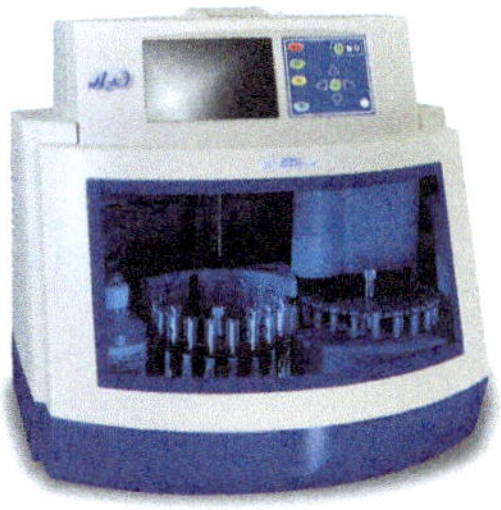

Figura 6.5
Osmómetro de laboratorio.

Materielas y reactivos

Materiales	Reactivos
Osmómetro digital	Agua destilada
Balanza	Nitrato de potasio sólido (KNO_3)
Matraces aforados	
Densímetro para líquidos	
Termómetro de líquidos	

Procedimiento experimental

Prepara cinco disoluciones de nitrato de potasio de concentraciones respectivas: 1,00 g/dm^3, 2,00 g/dm^3, 4,00 g/dm^3, 7 g/dm^3 y 9,00 g/dm^3.

A continuación, mide cuidadosamente la densidad y la temperatura de cada una de las disoluciones. Anota estas medidas.

Mide la presión osmótica de cada una de las disoluciones preparadas. Repite la medida como mínimo tres veces para cada una de las disoluciones.

Cálculos y resultados

En primer lugar, calcula la densidad y la temperatura media de todas las disoluciones y anota el correspondiente resultado en el cuadro adjunto:

Concentración	Densidad	Temperatura
1,00		
2,00		
4,00		
7,00		
9,00		
Valores medios		

A continuación, calcula la presión osmótica media para cada una de las disoluciones, recuerda que se ha medido cada presión, como mínimo tres veces. Completa el cuadro adjunto, teniendo presentes en qué unidades se realiza la medición.

A continuación, calcula la presión osmótica media para cada una de las disoluciones, recuerda que se ha medido cada presión, como mínimo tres veces. Completa el cuadro adjunto, teniendo presentes en qué unidades se realiza la medición:

Concentración (g/dm³)	Presión osmótica (¿)
1,00	
2,00	
4,00	
7,00	
9,00	

Representa gráficamente la presión osmótica de cada una de las disoluciones frente a su concentración. Debes ajustar los datos obtenidos a la ecuación de una recta del tipo:

$$\Pi = a \cdot C + b$$

Por extrapolación, o bien analíticamente, obtén el valor del coeficiente b (ordenada en el origen de la recta).

A partir de este coeficiente, obtén el valor experimental de la masa molecular del KNO_3, a partir de la expresión:

$$b = \frac{R \cdot T}{\rho \cdot g \cdot M}$$

$$M_e = \frac{R \cdot T}{\rho \cdot g \cdot b}$$

Calcula el valor teórico de la masa molecular del KNO_3:

$$M_t = P(K) + P(N) + 3 \cdot P(O) =$$

Compara ambos resultados y determina el error relativo del método osmométrico:

$$E_r = \frac{M_e}{M_t} \cdot 100$$

En caso de que el error relativo sea mayor del 2%, da una posible explicación de los resultados.

Actividades de autoevaluación

1. La relación entre la presión de vapor de un soluto y su concentración viene descrita por la ley de:
   - ☐ *a)* Van't Hoff.
   - ☐ *b)* Raoult.
   - ☐ *c)* Henry.
   - ☐ *d)* Ninguna de las respuestas anteriores es correcta.

2. La presencia de mayor cantidad de soluto en una disolución tiene como consecuencia:
   - ☐ *a)* Un aumento del punto de ebullición.
   - ☐ *b)* Un aumento del punto de fusión.
   - ☐ *c)* Un aumento de la presión de vapor.
   - ☐ *d)* Todas las respuestas anteriores son correctas.

3. El coeficiente de Van't Hoff es un parámetro utilizado en:
   - ☐ *a)* La determinación de masas moleculares por ebulloscopia.
   - ☐ *b)* La determinación de constantes crioscópicas.
   - ☐ *c)* La determinación de la presión osmótica de una disolución.
   - ☐ *d)* Todas las respuestas anteriores son correctas.

4. En una determinación osmométrica, se compara:
   - ☐ *a)* El valor de la presión osmótica con el valor de la presión de vapor.
   - ☐ *b)* El valor de la presión osmótica con el valor de la presión barométrica.
   - ☐ *c)* El valor de la presión osmótica con el valor de la presión hidrostática.
   - ☐ *d)* Ninguna de las respuestas anteriores es correcta.

5. Las concentraciones de solutos orgánicos y de alto peso molecular presentan un coeficiente de Van't Hoff:
   - ☐ *a)* Positivo.
   - ☐ *b)* Negativo.
   - ☐ *c)* Unitario.
   - ☐ *d)* Todas las respuestas anteriores son correctas.

6. El uso de gafas o pantallas en el laboratorio:
   - ☐ *a)* Es obligatorio siempre.
   - ☐ *b)* Solo es obligatorio si se trabaja con líquidos.
   - ☐ *c)* No forman parte del equipo de protección individual.
   - ☐ *d)* Ninguna de las respuestas anteriores es correcta.

7. La masa molecular de un soluto desconocido puede determinarse mediante técnicas.
   - ☐ *a)* Ebulloscópicas.
   - ☐ *b)* Crioscópicas.
   - ☐ *c)* Osmometría.
   - ☐ *d)* Todas las respuestas anteriores son correctas.

8. El equipo utilizado en osmometría.
   - ☐ *a)* Es sencillo y de coste asequible.
   - ☐ *b)* Es de difícil manejo.
   - ☐ *c)* Es un equipo instrumental muy especializado.
   - ☐ *d)* Todas las respuestas anteriores son correctas.

9. Tanto en ebulloscopía, como en crioscopía la concentración de las disoluciones ha de ser:
   - ☐ *a)* Muy alta.
   - ☐ *b)* Muy diluida.
   - ☐ *c)* Saturada.
   - ☐ *d)* Todas las respuestas anteriores son incorrectas.

10. En el caso de soluciones muy concentradas:
    - ☐ *a)* Todas las leyes relacionadas con las propiedades coligativas permanecen inalteradas.
    - ☐ *b)* Deben introducirse parámetros de corrección en todas las leyes.
    - ☐ *c)* Todas las leyes dejan de ser válidas.
    - ☐ *d)* Ninguna de las respuestas anteriores es correcta.

SOLUCIONES:

1.	a	**b**	c	d	**5.**	a	b	**c**	d					
2.	**a**	b	c	d	**6.**	a	b	c	**d**	**9.**	a	b	c	**d**
3.	a	b	**c**	d	**7.**	a	b	c	**d**	**10.**	a	**b**	c	d
4.	a	b	**c**	d	**8.**	**a**	b	c	d					

7

Características y propiedades de los líquidos

Objetivos

- ✓ Definir la viscosidad de un fluido y conocer los diferentes tipos de viscosidad existentes.
- ✓ Realizar cálculos de viscosidades de líquidos a partir de sus expresiones y utilizando las unidades adecuadas.
- ✓ Conocer la dependencia de la viscosidad de un líquido con la temperatura.
- ✓ Determinar la tensión superficial y conocer su dependencia con la temperatura.
- ✓ Calcular la tensión superficial de fluidos en diferentes casos y expresar el resultado en las unidades correctas.
- ✓ Estudiar las aplicaciones particulares de la tensión superficial y resolver problemas numéricos relacionados con estas.

Mapa conceptual

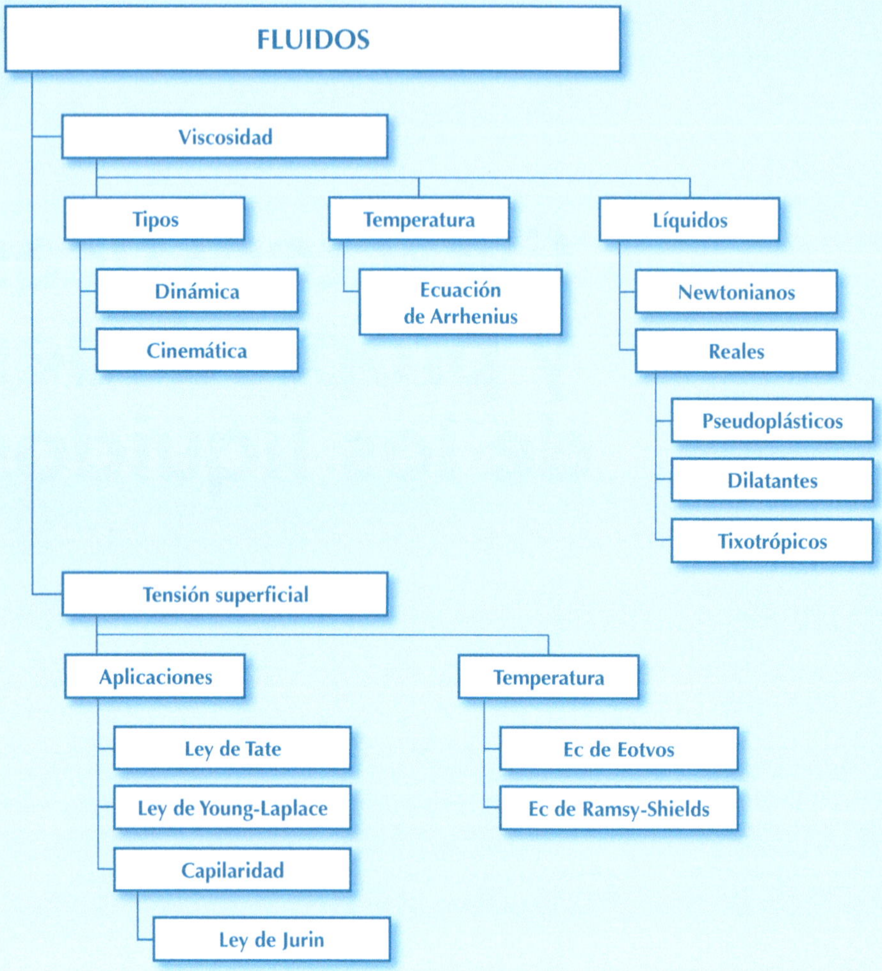

Glosario

Burbuja. Glóbulo de una sustancia en el interior de otra, generalmente gas en un líquido.

Capilaridad. Propiedad de los fluidos que depende de su tensión superficial, la cual, a su vez, depende de la cohesión del fluido, y que le confiere la capacidad de subir o bajar por un tubo capilar.

Menisco. Curvatura de la superficie de un líquido que se produce en respuesta al contacto con la superficie del recipiente que lo contiene.

Reología. Parte de la física que estudia la relación entre el esfuerzo y la deformación en los fluidos. Uno de los campos de estudio de la reología es la viscosidad.

Tracción. Esfuerzo a que está sometido un cuerpo por la aplicación de dos fuerzas que actúan en sentido opuesto y tienden a estirarlo.

7.1. Viscosidad: definición, unidades y tipos. Variación con la temperatura

La *viscosidad* de un fluido es una medida de la resistencia de este a las deformaciones graduales producidas por tensiones cortantes o tensiones de tracción. Aunque la viscosidad es una propiedad de todos los fluidos, y por tanto puede aplicarse a los gases como a los líquidos, normalmente siempre suele estudiarse la viscosidad de estos últimos.

Figura. 7.1
Ejemplo de fluido viscoso. Lubricante industrial.

Desde el punto de vista microscópico la viscosidad tiene su origen en las colisiones entre las partículas de un fluido en movimiento. Estas partículas se mueven a diferentes velocidades y esto provoca una resistencia al movimiento del fluido. Normalmente, el movimiento del fluido está provocado por diferencias de presión entre diferentes zonas de este.

Un *fluido ideal* es aquel que tiene una viscosidad nula. Este caso solo se produce en el caso de algunos fluidos muy especiales y a temperaturas muy bajas. Los fluidos reales suelen presentar una cierta cantidad de viscosidad, pero muchas veces esta puede despreciarse, y el fluido real se aproxima al fluido ideal, para simplificar los modelos de cálculo.

7.1.1. Definición de viscosidad y tipos

Se puede definir la *viscosidad* de un líquido, como la resistencia de este líquido a fluir, es decir la resistencia del líquido al movimiento. Muchas veces la viscosidad se compara vulgarmente con el *espesor* de un fluido, o con su densidad: cuanto más espeso (o denso) es un fluido se dice que presenta una viscosidad mayor.

La *viscosidad* también puede definirse como la relación, que se produce en el seno de un fluido, entre el esfuerzo cortante aplicado al fluido y el gradiente de velocidad de este.

Se puede diferenciar entre dos tipos de viscosidad diferentes: la viscosidad dinámica o absoluta y la viscosidad cinemática. La *viscosidad dinámica* es la magnitud que se ha definido entre el esfuerzo cortante y la velocidad del fluido, y puede calcularse a partir de la siguiente expresión:

$$\mu = \frac{\tau}{v}$$

donde: μ: viscosidad dinámica (Pa · s).
τ: esfuerzo cortante (N).
v: velocidad del fluido (m/s²).

La viscosidad cinemática se obtiene al dividir la viscosidad dinámica entre la densidad del fluido en estudio:

$$v = \frac{\mu}{\rho}$$

donde: υ: viscosidad cinemática (m^2/s).
ρ: densidad del fluido (kg/m^3).
μ: viscosidad dinámica (Pa · s).

7.1.2. Unidades de viscosidad

En el Sistema Internacional de Unidades, la unidad física de viscosidad dinámica es el Pascal · segundo (Pa · s), que corresponde exactamente a 1 N · s/m² o 1 kg/(m · s).

En el Sistema Cegesimal, la unidad para la viscosidad dinámica es el *poise* que corresponde a 1 dyn · s/cm² o 1 g/(cm · s).

En este sistema de unidades se suele usar más su submúltiplo, el *centipoise* (cP). Además, deben recordarse las siguientes equivalencias:

$$1\ P = 100\ cP = 1\ g/(cm \cdot s) = 0{,}1\ Pa \cdot s$$
$$1\ cP = 10^{-3}\ Pa \cdot s.$$

En el sistema anglosajón, se usa el reynolds (Reyn):

$$1\ reyn = 1\ lb\ f/s{\cdot}in = 6{,}89476 \cdot 10^{6}\ cP = 6\,890\ Pa \cdot s.$$

En el SI, la unidad física para medir la viscosidad cinemática es el m^2/s. En el sistema cegesimal se utiliza el stoke (St) y su submúltiplo el centistoke (cSt). Las relaciones entre ambas unidades son las siguientes:

$$1\ stoke = 100\ centistokes = 1\ cm^2/s = 0{,}0001\ m^2/s$$
$$1\ cSt = 1\ mm^2/s.$$

7.1.3. Viscosidad y temperatura

Se ha observado experimentalmente que, a medida que aumenta la temperatura de un líquido, disminuye su viscosidad; de la misma manera, al disminuir la temperatura de un líquido aumenta su viscosidad. Existe el caso particular de los superfluidos, que al disminuir su temperatura, disminuye su viscosidad hasta ser prácticamente nula. Dejando a parte la excepción de los superfluidos, se puede afirma que la viscosidad, en los líquidos, es inversamente proporcional al aumento de la temperatura.

La relación entre la viscosidad y la temperatura puede expresarse a partir de una ecuación exponencial o ecuación de Arrhenius:

$\mu(T) = \mu_0 \cdot e^{\frac{E}{RT}}$ donde: μ: viscosidad dinámica del líquido a la temperatura de trabajo (Pa · s).

μ_0: viscosidad dinámica del líquido a la temperatura inicial (Pa · s).

R: constante de los gases ideales.

T: temperatura de trabajo (K).

E: energía mínima o basal del líquido (J).

Actividades resueltas

7.1. *Calcula la viscosidad dinámica de un fluido que se desplaza por una tubería a una velocidad de 3 m/s si el esfuerzo cortante entre las capas del fluido puede considerarse que tiene un valor de 120 N.*

Solución:

Aplicando la expresión dada en el texto, y sustituyendo los valores del enunciado:

$$\mu = \frac{\tau}{v} = \frac{120}{3} = 40 \text{ Pa} \cdot \text{s}$$

7.2. *Calcula la viscosidad cinemática del fluido del ejercicio anterior si su densidad es de 1.200 kg/m³.*

Solución:

Si aplicamos la expresión dada en el texto y sustituimos los valores dados en el enunciado y los calculados en el ejercicio anterior:

$$v = \frac{\mu}{\rho} = \frac{40}{1.200} = 0{,}033 \ ^{\text{m}^2}\!/_{\text{s}}$$

7.3. *La viscosidad dinámica de un fluido se estima en 25 cP y su densidad en 1,25 g/cm³. ¿Cuál será la viscosidad cinemática del fluido en unidades del sistema cegesimal?*

Solución:

$$v = \frac{\mu}{\rho} = \frac{0{,}25}{1{,}25} = 0{,}02 \text{ St}$$

Para saber más

El estado de superfluido es un estado de la materia que se caracteriza por la ausencia total de viscosidad, es decir, en los superfluidos la viscosidad es cero. Existen sustancias muy fluidas, es decir, con una viscosidad cercana a cero, pero no se consideran superfluidos, ya que para que esto suceda su viscosidad debe totalmente nula.

Actividades propuestas

7.1. La viscosidad dinámica de un fluido que se desplaza por una tubería es de 10 Pa·s a su velocidad de desplazamiento de 5 m/s. Calcula el esfuerzo cortante que actuará sobre las capas del fluido.

7.2. La viscosidad dinámica de un fluido es de 15 Pa·s y su viscosidad cinemática es de 0,015 m^2/s. Calcula la densidad de este fluido.

7.3. Calcula la viscosidad dinámica de un fluido a una temperatura de trabajo de 400 K, si la viscosidad del fluido a temperatura ambiente es de 100 Pa · s y la energía basal en este estado es de 125 kJ.

7.2. Leyes de la viscosidad

En función del comportamiento de los diferentes líquidos, se pueden clasificar estos en dos grandes grupos: los líquidos newtonianos y los líquidos no newtonianos (o reales). Se considera a los fluidos newtonianos como los más ideales y sencillos de describir, en cambio los fluidos no newtonianos tienen unas propiedades más particulares.

7.2.1. Fluidos newtonianos. Fluidos ideales

Un *líquido newtoniano* es aquel cuya viscosidad puede considerarse constante. Los líquidos newtonianos son uno de los fluidos más sencillos de describir. La curva que muestra la relación entre el esfuerzo o cizalla contra su velocidad de deformación es lineal.

Un buen número de fluidos comunes se comportan como fluidos newtonianos bajo condiciones normales de presión y temperatura: el aire, el agua, la gasolina, el vino y algunos aceites minerales.

Para un fluido newtoniano puede darse una ecuación de estado simplificada, parecida a la siguiente expresión:

$$\tau_{xy} = \mu \frac{\Delta v_x}{\Delta y}$$

donde: μ: viscosidad dinámica del líquido a la temperatura y presión de trabajo (Pa · s).
τ: tensión tangencial o presión sobre la superficie del fluido (Pa).
Δv_x: velocidad lineal del fluido en movimiento (m/s).
Δy: distancia entre las capas del fluido (m).

Otra simplificación, también para fluidos newtonianos, puede ser la siguiente expresión:

$$F_R = \mu \cdot A \cdot \frac{v_0}{h}$$

donde: F_R: Fuerza o esfuerzo cortante (tiene una dirección paralela a la velocidad del líquido, N).
μ: Viscosidad dinámica del líquido a la temperatura y presión de trabajo (Pa · s).
A: Área de la superficie de contacto del líquido (m^2).
v_0: velocidad de desplazamiento del líquido (m/s).
h: Altura del líquido (m).

Debe destacarse que la ecuación anterior es una simplificación de la ecuación diferencial que describe el comportamiento de un fluido newtoniano, por lo que debe aplicarse con ciertas "reservas" al intentar resolver problemas numéricos.

Actividades resueltas

7.4. *Calcula la viscosidad dinámica de un líquido que se encuentra a una temperatura de 25 °C y a una presión de $2 \cdot 10^5$ Pa en el interior de una tubería y que se mueve a una velocidad de 0,5 m/s. Puede considerarse que el fluido tiene un comportamiento newtoniano y que la distancia entre las diferentes capas de este de es 10^{-6} m.*

SOLUCIÓN:

Aislando la viscosidad de la expresión dada en el texto:

$$\tau_{xy} = \mu \frac{\Delta v_x}{\Delta y} \leftrightarrow \mu = \frac{\tau_{xy} \cdot \Delta y}{\Delta v_x}$$

$$\mu = \frac{\tau_{xy} \cdot \Delta y}{\Delta v_x} = \frac{2 \cdot 10^5 \cdot 10^{-6}}{0,5} = 0,4 \text{Pa} \cdot \text{s}$$

7.5. *Calcula la viscosidad dinámica de un líquido que se encuentra sometido a un esfuerzo cortante de 100 N, en el interior de una tubería. El líquido se desplaza a una velocidad de 5 m/s, el área de contacto del líquido con la tubería es de 0,005 m^2 y la altura del líquido dentro del conducto es de 1 m.*

SOLUCIÓN:

Tomando la expresión dada en el texto y aislando la viscosidad dinámica:

$$F_R = \mu \cdot A \cdot \frac{v_0}{h} \leftrightarrow \mu = \frac{F_R \cdot h}{A \cdot v_0}$$

$$\mu = \frac{F_R \cdot h}{A \cdot v_0} = \frac{100 \cdot 1}{0,005 \cdot 5} = 4.000 \text{ Pa} \cdot \text{s}$$

7.2.2. Fluidos no newtonianos. Fluidos reales

Un *líquido no newtoniano* es aquel cuya viscosidad varía con la temperatura y la tensión cortante que se le aplica. Dicho de otra forma, es un líquido que al aplicarle presión se hace más sólido. Como resultado, un fluido no newtoniano no tiene un valor de viscosidad definido y constante, como sucede en los fluidos newtonianos.

Aunque el concepto de viscosidad se usa habitualmente para caracterizar un material, puede no resultar tan adecuado para describir el comportamiento de los líquidos no newtonianos. Estos líquidos se pueden caracterizar mejor utilizando otras propiedades reológicas, como ahora la elasticidad, la fluidez, la dureza, etc.

Existen varios tipos de líquidos no newtonianos pero los tres tipos más importantes son los siguientes:

- Líquidos pseudoplásticos: en estos líquidos la viscosidad disminuye cuando fluyen de forma violenta (no laminar) o turbulenta. Cuando el movimiento es suave el líquido es viscoso, pero si aumenta la velocidad, el líquido se vuelve menos viscoso.
- Líquidos dilatantes: en estos líquidos el comportamiento es contrario al de los líquidos pseudoplásticos, cuanto más violento es el flujo, más viscoso se vuelve el líquido.
- Líquidos tixotrópicos: son líquidos que disminuyen su viscosidad con el paso del tiempo, cuando se hallan en movimiento. Son líquidos muy viscosos al iniciar el movimiento, pero conforme pasa el tiempo se vuelven más fluidos.

Actividades propuestas

7.4. La viscosidad dinámica de un líquido que se encuentra a una temperatura de 25 °C y a una presión de $2 \cdot 10^5$ Pa en el interior de una tubería y que se mueve a una velocidad de 0,5 m/s, es de 200 Pa·s. Puede considerarse que el fluido tiene un comportamiento newtoniano. Calcula la distancia teórica entre las capas del fluido.

7.5. La viscosidad cinemática de un líquido que se encuentra sometido a un esfuerzo cortante de 100 N, en el interior de una tubería es de 40 Pa·s. El líquido se desplaza a una velocidad de 3 m/s y el área de contacto del líquido con la tubería es de 0,5 m^2. Calcula la altura del líquido en el interior del conducto.

7.3. Tensión superficial: definición, unidades y ecuaciones de aplicación

Es muy típico el ejemplo de un insecto, el zapatero *(Gerris lacustris)*, que es capaz de desplazarse (caminar) sobre la superficie del agua. Este fenómeno es debido a la propiedad física conocida como tensión superficial, que se estudiará a continuación.

7.3.1. Definición de tensión superficial

Se puede definir la *tensión superficial* de un líquido como la cantidad de energía necesaria para aumentar su superficie por unidad de área. También se podría definir como la fuerza que actúa tangencialmente por unidad de longitud en el borde de una superficie libre de un líquido en equilibrio y que tiende a contraer dicha superficie.

En la figura puede observarse como ciertos insectos pueden aprovechar la tensión superficial del agua para desplazarse o posarse en su superficie.

Figura. 7.2
Tensión superficial del agua.

La causa de la tensión superficial son las fuerzas cohesivas entre las moléculas del líquido. El efecto observable de la tensión superficial es la elevación o la depresión de la superficie del líquido en la zona de contacto con un sólido.

La tensión superficial se debe a que las fuerzas que afectan a cada molécula son diferentes en el interior del líquido y en la superficie. Así, en el interior de un líquido cada molécula está rodeada de molécula semejantes a ella, y sometida a fuerzas de atracción que en promedio se anulan. Esto permite que la molécula tenga una energía bastante baja. Sin embargo, en la superficie del líquido, no todas las moléculas que rodean a la molécula en estudio son semejantes, de manera que no todas las fuerzas que actúan son iguales. Se produce una fuerza neta resultante hacia el interior del líquido.

Energéticamente, las moléculas situadas en la superficie de los líquidos, tienen una mayor energía promedio que las situadas en el interior, por lo tanto la tendencia del sistema será disminuir la energía total, y ello se logra disminuyendo el número de moléculas situadas en la superficie, es decir, intentando reducir el área de contacto área hasta el mínimo posible.

Matemáticamente, la tensión superficial puede definirse mediante la siguiente expresión:

$$\gamma = \frac{\Delta E}{\Delta A}$$

donde: γ: tensión superficial (J/m^2).
ΔE: incremento de la energía superficial (J).
ΔA: incremento del área de la superficie (m^2).

También podría darse otra expresión matemática para la presión superficial, en referencia a la fuerza que ejerce la superficie de un líquido y el perímetro de esta superficie:

$$F = 2 \cdot \gamma \cdot l$$

donde: F: fuerza en la superficie del líquido (N).
γ: tensión superficial (N/m).
l: perímetro de la superficie (m).

Actividad resuelta 7.6

Sobre una superficie circular de líquido y de radio 5 cm actúa la presión atmosférica normal de 101.300 Pa. ¿Cuál será la tensión superficial del líquido?

SOLUCIÓN:

Para poder determinar la tensión superficial en el líquido es necesario conocer la fuerza que actúa en su superficie. Este valor puede determinarse a partir de la expresión de la presión:

$$P = \frac{F}{S} \leftrightarrow F = P \cdot S$$

$$S = \pi \cdot r^2 = \pi \cdot 0{,}05^2 \, m^2$$

$$F = 101.300 \cdot \pi \cdot 0{,}05^2 = 795{,}6 \text{ N}$$

Una vez conocido el valor de la fuerza en la superficie, puede aplicarse la expresión dada en el texto y calcular la tensión superficial.

$$F = 2 \cdot \gamma \cdot l \leftrightarrow \gamma = \frac{F}{2 \cdot l}$$

$$\gamma = \frac{795{,}6}{2 \cdot 2 \cdot \pi \cdot 0{,}05} = 1.266{,}25 \, \text{N/m}$$

7.3.2. Unidades de tensión superficial

La unidad de medida de la tensión superficial en el Sistema Internacional es el newton por metro (N/m) que es equivalente a julio por metro cuadrado (J/m^2) que es la unidad de energía superficial. En el sistema cegesimal la unidad de tensión superficial será la dina por centímetro (dyn/cm).

La tensión superficial es la fuerza que hay que aplicar sobre un líquido para provocar un aumento de su superficie. Podemos definir la energía de interfaz o de superficie como el exceso de energía química cuando las moléculas de superficie se encuentran dentro del líquido.

7.3.3. Ecuaciones de aplicación de la tensión superficial

Generalmente una de las aplicaciones de la tensión superficial es el cálculo de la energía superficial, o lo que es lo mismo, el trabajo realizado por las fuerzas de superficie en un líquido. La expresión matemática utilizada para realizar este cálculo es la siguiente:

$W = 2 \cdot \gamma \cdot \Delta S$ Donde: W: trabajo de las fuerzas de superficie (J).
γ: tensión superficial (J/m^2).
ΔS: incremento del área de la superficie (m^2).

La siguiente aplicación de la tensión superficial, es la *ley de Tate*, utilizada para medir los parámetros físicos que intervienen en la formación de una gota de líquido. Prescindiendo de su deducción experimental y teórica, la expresión más conocida de la *ley de Tate* es la que se da a continuación:

$P = 2 \cdot k \cdot \rho \cdot r \cdot \gamma$ donde: P: peso de la burbuja (N).
k: coeficiente de contracción del líquido (determinado experimentalmente).
γ: tensión superficial de la gota (N/m).
r: radio de la gota de líquido (m).
ρ: densidad del líquido (kg/m^3).

Actividad resuelta 7.7

Se ha determinado experimentalmente el peso de una pompa de jabón y el coeficiente de contracción del líquido jabonoso, resultando ser respectivamente, 2 mN y 0,05. El radio de la pompa de jabón es de 2 cm y la densidad del líquido jabonoso es de 1.002 kg/m^3. Con los datos anteriores y mediante la ley de Tate, determina la tensión superficial en la superficie de la pompa de jabón.

SOLUCIÓN:

En primer lugar, deben expresarse todas las unidades en el Sistema Internacional, y a continuación aplicar la expresión dada en el texto para aislar la magnitud pedida:

$$P = 2 \cdot k \cdot \rho \cdot r \cdot \gamma \leftrightarrow \gamma = \frac{P}{2 \cdot k \cdot \rho \cdot r}$$

$$\gamma = \frac{0{,}002}{2 \cdot 0{,}05 \cdot 1.002 \cdot 0{,}02} = 9{,}98 \cdot 10^{-4}\,\frac{\text{N}}{\text{m}}$$

En la siguiente figura puede observarse la formación de una burbuja. En este experimento podría aplicarse la ley de Tate para calcular el peso de la burbuja formada.

Figura 7.3
Formación de una burbuja.
Ley de Tate.

La ley de Tate puede utilizarse para determinar la tensión superficial de un líquido, tomando como referencia la tensión superficial del agua:

$$\frac{m_{agua}}{m} = \frac{\gamma_{agua}}{\gamma}$$

Otra de las aplicaciones de la tensión superficial es el cálculo de la presión producida por la curvatura de una superficie o *ley de Laplace*. La expresión matemática de esta ley es la siguiente:

$$P - P_0 = \frac{n \cdot \gamma}{R}$$

donde:
- P: presión en el interior de la burbuja (Pa).
- P_0: presión en el exterior de la burbuja (Pa).
- n: coeficiente que depende del número de caras de la superficie (gota: 2, burbuja: 4).
- γ: tensión superficial en la superficie (N/m).
- R: radio de curvatura de la superficie (m).

Actividades propuestas

7.6. Sobre una superficie circular de líquido y de radio 5 cm actúa una fuerza de 15kN. ¿Cuál será la tensión superficial del líquido?

7.7. Se ha determinado experimentalmente el peso de una pompa de jabón y el coeficiente de contracción del líquido jabonoso, resultando ser respectivamente, 12 N y 0,05. El radio de la pompa de jabón es de 5 cm y la densidad del líquido jabonoso es de 1.010 kg/m^3. Con los datos anteriores y mediante la ley de Tate, determina la tensión superficial en la superficie de la pompa de jabón.

7.8. La diferencia de presiones entre el interior y el exterior de una burbuja de aire, sumergida en el agua es de 500 mmHg. El radio de la burbuja es de 5 cm. Determina la tensión superficial en la superficie de la burbuja a partir de la ecuación de Laplace.

7.4. Ecuación de Young-Laplace

La *ley de Young-Laplace* es una ley física que relaciona el cambio de presiones en la superficie que separa dos fluidos de distinta naturaleza con las fuerzas debidas a efectos moleculares. Expresado de otra manera, esta ley relaciona la diferencia de presiones entre dos fluidos diferentes separados por una interficie, como sería el caso de una gota de agua, una burbuja, un tubo lleno de líquido, etc.

La expresión matemática, más general, para esta ley es la siguiente:

$$\Delta P = \gamma\left(\frac{1}{R_1} + \frac{1}{R_2}\right)$$

donde: ΔP: diferencia de presión entre los dos fluidos (Pa).
γ: tensión superficial (N/m).
R_1, R_2: radios de curvatura de los fluidos (perpendiculares entre ellos, m).

En el apartado 7.3 se ha tratado el caso particular de la ley de Young-Laplace para calcular la tensión superficial en la superficie de curvatura de un líquido. Esta ley también puede aplicarse a otros casos particulares:

La ley de Young-Laplace aplicada a una gota tomaría la siguiente forma:

$$\Delta P = \frac{2\gamma}{R}$$

La ley de Young-Laplace aplicada a una burbuja sería:

$$\Delta P = \frac{4\gamma}{R}$$

Y la expresión de la *ley de Young-Laplace aplicada a un tubo capilar* sería:

$$\Delta P = \frac{\gamma}{R}$$

En siguiente ejercicio, puede verse que la ley de Young-Laplace, da una explicación física al fenómeno de la capilaridad, y que aplicando la citada ley se puede llegar a demostrar la conocida *ley de Jurin de la capilaridad.*

En la figura 7.4 puede constarse que uno de los parámetros que influyen en la capilaridad es el radio del tubo capilar, tal como aparece en la ley de Jurin.

Actividad resuelta 7.8

La diferencia de presión entre dos fluidos o materiales es de 1.500 mmHg. En el caso de una gota de agua, de una burbuja y de un tubo capilar en qué el radio de curvatura es de 3 cm en todos los casos, calcula la tensión superficial en cada uno de los casos.

SOLUCIÓN:

En el texto se dan las expresiones de cálculo para cada uno de los casos. Como paso previo debe tenerse en cuenta que debe trabajarse con unidades del Sistema Internacional:

$$1.500\ \text{mmHg} \cdot \frac{101.300\ Pa}{760\,\text{mmHg}} = 199.934{,}21\,\text{Pa}$$

Para la gota de agua: $\Delta P = \dfrac{2\gamma}{R} \leftrightarrow \gamma = \dfrac{\Delta P \cdot R}{2} = \dfrac{199.934{,}21 \cdot 0{,}03}{2} = 2.999\ \text{N}/\text{m}$

Para la burbuja:

$$\Delta P = \frac{4\gamma}{R} \leftrightarrow \gamma = \frac{\Delta P \cdot R}{4} = 1.499{,}5\ \mathrm{N/m}$$

Para el tubo capilar:

$$\Delta P = \frac{\gamma}{R} \leftrightarrow \gamma = \Delta P \cdot R = 5.998\ \mathrm{N/m}$$

$$h = \frac{2\gamma\cos\theta}{\rho g r}$$

donde: h: altura de la línea de fluido en el tubo capilar (m).
γ: tensión superficial en el fluido (N/m).
ρ: densidad del fluido (kg/m^3).
θ: ángulo de contacto (rad).
r: radio del tubo capilar (m).
g: aceleración de la gravedad (m/s).

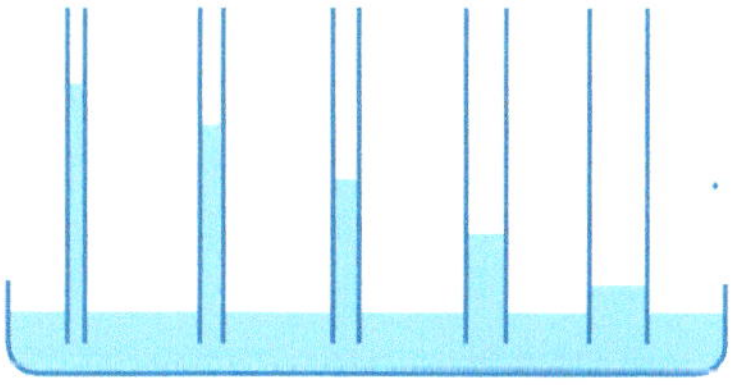

Figura. 7.4
Ley de Jurin de la capilaridad.

Actividad propuesta 7.9

Calcula la altura de la línea de fluido en un tubo capilar que contiene un líquido cuya tensión superficial es de 100 N/m y su densidad es de 1,072 g/cm^3. Además, se sabe que el radio del tubo capilar es de 0,5 mm y el ángulo de contacto del líquido con la pared del tubo es de 15°.

7.5. Variación de la tensión superficial con la temperatura

La tensión superficial depende de la naturaleza del líquido, del medio que le rodea y de la temperatura. La influencia del medio exterior se comprende ya que las moléculas del medio ejercen acciones atractivas sobre las moléculas situadas en la superficie del líquido, contrarrestando las acciones de las moléculas del mismo.

En general, la tensión superficial disminuye al aumentar la temperatura, ya que las fuerzas de cohesión entre las moléculas disminuyen al aumentar la agitación térmica. Según la teoría cinético-molecular, al aumentar la temperatura de un fluido, aumenta la energía de las moléculas que lo componen y esto se traduce en un aumento de la energía cinética de estas, es decir en un aumento de su movilidad. Al moverse con mayor libertad, unas moléculas tienden a separarse de las otras y por tanto las interacciones entre ellas disminuyen. Una de las interacciones entre moléculas es la tensión superficial.

Esta relación entra la tensión superficial y la temperatura podría decirse que da lugar a que sean magnitudes inversamente proporcionales, y que debe existir una función o modelo matemático que se base en la siguiente condición:

$$\gamma(T) = \frac{\gamma}{T}$$

Una de las ecuaciones o modelos que explica este fenómeno es la ecuación de Eötvös:

$$\gamma\sqrt[3]{V_M^2} = k(T_c - T)$$

donde: γ: tensión superficial en el fluido (N/m).
V_M: volumen molar del fluido (m^3/mol).
k: constante experimental de temperatura.
T_c: temperatura crítica del fluido (K).
T: temperatura de trabajo (K).

Posteriormente, Ramsay y Shields propusieron una mejora de la ecuación que se adaptara más a los resultados experimentales:

$$\gamma\sqrt[3]{V_M^2} = k(T_c - 6 - T)$$

Actividad resuelta 7.9

La tensión superficial del agua a una cierta temperatura es de 200 N/m y su volumen molar de 11 L/mol. La constante de temperatura en estas condiciones para la ley de Eötvös es de 2 unidades y la temperatura crítica es de 400 K. ¿Cuál es la temperatura de trabajo en estas condiciones?

SOLUCIÓN:

En primer lugar, debemos asegurarnos que las unidades a utilizar y que se dan en el enunciado son consistentes. Para ello debes expresar el volumen molar en unidades del Sistema Internacional:

$$11\frac{\text{L}}{\text{mol}} \cdot \frac{1\,\text{m}^3}{1.000\,\text{L}} = 0{,}011\,\text{m}^3/\text{mol}$$

Si aislamos la temperatura de trabajo de la expresión de cálculo dada en el texto:

$$\gamma\sqrt[3]{V_M^2} = k(T_c - T) \leftrightarrow (T_c - T) = \frac{\sqrt[3]{V_M^2}}{k} \leftrightarrow T = T_c - \frac{\sqrt[3]{V_M^2}}{k}$$

$$T = 400 - \frac{\sqrt[3]{0{,}011^2}}{2} = 399{,}48\text{ K}$$

La ley de Tate y las expresiones obtenidas para la ley de Young-Laplace e incluso la ley de Jurin podrían adaptarse introduciendo el factor temperatura en las ecuaciones, en una primera aproximación muy grosera, ya que no se conoce exactamente que tipo de dependencia existe entre la tensión superficial y la temperatura y se esta suponiendo una relación inversa de primer grado.

Por ejemplo, la ley de Tate podría expresarse de la siguiente forma:

$$P = 2 \cdot k \cdot \rho \cdot r \cdot \frac{\gamma}{T}$$

Pero insistiendo en que se ha tomado la relación entre la tensión superficial y la temperatura como una aproximación lineal.

Actividad propuesta 7.10

Obtén una expresión general para la ley de Young-Laplace, si se considera que la tensión superficial y la temperatura son magnitudes lineales inversamente proporcionales.

Resumen

- Puede considerarse la viscosidad de un fluido como la resistencia que presenta este a desplazarse. La viscosidad depende de la temperatura y también de la densidad del fluido. La relación entre la viscosidad cinemática y la viscosidad dinámica es precisamente la densidad del fluido. La ecuación que da la relación entre la temperatura y la viscosidad de un fluido es una ecuación de tipo Arrhenius.
- En función de la viscosidad se puede hablar de fluidos ideales o newtonianos y de fluidos reales o no newtonianos. El estudio de los fluidos newtonianos es más simple que el estudio de los fluidos reales. Los parámetros del modelo newtoniano sirven para explicar, de manera bastante exacta, el movimiento de los fluidos dentro de conducciones.
- La superficie de cualquier líquido se comporta como si sobre esta existiese una membrana a tensión. A este fenómeno se le conoce como tensión superficial. La tensión superficial de un líquido está asociada a la cantidad de energía necesaria para aumentar su superficie por unidad de área. La tensión superficial depende de la naturaleza del líquido, del medio que le rodea y de la temperatura. Los líquidos cuyas moléculas tengan fuerzas de atracción intermoleculares fuertes tendrán tensión superficial elevada.
- La tensión superficial disminuye con la temperatura, ya que las fuerzas de cohesión disminuyen al aumentar la agitación térmica. La influencia del medio exterior se debe a que las moléculas del medio ejercen acciones atractivas sobre las moléculas situadas en la superficie del líquido, contrarrestando las acciones de las moléculas del líquido.

Ejercicios propuestos

1. Calcula la viscosidad dinámica de un fluido que se desplaza por una tubería a una velocidad de 3 m/s, si el esfuerzo cortante entre las capas del fluido puede considerarse que tiene un valor de 100 N. Calcula también la viscosidad cinemática del fluido si su densidad es de 1.005 kg/m^3.
2. La viscosidad dinámica de un fluido es desconocida pero su viscosidad cinemática es de 0,015 m^2/s. Calcula la citada viscosidad si la densidad del fluido es de 1.012 g/cm^3.
3. Calcula la viscosidad dinámica de un fluido a una temperatura de trabajo de 1200 K, si la viscosidad del fluido a temperatura ambiente es de 10 Pa · s y la energía basal en este estado es de 1.205 kJ.
4. Sobre una superficie circular de líquido y de radio 2 cm actúa una fuerza de 150 N. ¿Cuál será la tensión superficial del líquido?

5. Se ha determinado experimentalmente el peso de una pompa de jabón y el coeficiente de contracción del líquido jabonoso, resultando ser respectivamente, 0,1 N y 0,5. El radio de la pompa de jabón es de 1,5 cm y la densidad del líquido jabonoso es de 1.110 kg/m^3. Con los datos anteriores y mediante la ley de Tate, determina la tensión superficial en la superficie de la pompa de jabón.
6. La diferencia de presiones entre el interior y el exterior de una burbuja de aire, sumergida en el agua es de 5.000 mmHg. El radio de la burbuja es de 2 cm. Determina la tensión superficial en la superficie de la burbuja a partir de la ecuación de Laplace.
7. La diferencia de presión entre dos fluidos o materiales es de 1.500 mmHg. En el caso de una de un tubo capilar en la que el radio de curvatura de la superficie del líquido es de 2 mm, calcula la tensión superficial del líquido.
8. Calcula la altura de la línea de fluido en un tubo capilar que contiene un líquido cuya tensión superficial es de 1 N/m y su densidad es de 1,002 g/cm^3. Además se sabe que el radio del tubo capilar es de 1 mm y el ángulo de contacto del líquido con la pared del tubo es de 10°.
9. Calcula la tensión superficial del agua a una temperatura de 200 K si su volumen molar es de 21,4 L/mol. La constante de temperatura en estas condiciones para la ley de Eötvös es de 0,2 unidades, la temperatura crítica es de 400 K y la temperatura de trabajo es de 298 K.
10. Obtén una ecuación para la ley de Tate, suponiendo que existe una relación inversamente proporcional de segundo grado entre la tensión superficial y la temperatura.

Práctica 5

Determinación de la tensión superficial mediante la ley de Tate

Objetivos

Determinar la tensión superficial de algunos líquidos mediante comparación con la tensión superficial del agua. La manera de comparar la tensión superficial de dos líquidos diferentes se basa en la ley de Tate y en la tendencia de los líquidos a formar gotas.

Son objetivos secundarios de la práctica, la realización de pesadas exactas con la balanza analítica, la medición de pequeños volúmenes de líquidos con los instrumentos adecuados, la realización de cálculos matemáticos con precisión y pulcritud y la interpretación de los resultados experimentales obtenidos en el laboratorio.

Fundamentos teóricos

En un fluido, cada molécula interacciona con las que le rodean. El radio de acción de las fuerzas moleculares es relativamente pequeño, abarca a las moléculas vecinas más cercanas. La fuerzas de interacción, hacen que las moléculas situadas en las proximidades de la superficie libre de un fluido experimenten una fuerza dirigida hacia el interior del líquido. Como todo sistema mecánico tiende a adoptar espontáneamente el estado de más baja energía potencial, se comprende que los líquidos tengan tendencia a presentar al exterior la superficie más pequeña posible.

La tensión superficial depende de la naturaleza del líquido, del medio que le rodea y de la temperatura. En general, la tensión superficial disminuye con la temperatura, ya que las fuerzas de cohesión disminuyen al aumentar la agitación térmica. La influencia del medio exterior se comprende ya que las moléculas del medio ejercen acciones atractivas sobre las moléculas situadas en la superficie del líquido, contrarrestando las acciones de las moléculas del líquido.

En el cuadro siguiente se muestra la tensión superficial de algunos líquidos comunes:

Líquido	γ (10^{-3} N/m)
Aceite de oliva	33.06
Agua	72.8
Alcohol etílico	22.8
Benceno	29.0
Glicerina	59.4
Petróleo	26.0

Un método sencillo para realizar medidas relativas de la tensión superficial se fundamenta en la formación de gotas.

La expresión matemática de la Ley de Tate, puede representarse como:

$$P = 2 \cdot k \cdot \rho \cdot r \cdot \gamma$$

Donde el peso de la gota *(P)* es proporcional a la densidad del fluido *(ρ)*, el radio de la gota *(r)* y la tensión superficial *(γ)*.

Según la ley de Tate, la tensión superficial de un líquido puede determinarse mediante la comparación con la tensión superficial conocida de otro líquido, ya que ambas serán proporcionales a las masas respectivas:

$$\frac{m}{m'} = \frac{\gamma}{\gamma'}$$

Donde *m* y γ son la masa y la tensión superficial del líquido de referencia, por ejemplo, el agua destilada.

Materiales y reactivos

Material y equipos	Reactivos
Balanza analítica	Agua destilada
Cuentagotas	Aceite de oliva
Vidrio de reloj o pesa sustancias	Etanol
	Glicerina

Porcedimiento experimental

Para determinar la tensión superficial de los diferentes líquidos indicados en el cuadro anterior, se procederá de la siguiente forma:

- Llenamos un cuentagotas con agua destilada. A la vez taramos un vidrio de reloj o pesa sustancias en la balanza analítica.

- Echamos una cierta cantidad de gotas de agua desde el cuentagotas al vidrio de reloj y anotamos su peso. Es importante que anotes el número de gotas de agua que pesas.
- Limpiamos todos los utensilios utilizados con agua y jabón y los secamos cuidadosamente.
- Ponemos en el cuentagotas el siguiente líquido (por ejemplo, el aceite de oliva).
- Vertemos en el vidrio de reloj el mismo número de gotas de aceite que de agua se había vertido con anterioridad, se determina su peso con la balanza analítica y se anota.
- Volvemos a limpiar todos los utensilios y repetimos los pasos anteriores para cada uno de los líquidos indicados.

Se pueden anotar los datos experimentales en el cuadro siguiente:

Número de gotas (n=)	
Líquido	**Peso (g)**
Agua	
Aceite de oliva	
Etanol	
Glicerina	

Cálculos y resultados

Teniendo en cuenta que la tensión superficial del agua es 0,0728 N/m, y que se ha medido su peso, así como el peso de cada uno de los líquido, se puede aplicar la expresión dada para determinar la tensión superficial a partir de la ley de Tate:

$$\frac{m}{m'} = \frac{\gamma}{\gamma'}$$

Completa el cuadro siguiente con los resultados experimentales obtenidos:

Líquido	Peso (g)	Tensión superficial (N/m)
Agua		0,0728
Aceite de oliva		
Etanol		
Glicerina		

Una vez realizados los cálculos, completa el siguiente cuadro para comparar los resultados experimentales obtenidos con los resultados teóricos:

Líquido	Tensión superficial experimental (N/m)	Tensión superficial (N/m)
Agua		0,0728
Aceite de oliva		0,0330
Etanol		0,0228
Glicerina		0,0594

Calcula el error absoluto y el error relativo en cada caso:

Líquido	Error absoluto	Error relativo (%)
Agua		
Aceite de oliva		
Etanol		
Glicerina		

Actividades de autoevaluación

1. La tensión superficial es causada por:
   - ☐ *a)* La densidad de los líquidos.
   - ☐ *b)* La viscosidad de los líquidos.
   - ☐ *c)* Las fuerzas intermoleculares en los líquidos.
   - ☐ *d)* Todas las respuestas anteriores son correctas.

2. La viscosidad dinámica:
   - ☐ *a)* No depende de la densidad del fluido.
   - ☐ *b)* Depende de la viscosidad cinemática del fluido.
   - ☐ *c)* Depende de la densidad del fluido.
   - ☐ *d)* Todas las respuestas anteriores son correctas.

3. La tensión superficial
   - ☐ *a)* Aumenta con la temperatura.
   - ☐ *b)* Disminuye con la temperatura.
   - ☐ *c)* No depende de la temperatura.
   - ☐ *d)* Ninguna de las respuestas anteriores es correcta.

4. La ley de Jurin depende de:
   - ☐ *a)* La tensión superficial.
   - ☐ *b)* La capilaridad.
   - ☐ *c)* La densidad del fluido.
   - ☐ *d)* Todas las respuestas anteriores son correctas.

5. La ley de Tate puede aplicarse para calcular:
   - ☐ *a)* Densidades de líquidos.
   - ☐ *b)* Presiones de líquidos.
   - ☐ *c)* Masas de líquidos.
   - ☐ *d)* Ninguna de las respuestas anteriores es correcta.

6. La unidad de viscosidad en el Sistema Internacional es:
   - ☐ *a)* El poise.
   - ☐ *b)* El Pa · m.
   - ☐ *c)* El N · m.
   - ☐ *d)* Ninguna de las respuestas anteriores es correcta.

7. La temperatura y la viscosidad son magnitudes:
   - ☐ *a)* Directamente proporcionales.
   - ☐ *b)* Inversamente proporcionales.
   - ☐ *c)* No tienen ninguna relación de proporcionalidad.
   - ☐ *d)* Todas las respuestas anteriores son incorrectas.

8. El modelo de los fluidos newtonianos se aplica a fluidos:
   - ☐ *a)* Viscosos reales.
   - ☐ *b)* No viscosos ideales.
   - ☐ *c)* Viscosos ideales.
   - ☐ *d)* Todas las respuestas anteriores son correctas.

9. El coeficiente *n* de la ley de Laplace depende:
   - ☐ *a)* Del tipo de fluido.
   - ☐ *b)* Del radio de curvatura.
   - ☐ *c)* Del tipo de superficie.
   - ☐ *d)* Ninguna de las respuestas anteriores es correcta.

10. Para determinar la dependencia con la temperatura, se sigue una ecuación de Arrhenius cuando se estudia:
    - ☐ *a)* La viscosidad.
    - ☐ *b)* La capilaridad.
    - ☐ *c)* La tensión superficial.
    - ☐ *d)* Todas las respuestas anteriores son correctas.

SOLUCIONES:

	a	b	c	d
1.			■	
2.	■			
3.		■		
4.				■
5.				■
6.	■			
7.	■			
8.			■	
9.			■	
10.	■			

8

Medición de las propiedades de los líquidos

Objetivos

- ✓ Saber medir experimentalmente la viscosidad de los líquidos y su tensión superficial.
- ✓ Conocer y aplicar las técnicas experimentales para la determinación de la viscosidad de los líquidos.
- ✓ Conocer y aplicar las técnicas utilizadas en el laboratorio para determinar la tensión superficial de los líquidos.
- ✓ Calcular la viscosidad de los líquidos y su tensión superficial a partir de datos experimentales.
- ✓ Conocer los diferentes tipos de viscosímetros utilizados en el laboratorio de ensayos fisicoquímicos.
- ✓ Conocer los diferentes tipos de tensiómetros utilizados en el laboratorio y realizar cálculos a partir de los datos experimentales obtenidos con estos instrumentos.
- ✓ Conocer los riesgos y medidas preventivas aplicadas al uso de los viscosímetros y tensiómetros en el laboratorio.

Mapa conceptual

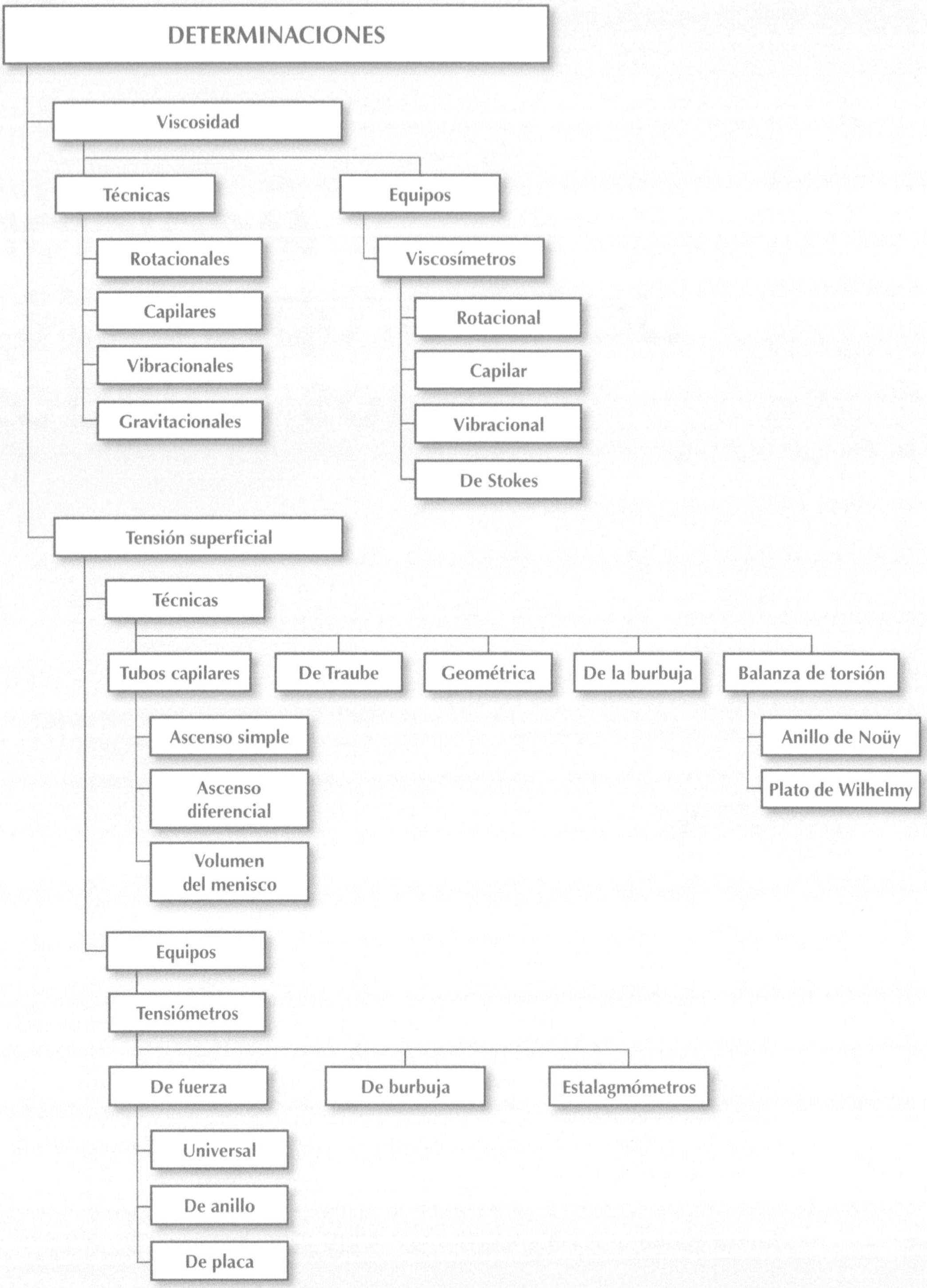

Glosario

Fluido. Es un conjunto de partículas que se mantienen unidas entre sí por fuerzas cohesivas débiles y las paredes de un recipiente; el término engloba a los líquidos y los gases.

Reómetro. Es un instrumento de laboratorio que se usa para medir la forma en que fluyen un líquido, mezcla o suspensión bajo la acción de fuerzas externas.

Sésil. Es una forma geométrica aproximada a la de una semiesfera de radio y altura determinados.

Viscosímetro. Es un instrumento empleado para medir la viscosidad y algunos otros parámetros de flujo de un fluido.

8.1. Determinación de viscosidades: técnicas de ensayo

Como ya se ha explicado en el capitulo anterior la viscosidad de un liquido es una medida de su resistencia a las deformaciones graduales producidas por tensiones cortantes o tensiones de tracción, o lo que es lo mismo su resistencia a fluir, es decir su resistencia al movimiento.

En el caso de los líquidos, la viscosidad disminuye a medida que aumenta la temperatura, pero aumenta con el incremento de la presión. Sin embargo, la viscosidad de los gases aumenta a medida que se incrementa su temperatura. Existen diferentes técnicas para su medida y la IUPAC clasifica las mismas de acuerdo a su principio de funcionamiento.

RECUERDA

✓ La IUPAC es la Unión Internacional de Química Pura y Aplicada y es un grupo de trabajo que tiene como miembros a las sociedades nacionales de química. Es la autoridad reconocida en el desarrollo de estándares para denominación de compuestos químicos y otros temas relacionados con el estudio y desarrollo de la Química.

Debe recordarse que es posible establecer una clasificación de los fluidos en función de su comportamiento con respecto a la viscosidad, pudiendo dividirlos en dos grandes grupos. Los *fluidos newtonianos,* es decir, fluidos que cumplen la ley de Newton de la viscosidad, que establece una proporcionalidad entre el esfuerzo cortante y la velocidad de deformación (gradiente de velocidad) a través de la *viscosidad dinámica.*Y los *fluidos no newtonianos,* que no cumplen con la relación de proporcionalidad establecida por Newton, mostrando otros comportamientos diferentes.

La mayoría de las técnicas actuales para la medida de la viscosidad de fluidos requieren una calibración previa de los instrumentos con fluidos de referencia apropiados para los intervalos de trabajo de presión y temperatura.

Tomando como base la clasificación establecida en la Comisión de Termodinámica de la IUPAC se pueden distinguir los siguientes tipos de técnicas para medir la viscosidad de un líquido:

- *Cuerpo oscilante o rotacionales:* en las que suele estudiarse el movimiento oscilante o de rotación de un líquido o de un cuerpo de geometría conocida sumergido en el interior del líquido. Los viscosímetros de este tipos son el viscosímetro de Brookfield, o de Stormer.
- *Capilares:* en las que se observa la relación entre la viscosidad del líquido y su movimiento a través de un tubo capilar. Se determina el tiempo que necesita un determinado volumen del líquido para escurrir a través de un tubo capilar. El instrumento utilizado es el viscosímetro de Ostwald o de Ubbelohde.
- *Vibración:* se basa en la medida de la vibración de un cuerpo (hilo) en el interior de un líquido. La viscosidad del líquido "distorsiona" el movimiento ondulatorio. La medida de esta distorsión puede darnos una medida de la viscosidad.
- *Caída de un cuerpo:* consiste en el estudio del desplazamiento de un cuerpo, en caída libre, es decir bajo la acción de la gravedad, dentro de un líquido. La medida de la velocidad de caída puede relacionarse con la viscosidad del medio.

Sobre esta clasificación, señalar que los viscosímetros rigen su funcionamiento a través de ecuaciones bien definidas, pero suele ser necesario llevar a cabo una calibración con fluidos de referencia de viscosidad conocida para establecer ciertas correcciones o efectos, no siempre contemplados en las ecuaciones que describen su funcionamiento de forma ideal.

Las ecuaciones de trabajo para cada una de las técnicas enumeradas se detallan a continuación:

8.1.1. Técnica rotacional

La expresión de cálculo que se ha de utilizar es la siguiente:

$$\eta = k \cdot \frac{M}{\omega}$$

donde: η: viscosidad del fluido (Pa · s).
ω: velocidad angular de rotación (rad/s).
k: constante de calibración del viscosímetro.
M: ángulo de rotación del cuerpo (rad).

Actividad resuelta 8.1

La velocidad angular de rotación de un líquido en el viscosímetro es de 6,28 rad/s y el ángulo de rotación es de 3,14 rad. Si sabemos que la constante del viscosímetro rotacional tiene un valor de 2 unidades, ¿cuál es la viscosidad del líquido problema?

SOLUCIÓN:

Aplicando la expresión dada en el texto, tenemos:

$$\eta = k \cdot \frac{M}{\omega} = 2 \cdot \frac{3,14}{6,28} = 1\,\text{Pa·s}$$

8.1.2. Técnicas capilares

En este caso la expresión de cálculo que se ha de utilizar es la siguiente:

$\eta = k \cdot \rho \cdot t$ donde: η: viscosidad absoluta del líquido (cP).
ρ: densidad del líquido (g/cm^3).
k: constante de calibración del viscosímetro.
t: tiempo de vaciado del líquido (s).

Actividad resuelta 8.2

La densidad de un líquido problema es de 1,036 g/cm^3 y su tiempo de vaciado en el viscosímetro es de 5 s. Si sabemos que la constante del viscosímetro capilar es de 3 unidades, ¿cuál es la viscosidad absoluta del líquido problema?

SOLUCIÓN:

Tomando la expresión dada en el texto y sustituyendo los datos del enunciado, tenemos que:

$$\eta = k \cdot \rho \cdot t = 3 \cdot 1{,}036 \cdot 5 = 15{,}54 \text{ cP}$$

En la figura siguiente pueden verse dos modelos de viscosímetros capilares diferentes, utilizados en los laboratorios de ensayos fisicoquímicos.

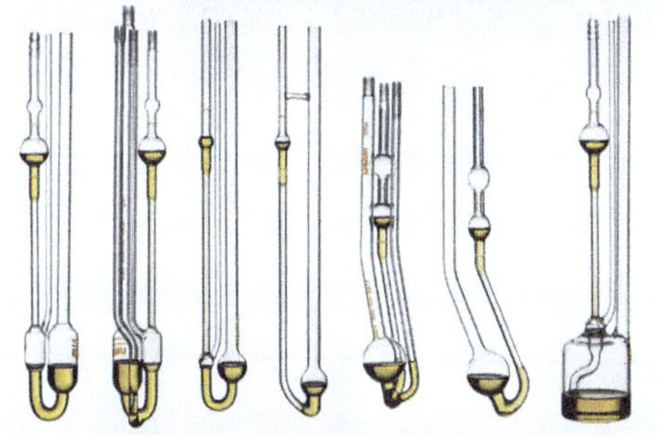

Figura. 8.1
Viscosímetros capilares (J-ROHI Ingeniería).

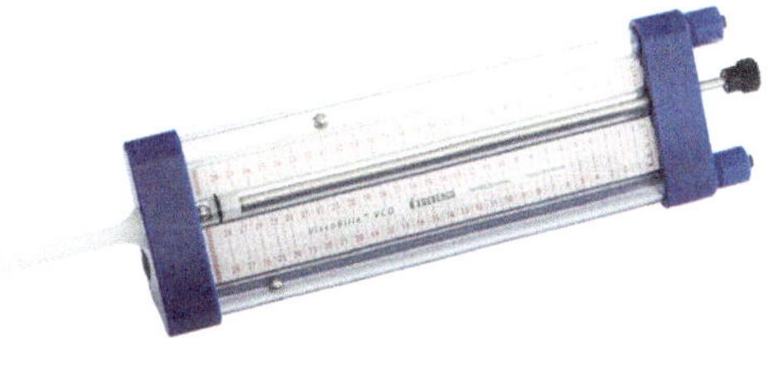

Figura. 8.2
Viscosímetro de caída de bola (Geserco).

8.1.3. Técnicas vibracionales

A continuación, como en los casos anteriores, se facilita la expresión de cálculo que se ha de utilizar:

$$\eta = k \cdot \left(1 + \frac{\rho_s}{\rho}\right)^2$$

donde: k: constante de calibración del viscosímetro.
η: viscosidad del líquido (cP).
ρ: densidad del líquido (g/cm^3).
ρ_s: densidad del sólido (muelle vibratorio o similar, g/cm^3).

Actividad resuelta 8.3

La constante de calibración de un viscosímetro vibracional es de 5 unidades. La densidad del muelle de acero que utiliza el viscosímetro es de 5,5 g/cm³ y la densidad del líquido problema es de 1,065 g/cm³. A partir de estos datos, determina la viscosidad del líquido problema.

SOLUCIÓN:

Si tomamos la expresión dada en el texto para este tipo de instrumento y sustituimos los valores dados en el enunciado, se obtiene:

$$\eta = k \cdot \left(1 + \frac{\rho_s}{\rho}\right)^2 = 5 \cdot \left(1 + \frac{5,5}{1,065}\right)^2 = 5 \cdot 38 = 190 \text{ cP}$$

8.1.4. Técnica de caída de un cuerpo

La expresión matemática que se debe utilizar en este caso para realizar los cálculos es la que se presenta a continuación:

$$\eta = a + b \cdot \Delta t \cdot \Delta\rho + c\left(\Delta t \cdot \Delta\rho\right)^2$$

Donde: a, b, c: constantes de calibración del viscosímetro.
Δt: diferencia de tiempo (s).
$\Delta\rho$: diferencia de densidades entre el sólido y el líquido (g/cm³).
η: viscosidad absoluta (cP).

En la figura 8.2 se muestra un viscosímetro basado en la técnica de caída de un cuerpo, en este caso concreto, el cuerpo sólido es una bola. Una vez conocidas las técnicas utilizadas para determinar la viscosidad de los líquidos, se aplicarán a los diferentes equipos utilizados en el laboratorio de ensayos fisicoquímicos que se detallarán más adelante.

Actividades propuestas

8.1. La viscosidad de un líquido problema, medida en el viscosímetro rotacional, es de 6 Pa · s y el ángulo de rotación es de 3,14 rad. Si sabemos que la velocidad de rotación del viscosímetro tiene un valor de 6,28 rad/s, ¿cuál es la constante de calibración del instrumento?

8.2. La viscosidad de un líquido problema es de 100 cP y su tiempo de vaciado en el viscosímetro es de 20 s. Si sabemos que la constante del viscosímetro capilar es de 3 unidades, ¿cuál es la densidad del líquido problema?

8.3. La constante de calibración de un viscosímetro vibracional es de 25 unidades. La densidad del muelle de acero que utiliza el viscosímetro es de 5,5 g/cm³ y la viscosidad del líquido problema es de 150 cP. A partir de estos datos, determina la densidad del líquido problema.

8.4. Las constantes de calibración de un viscosímetro b y c son respectivamente 2 y 4 unidades. El cuerpo tarda 2,0 s en recorrer la distancia marcada dentro del viscosímetro. Sabemos que la densidad del líquido problema es de 1,050 g/cm³ y la del sólido que se utiliza es de 3,5 g/cm³. Conocidos estos parámetros, calcula la constante de calibración a del viscosímetro si el líquido problema es una disolución acuosa de viscosidad 300 cP.

Actividad resuelta 8.4

Las constantes de calibración de un viscosímetro a, b, y c son respectivamente 2, 4 y 5 unidades. El cuerpo tarda 10 s en recorrer la distancia marcada dentro del viscosímetro. Sabemos que la densidad del líquido problema es de 1,050 g/cm³ y la del sólido que se utiliza es de 3,5 g/cm³. Conocidos estos parámetros, calcula la viscosidad absoluta del líquido problema.

SOLUCIÓN:

En primer lugar se debe calcular la diferencia de densidades:

$$\Delta\rho = \rho_s - \rho_l = 3,5 - 1,050 = 2,45\ {}^{g}\!/_{cm^3}$$

A partir de la expresión dada en el texto y de los parámetros del enunciado, se puede calcular la viscosidad absoluta del líquido problema:

$$\eta = a + b \cdot \Delta t \cdot \Delta\rho + c(\Delta t \cdot \Delta\rho)^2 = 2 + 4 \cdot 10 \cdot 2,45 + 5 \cdot (10 \cdot 2,45)^2 =$$

$$= 2 + 98 + 3.001,25 = 3.101,25 \text{ cP}$$

8.2. Determinación de la tensión superficial: técnicas experimentales

Existen diferentes técnicas para determinar la tensión superficial de los líquidos, que se fundamentan en las bases teóricas que se han explicado en capítulos anteriores (ley de Tate, ley de Jurin, ley de Young-Laplace, etc.). A continuación se comentarán las técnicas más utilizadas en los laboratorios de ensayos fisicoquímicos.

8.2.1. Método de los tubos capilares

Este método se basa en la ley de Jurin de la capilaridad y puede aplicarse de diferentes maneras. Básicamente se utilizan tres técnicas experimentales diferentes: el ascenso capilar simple, estimación del volumen del menisco y el ascenso capilar diferencial. De estas tres técnicas, la primera de ellas es la más sencilla y la última la más precisa. La estimación del volumen del menisco se reserva para casos muy concretos.

A) Ascenso capilar simple

Cuando un líquido se encuentra confinado dentro de un tubo capilar, este forma un menisco cuya forma depende del ángulo de contacto y, dependiendo del valor de este ángulo, el líquido ascenderá o descenderá a través del tubo capilar. Si el ángulo de contacto es < 90° el líquido muestra *ascenso capilar,* en caso contrario se presenta *descenso capilar.* En esta técnica se calcula la tensión superficial, a partir de la altura que alcanza el líquido problema, al descender por el tubo capilar.

En esta técnica el diámetro de los tubos capilares a utilizar se encuentra entre 0,5 y 1 mm.

La expresión matemática que resulta de la aplicación de esta técnica para determinar la tensión superficial es la siguiente:

$$\gamma = \frac{R \cdot h \cdot \rho \cdot g}{2}$$

donde: γ: tensión superficial del líquido problema (N/m).
h: altura que desciende el líquido por el capilar (m).
ρ: densidad del líquido problema (kg/m^3).
R: radio del tubo capilar (m).
g: aceleración de la gravedad (9,81 m/s^s).

En el caso particular del agua, la expresión puede simplificarse a:

$$\gamma = 490 \cdot R \cdot h$$

Actividades resueltas

8.5. *Mediante la técnica del tubo capilar se desea calcular la tensión superficial de un cierto líquido. Se sabe que la densidad del líquido problema es de 1 099 kg/m³ y el radio del tubo capilar empleado es de 0,25 mm. Además, la altura descendida por el líquido a través del tubo capilar es de 5 cm. A partir de estos datos, calcula la tensión superficial del líquido problema.*

SOLUCIÓN:

Utilizando la correspondiente expresión matemática y sustituyendo los valores dados por el enunciado. Debe tenerse en cuenta que se han de realizar los cambios de unidades oportunos para trabajar en el Sistema Internacional:

$$\gamma = \frac{R \cdot h \cdot \rho \cdot g}{2} = \frac{0{,}25 \cdot 10^{-3} \cdot 5 \cdot 10^{-2} \cdot 1.099 \cdot 9{,}81}{2} = 0{,}135\ ^{N}\!/_{m}$$

8.6. *Mediante la técnica del ascenso por tubo capilar se registra una diferencia de altura entre los dos tubos de 10 cm. La densidad del líquido problema es de 1.035 kg/m³ y la densidad de su vapor es de 45 kg/m³. El radio de uno de los capilares es de 0,5 mm y el del otro de 0,1 mm. A partir de estos datos, determina la tensión superficial del líquido problema.*

SOLUCIÓN:

Se deben realizar los oportunos cambios de unidades de los datos del enunciado para poder trabajar en el Sistema Internacional, y poder aplicar posteriormente la expresión dada en el texto:

$$\gamma = \frac{R_1 \cdot R_2 \cdot g \cdot (3 \cdot \Delta h + R_2 - R_1) \cdot (\rho - \rho_v)}{6 \cdot (R_1 - R_2)}$$

$$= \frac{0{,}5 \cdot 10^{-3} \cdot 0{,}1 \cdot 10^{-3} \cdot 9{,}81 \cdot (3 \cdot 10 \cdot 10^{-2} + 0{,}5 \cdot 10^{-3} - 0{,}1 \cdot 10^{-3}) \cdot (1.035 - 45)}{6 \cdot (0{,}5 \cdot 10^{-3} - 0{,}1 \cdot 10^{-3})} = 0{,}061\ ^{N}\!/_{m}$$

B) Ascenso capilar diferencial

Esta técnica se utiliza para evitar la dificultad de localizar con precisión el nivel de la superficie del líquido en el tubo capilar. En este caso se utilizan dos tubos capilares de diferente radio interno, y se mide la diferencia de alturas de la columna de líquido que asciende por cada uno de ellos.

En este caso la expresión matemática que se ha de utilizar para realizar los cálculos correspondientes es la que se muestra a continuación:

$$\gamma = \frac{R_1 \cdot R_2 \cdot g \cdot \left(3 \cdot \Delta h + R_2 - R_1\right) \cdot \left(\rho - \rho_v\right)}{6 \cdot \left(R_1 - R_2\right)}$$

Donde: γ: tensión superficial del líquido problema (N/m).
R_1: radio del primer tubo capilar (m).
R_2: radio del segundo tubo capilar (m).
g: aceleración de la gravedad (9,81 m/s^{s}).
Δh: diferencia de altura entre las columnas de líquido de ambos tubos.
ρ: densidad del liquido problema (kg/m^3).
ρ_v: densidad del vapor del líquido problema (kg/m^3).

En la siguiente figura se muestra un esquema de la técnica de ascenso capilar diferencial para medir la tensión superficial de un líquido problema.

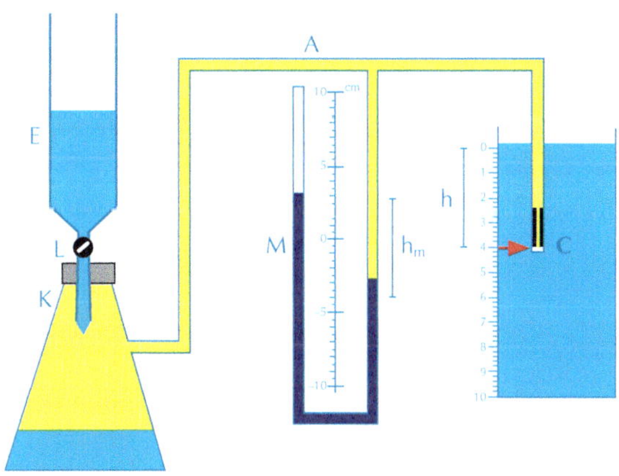

Figura. 8.3
Ascenso capilar diferencial para medir tensiones superficiales.

C) Estimación del volumen del menisco

Para obtener mayor exactitud en la determinación experimental de la tensión superficial, puede hacerse una pequeña modificación en la expresión matemática de la técnica del ascenso capilar simple, obteniéndose una nueva expresión matemática:

$$\gamma = \frac{R \cdot \left(h + k\right) \cdot \left(\rho - \rho_v\right) \cdot g}{2}$$

Donde: k: constante que tiene en cuenta el volumen del menisco formado.
ρ_v: densidad del vapor del líquido problema (kg/m^3).

Los valores de k se hayan tabulados en la bibliografía especializada, o bien se pueden determinar mediante calibración, o en líquidos de densidad muy parecida a la del agua se aproximan según la expresión:

$k = \frac{R}{3}$; donde R es el diámetro del capilar utilizado.

Actividad resuelta 8.7

Calcula la tensión superficial de una disolución de cloruro de potasio (KCl) de densidad 1.012 kg/m³, si en un tubo capilar de 0,2 mm asciende 5 cm. La densidad del vapor de la disolución obtenida por medios experimentales es de 160 kg/m³.

SOLUCIÓN:

Podemos utilizar la expresión dada en el texto para determinar el valor de la constante k:

$$k = \frac{R}{3} = \frac{0,2}{3} = 0,067 \text{ mm}$$

Una vez conocido este valor, se puede aplicar la expresión de cálculo correspondiente, expresando los datos en unidades del SI:

$$\gamma = \frac{R \cdot (h+k) \cdot (\rho - \rho_v) \cdot g}{2} = \frac{0,2 \cdot 10^{-3} \cdot (5 \cdot 10^{-2} + 0,067 \cdot 10^{-3}) \cdot (1.012 - 160) \cdot 9,8}{2} =$$

$$= 0,042 \, \text{N/m}$$

8.2.2. Método del estalagmómetro de Traube

El estalagmómetro de Traube consiste en un tubo capilar cuyo extremo distal tiene una superficie plana por donde se adapta una gota, del líquido problema, con un ángulo prácticamente nulo.

A partir de un determinado volumen de líquido problema, que se mide sobre la propia escala del estalagmómetro, se cuenta el número de gotas que se forman. El número de estas gotas que se desprenden, es inversamente proporcional a la tensión superficial del líquido, puesto que cada gota requiere para vencer a la fuerza que la mantiene adherida al tubo, un peso correspondiente a un determinado volumen, siendo este volumen a su vez directamente proporcional a la tensión superficial del líquido.

El aparato se calibra con un líquido de tensión superficial conocida, normalmente, agua destilada. Se podrá determinar la tensión superficial del líquido problema (γ) utilizando el agua como líquido de referencia y calibración.

Para esta técnica se toman volúmenes iguales del líquido problema y de agua destilada y se cuenta el número de gotas de cada uno de ellos con ayuda del estalagmómetro. La tensión superficial del líquido problema podrá calcularse a partir de la siguiente expresión matemática:

$$\gamma = \frac{73 \cdot \rho \cdot n_{\alpha}}{n}$$

donde: γ: tensión superficial del líquido problema (dyn/cm).
ρ: densidad del líquido problema (g/cm³).
n_{α}: número de gotas de agua.
n: número de gotas del líquido problema.

Actividad resuelta 8.8

Mediante el estalagmómetro de Traube se han contado las gotas de agua que han caído y las gotas de líquido problema al realizar una determinación de la tensión superficial, siendo los resultados de 10 y 6 gotas respectivamente. Además, se ha determinado que una masa de 100 g de liquido problema ocupa un volumen de 96 cm³. Calcula la tensión superficial del líquido problema.

SOLUCIÓN:

En primer lugar determinamos la densidad del líquido problema:

$$\rho = \frac{m}{V} = \frac{100}{96} = 1{,}042\ ^{g}/_{cm^3}$$

Después aplicamos la correspondiente expresión para calcular la tensión superficial:

$$\gamma = \frac{73 \cdot \rho \cdot n_{\alpha}}{n} = \frac{73 \cdot 1{,}042 \cdot 10}{6} = 126{,}74\ ^{dyn}/_{cm}$$

8.2.3. Método geométrico

Consiste en fijar una gota de liquido problema sobre una superficie lisa. Por efecto de su propio peso, la gota quedará aplanada formando un contorno sésil, es decir, presentará forma aproximada de semiesfera.

Las dimensiones de la altura *(h)* y radio *(R)* de la gota se determinan mediante microscopía y aplicando la *formula de Porter,* se puede determinar la tensión superficial del líquido:

$$\gamma = \rho \cdot g\left[\frac{1}{2}h^2 + 0{,}3047\frac{h^3}{R}\left(1 - \frac{4h^2}{R^2}\right)\right]$$

Donde: γ: tensión superficial del líquido problema (N/m).
ρ: densidad del líquido problema (kg/m³).
g: aceleración de la gravedad (9,81 m/s²).
h: altura de la gota (m).
R: radio de la gota (m).

Actividad resuelta 8.9

Se deposita una gota de un líquido problema sobre una placa de Petri y mediante microfotografía se determinan sus dimensiones siendo R = 0,1 mm y h = 0,05 mm. Se sabe que la densidad del líquido problema es de 1.099 kg/m³. Determina la tensión superficial del líquido problema mediante la fórmula de Porter.

SOLUCIÓN:

Sustituyendo los datos dados en fórmula de Porter expuesta en el texto y expresando las unidades en el SI:

$$\gamma = \rho \cdot g\left[\frac{1}{2}h^2 + 0,3047\frac{h^3}{R}\left(1 - \frac{4h^2}{R^2}\right)\right] = 1.099 \cdot 9,8 \cdot \left[\frac{1}{2} \cdot \left(0,05 \cdot 10^{-3}\right)^2 + 0,3047 \cdot \right.$$

$$\left. \cdot \frac{\left(0,05 \cdot 10^{-3}\right)^{-3}}{0,1 \cdot 10^{-3}} \cdot \left(1 - \frac{4 \cdot \left(0,05 \cdot 10^{-3}\right)^2}{\left(0,1 \cdot 10^{-3}\right)^2}\right)\right] = 10.770,2\left[1,25 \cdot 10^{-9} + 1,73 \cdot 10^{-7}\right] = 0,0019\ \mathrm{N/m}$$

8.2.4. Método de la burbuja

Este método consiste en formar una burbuja de gas por debajo de la superficie del líquido problema. La presión necesaria para desprender la burbuja y conseguir que esta ascienda a través del líquido es directamente proporcional a la tensión superficial de este.

Para desarrollar este método se utiliza un tubo capilar que puede conducir el gas hasta el seno del líquido problema y un manómetro de gases de baja presión que nos permite medir la presión que se realiza para desprender la burbuja. La presión que hace que la burbuja tenga tamaño máximo y que se mantenga sin romperse es función de la altura *(h)* que marca el manómetro y la profundidad *(l)* a la que se encuentra la burbuja de gas.

Como existe una interfase líquido-gas, en la superficie de la burbuja estará actuando una presión superficial, que equilibrará la presión de la burbuja. Si tenemos en cuenta ambos fenómenos, puede obtenerse la expresión que dará la presión superficial del líquido:

$$\gamma = \frac{1}{2}g \cdot \rho \cdot R(h - l)$$

donde:
- γ: tensión superficial del líquido problema (N/m).
- ρ: densidad del líquido problema (kg/m^3).
- g: aceleración de la gravedad (9,81 m/s^2).
- h: altura del manómetro (m).
- l: profundidad de la burbuja (m).
- R: radio de la burbuja (m).

Actividad resuelta 8.10

Se quiere determinar la tensión superficial mediante el método de la burbuja. La densidad del líquido problema es de 1.100 kg/m³. La altura del manómetro es de 25 cm y la profundidad de la burbuja dentro del líquido es de 5 cm y su radio de 0,01 mm. A partir de los datos anteriores, determina la tensión superficial del líquido problema.

SOLUCIÓN:

Aplicando la expresión matemática dada en el texto con cuidado de expresar las unidades en el Sistema Internacional, se tiene que:

$$\gamma = \frac{1}{2} g \cdot \rho \cdot R(h-l) = \frac{1}{2} \cdot 9{,}81 \cdot 1.100 \cdot 0{,}01 \cdot 10^{-3}\left(25 \cdot 10^{-2} - 5 \cdot 10^{-2}\right) = 0{,}01078\ \mathrm{N/m}$$

8.2.5. Método de la balanza de torsión

Este método se basa en que si se quiere separar un objeto de la superficie de un líquido, es necesario realizar una fuerza que será directamente proporcional a la tensión superficial del líquido y a la superficie del objeto en cuestión.

Existen dos variantes de esta técnica: la técnica del anillo de Noüy y la técnica del plato de Wilhelmy.

A) Anillo de Noüy

Consiste en un anillo de platino o de otro material que se sumerge en el líquido problema. Para separar el anillo del líquido, será necesario ejercer una fuerza (K) que es proporcional a la longitud de anillo sumergido (L) y a la tensión superficial del líquido en estudio (γ). Para calcular la tensión superficial, en una primera aproximación, puede utilizarse la siguiente expresión:

$$\gamma' = \frac{K \cdot f}{L}$$

donde: *γ'*: tensión superficial aparente del líquido problema (N/m).
K: fuerza máxima ejercida (N).
L: longitud de anillo sumergida ("mojada", m).
f: factor de corrección de Harkins-Jordan (tabulado).

El valor del *factor de corrección de Harkins-Jordan* se haya tabulado en la bibliografía especializada, pero si no se dispone de ella, puede evaluarse a partir de la expresión de cálculo siguiente, o *ecuación de Zidema-Waters:*

$$f = 0{,}725 + \sqrt{\frac{0{,}01452 \cdot \gamma'}{\frac{L^2}{4}\left(\rho - \rho_a\right)} + 0{,}04534 \frac{1{,}679}{\frac{R}{r}}}$$

Donde: *f*: factor de corrección de Harkins-Jordan.
γ': tensión superficial aparente del líquido problema (N/m).
L: longitud de anillo sumergida ("mojada", m).
ρ: densidad del líquido problema (kg/m^3).
ρ_a: densidad del agua (kg/m^3).
R: radio del anillo (m).
r: radio de la sección del anillo (espesor, m).

Una vez conocido el factor de corrección, la tensión superficial real puede determinarse a partir de la expresión siguiente:

$$\gamma = \gamma' \cdot f$$

Actividad resuelta 8.11

En una determinación de la tensión superficial mediante el anillo de Noüy, el factor de corrección de Harkins-Jordan que debe aplicarse es de 0,25. La fuerza máxima ejercida para separar el anillo de la superficie del líquido ha sido de 7,5 N y la longitud de anillo sumergida es de 1 mm. A partir de estos datos, calcula la tensión superficial del líquido problema.

SOLUCIÓN:

Aplicando la expresión correspondiente, se calcula la tensión superficial aparente, recordando que se ha de trabajar en unidades SI:

$$\gamma' = \frac{K \cdot f}{L} = \frac{7,5 \cdot 0,25}{10^{-3}} = 1.875\ \mathrm{N/m}$$

Una vez conocida la tensión superficial aparente, se puede calcular la tensión superficial del líquido problema:

$$\gamma = \gamma' \cdot f = 1.875 \cdot 0,25 = 468,75\ \mathrm{N/m}$$

En la figura 8.4 puede verse la medida de la tensión superficial mediante un tensiómetro que utiliza la técnica del anillo de Noüy.

B) Plato de Wilhelmy

El fundamento es muy parecido al de la técnica del anillo, pero ahora se utiliza un plato rectangular de platino, o de otro material adecuado, y de dimensiones conocidas. También podrían utilizarse platos de forma cilíndrica de tamaño muy pequeño, de manera que la cantidad de líquido problema que se ha de utilizar sería mucho más pequeña.

La ventaja de este método respecto al anterior es que no se debe utilizar ningún factor de corrección y, por tanto, se puede aplicar directamente la siguiente expresión de cálculo:

$$\gamma = \frac{K}{L}$$

donde: γ: tensión superficial del líquido problema (N/m).
K: fuerza máxima ejercida (N).
L: longitud del plato sumergida ("mojada", m).

En la figura 8.5 puede verse un tensiómetro de anillo/placa de Wilhelmy.

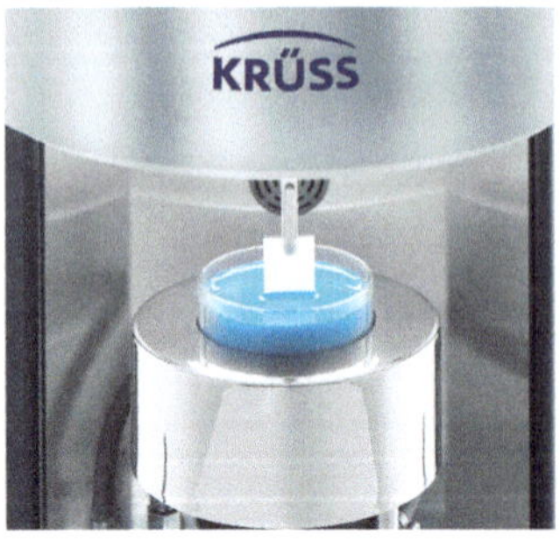

Figura. 8.4 Tensiómetro de anillo de Noüy (Krüss).

Figura. 8.5 Tensiómetro de anillo/placa de Wilhelmy (Lauda Scientific).

Actividad resuelta 8.12

Mediante la técnica de Wilhelmy, calcula la tensión superficial de un líquido en el que se sumergen 1,2 mm del plato del instrumento y se debe aplicar una fuerza de 8,5 N para separarlo del líquido problema.

SOLUCIÓN:

Se aplica la expresión de cálculo correspondiente, teniendo en cuenta que se debe trabajar con unidades del SI:

$$\gamma = \frac{K}{L} = \frac{8{,}5}{1{,}2 \cdot 10^{-3}} = 7.083{,}33\ \mathrm{N/m}$$

Actividades propuestas

8.5. Mediante la técnica del tubo capilar se ha calculado la tensión superficial de un cierto líquido, resultando ser de 1.250 N/m. Se sabe que la densidad del líquido problema es de 1.099 kg/m^3 y el radio del tubo capilar empleado es de 0,25 mm. Con los datos anteriores, calcula la altura que descendió el fluido por el tubo capilar.

8.6. Mediante la técnica de Wilhelmy se determino que la tensión superficial de un líquido problema es de 1.200 N/m. Si se han sumergido 0,2 mm del plato del instrumento, ¿cuál es la fuerza se debe aplicar para separarlo del líquido problema?

8.7. En una determinación de la tensión superficial mediante el anillo de Noüy, el factor de corrección de Harkins-Jordan que debe aplicarse es de 25. La fuerza máxima ejercida para separar el anillo de la superficie del liquido ha sido de 75 N y la longitud de anillo sumergida es de 1 mm. A partir de estos datos, calcula la tensión superficial del líquido problema.

8.8. Mediante el método de la burbuja se ha determinado la tensión superficial de un líquido resultando ser de 12 000 N/m. Determina la densidad del líquido problema si la altura del manómetro es de 5 cm, la profundidad a la que se encuentra la burbuja dentro del líquido es de 2,5 cm y su radio de 0,01 mm.

8.9. Se deposita una gota de un líquido problema sobre una placa de Petri y mediante microfotografía se determinan sus dimensiones siendo R = 1 mm y h = 0,5 mm. Calcula la densidad del líquido problema si la tensión superficial del líquido problema es de 1.750 N/m. Utiliza la fórmula de Porter para realizar el cálculo.

8.3. Equipo utilizado en los ensayos: PNTs y mantenimiento

En este apartado se detallarán los instrumentos utilizados para la determinación de la viscosidad y de la tensión superficial, y sí es el caso también se detallará el PNT utilizado para la medida de estas magnitudes y el mantenimiento de los equipos utilizados. Cabe destacar que el texto se estructura de manera que se trata los equipos y su mantenimiento como un conjunto y no como apartados separados dentro del mismo epígrafe.

8.3.1. Equipo para determinar viscosidades: viscosímetros y reómetros

La parte de la fisicoquímica que se encarga de determinar la viscosidad y de estudiar las propiedades relacionadas con la viscosidad es la *reología*. Experimentalmente, la viscosidad puede determinarse mediante el uso de viscosímetros o reómetros.

Un *reómetro* es un instrumento de laboratorio que se usa para medir la forma en que fluyen un líquido bajo la acción de fuerzas externas. Se emplea para líquidos con los cuales no puede utilizarse el viscosímetro, ya que deben medirse más parámetros de los que el instrumento es capaz.

A) Viscosímetro rotacional

Los viscosímetros de rotación emplean la idea de que la fuerza requerida para rotar un objeto inmerso en un fluido puede indicar la viscosidad del fluido. El *viscosímetro rotacional* utiliza el principio de rotación de un disco o un cilindro (denominados husillos) sumergidos en el fluido cuya viscosidad se quiere determinar. El husillo giratorio se acopla con un muelle al eje de un rotor que gira a velocidad conocida y se mide la fuerza de torsión generada. El control electrónico del equipo realiza los cálculos pertinentes para dar los valores de viscosidad.

La viscosidad de un fluido, esto es la resistencia que opone el líquido al avance del movimiento del husillo, crece proporcionalmente a la velocidad de rotación del husillo y al tamaño del mismo. Por tanto, discos grandes a bajas velocidades van a ser apropiados para sistemas muy viscosos, y discos pequeños a velocidades altas se utilizan para medir las viscosidades más bajas.

El tipo de viscosímetro rotacional más empleado es el *viscosímetro de Brookfield*. Estos viscosímetros pueden medir y controlar la viscosidad de los fluidos, basándose en el principio de viscosidad rotacional que ya se ha explicado. Estos instrumentos miden la viscosidad captando el par de torsión necesario para hacer girar a velocidad constante una aguja inmersa en el fluido de estudio. El par de torsión es proporcional a la viscosidad del fluido.

Estos viscosímetros presentan una gran precisión y pueden ser utilizados en diferentes ambientes y lugares de trabajo, por lo que son muy versátiles y por eso son los más utilizados en la actualidad. En la figura 8.6 puede verse un viscosímetro rotacional digital, uno de los modelos más actuales que se utilizan en los laboratorios de ensayos fisicoquímicos.

B) Viscosímetro capilar

Los viscosímetros de tubo capilar son los equipos más simples y económicos que se utilizan para medir la viscosidad, generalmente están construidos con tubos de vidrio extremadamente delgados. Existen varios diseños, pero en todos se mide el tiempo necesario para que un volumen determinado de líquido fluya entre dos marcas por un capilar desde un tubo reservorio. La viscosidad se puede conocer por comparación con la viscosidad de un fluido conocido, utilizado como patrón de calibrado. El viscosímetro capilar más conocido es el *viscosímetro de Ostwald*.

Existen modificaciones como el instrumento de nivel constante de Ubbelohde y otros, no obstante, el método más utilizado es el que hace servir la viscosidad del agua medida mediante una pipeta de cristal como viscosidad de referencia.

Este tipo de viscosímetros presentan el inconveniente de qué es imposible emplearlos con precisión en la determinación de la viscosidad de los fluidos no-newtonianos, lo cual es un problema ya que la mayoría de los líquidos interesantes tienden a comportarse como fluidos no-newtonianos. Otro inconveniente de estos instrumentos es el tiempo requerido para la limpieza, que debe ser extremadamente cuidadosa.

C) Viscosímetro vibracional

Los viscosímetros vibracionales son sistemas rugosos usados para medir viscosidad en las condiciones de proceso; más que instrumentos de la laboratorio son instrumentos para realizar medidas durante los procesos de producción. La pieza activa del sensor es una barra que vibra. La amplitud de la vibración varía según la viscosidad del líquido en el cual se sumerge la barra. Este tipo de viscosímetro se puede utilizar para trabajar con fluidos de gran viscosidad. Actualmente, muchas industrias consideran estos viscosímetros como el sistema más eficiente para medir la viscosidad, en comparación con los viscosímetros rotatorios, que requieren más mantenimiento y calibración frecuente después de uso intensivo.

Este tipo de equipos tienen las ventajas de que no ninguna pieza móvil, ni piezas débiles y las piezas sensibles son muy pequeñas. El inconveniente de estos equipos es que presenta un costo más elevado que otros tipos de viscosímetros.

Para poder comparar, en la figura puede verse un viscosímetro vibracional de proceso digital. Estos aparatos son más sofisticados y tienen un coste mucho más elevado, por lo cual solo se utilizan en la industria.

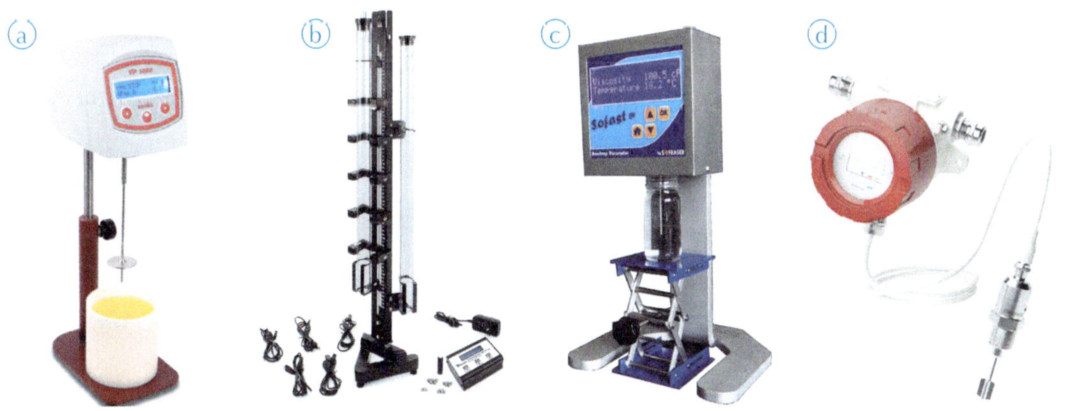

Figura 8.6
Viscosímetros: *a)* Rotacional; *b)* De Stokes (Azeheb); *c)* Vibracional de laboratorio (Sofraser); *d)* Vibracional de proceso digital (Rheonics).

D) Viscosímetro gravitacional

Este tipo de viscosímetro se basa en la ley de Stokes. La *ley de Stokes* se refiere a la fuerza de fricción experimentada por objetos esféricos moviéndose en el seno de un fluido viscoso en un régimen laminar. Esta ley puede expresarse matemáticamente como:

$F_d = 6 \cdot \pi \cdot R \cdot \eta \cdot v$ donde: F_d: fuerza de fricción (N).
R: radio del objeto esférico (m).
η: viscosidad del fluido (Pa · s).
v: velocidad del fluido (m/s).

La ley de Stokes es el principio usado en los viscosímetros de esfera en caída libre o viscosímetros gravitacionales, en los cuales el fluido está estacionario en un tubo vertical de vidrio y una esfera, de tamaño y densidad conocidas, desciende a través del líquido. Si la bola ha sido seleccionada correctamente alcanzará la velocidad terminal, la cual puede ser medida por el tiempo que pasa entre dos marcas de un tubo.

En la página anterior puede verse con detalle un viscosímetro de Stokes o viscosímetro gravitacional, con todos sus accesorios. En este viscosímetro, en particular, las mediciones se realizan de forma electrónica.

Actividad resuelta 8.13

Mediante un viscosímetro rotacional se determina que la fuerza de fricción en el seno del líquido problema es de 980 N cuando la velocidad de la bola en su interior es de 2 m/s. El radio de la bola utilizada para la determinación es de 1 cm. Calcula la viscosidad del líquido problema.

SOLUCIÓN:

Utilizando la ecuación de Stokes, se puede aislar la viscosidad del líquido problema:

$$F_d = 6 \cdot \pi \cdot R \cdot \eta \cdot v \leftrightarrow \eta = \frac{F_d}{6 \cdot \pi \cdot R \cdot v}$$

Una vez aislada la viscosidad, se sustituyen los datos del enunciado, recordando trabajar en unidades del SI:

$$\eta = \frac{F_d}{6 \cdot \pi \cdot R \cdot v} = \frac{980}{6 \cdot \pi \cdot 10^{-2} \cdot 2} = 2.599{,}53 \text{ Pa} \cdot \text{s}$$

8.3.2. Equipo de medida de tensiones superficiales: tensiómetros

En este apartado se detallará el equipo utilizado para la medida de la tensión superficial. El nombre genérico de cualquier equipo utilizado para la medida de la tensión superficial de un líquido es el de tensiómetro. Un caso particular de tensiómetros son los denominados estalagmómetros que se basan en la ley de Tate para medir esta propiedad de los líquidos.

Los tipos de tensiómetros más comunes son: los tensiómetros de fuerza, los tensiómetros de burbuja y los tensiómetros de gota o estalagmómetros.

A) Tensiómetros de fuerza

Estos tensiómetros pueden ser automáticos o manuales. Los tensiómetros de fuerza automáticos suelen recibir el nombre genérico de *tensiómetros de fuerza universal* y los tensiómetros manuales suelen conocerse con la denominación general de *tensiómetros de anillo y placa*. Tanto, los automáticos como los manuales basan su funcionamiento en la técnica de medición de la balanza de torsión, explicada en apartados anteriores.

La pieza clave del instrumento suele ser un alambre de torsión que se conecta a una sonda de medición que puede tener forma de anillo o de placa. Para realizar la medición, la sonda se sumerge en la muestra y se retira lentamente bajando el líquido. A medida que se retira la sonda, la tensión superficial hace que el alambre se tuerza y su deformación se indica en una escala calibrada para la tensión superficial.

La alineación horizontal del instrumento, necesaria para lograr mediciones de precisión, se realiza mediante una plataforma especial con posibilidad de nivelación.

Este es el tipo de instrumento más común y de uso más sencillo en los laboratorios de ensayos fisicoquímicos.

En la figura 8.7 pueden verse tres tensiómetros de fuerza diferentes, con diferentes tamaños, portabilidad y prestaciones. Todos ellos son de control digital.

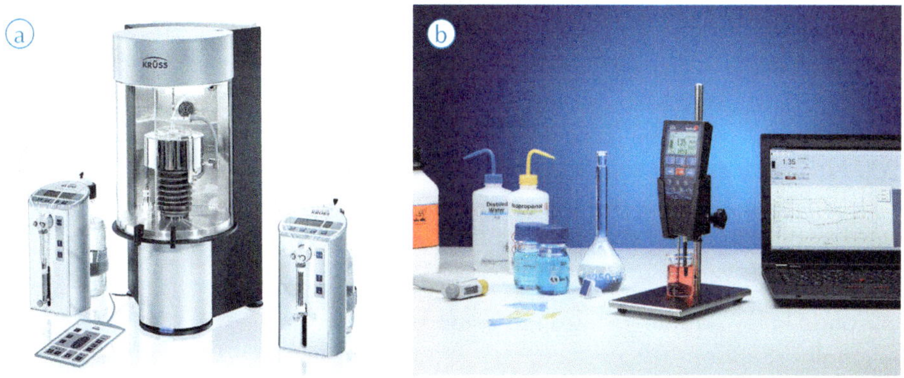

Figura 8.7
Tensiómetros: *a)* de fuerza universal (Krüss); *b)* de burbuja.
Fuente. JFilip.

B) Tensiómetros de burbuja

Este tipo de equipo suele ser más sofisticado que el anterior, ya que suelen ser todos de tipo electrónico, lo que hace que su coste sea más elevado y por lo tanto, no sean de uso tan común en el laboratorio de ensayos, sino que suelen reservarse para los laboratorios industriales.

Básicamente, el instrumento consta de un cuerpo que contiene una micro bomba de aire, junto con los componentes electrónicos para el control y para realizar las mediciones. La parte central del aparato suele contener el cuerpo junto con un display de control y de selección de datos. Del núcleo del instrumento salen un tubo capilar que inyectará aire en el seno del líquido problema y al final del cual se formará la burbuja, y una sonda para la toma de datos del líquido.

La sonda registrará cual es la presión necesaria para que la burbuja se desprenda del tubo capilar y a partir de aquí se podrá determinar la tensión superficial del líquido problema. Este tipo de instrumento, suele dar los datos de presión, densidad, viscosidad y directamente la tensión superficial del líquido después de la determinación.

En la figura 8.7 puede verse un tensiómetro de burbuja controlado informáticamente, mediante un ordenador portátil.

C) Tensiómetros de gota: estalagmómetros

El estalagmómetro es un aparato de medida de la tensión superficial. Consta de un depósito conectado a un tubo capilar por el que se dejan caer gotas del líquido problema que posteriormente se suelen pesar. Los estalagmómetros más sofisticados llevan incorporado un goniómetro digital de alta precisión, que puede medir el ángulo de contacto de la gota, o bien pueden tomar fotografías de alta precisión de las gotas para poder medir informáticamente los parámetros necesarios para poder determinar la presión superficial.

En el caso de utilizar la técnica clásica se mide la masa de un número de gotas determinado que han caído del estalagmómetro y se compara esta masa con el número de gotas de un líquido conocida. Aplicando la ley de Tate, ya sabemos que se puede determinar la tensión superficial del líquido problema:

$$\frac{m_1}{m_2} = \frac{\gamma_1}{\gamma_2}$$

Actividad resuelta 8.14

Mediante un estalagmómetro se ha determinado la tensión superficial de 100 g de un líquido problema resultando ser de 1.200 N/m. La masa del líquido de referencia utilizado es de 150 g. Determina la tensión superficial del líquido de referencia.

SOLUCIÓN:

Aplicando la ley de Tate y utilizando unidades del Sistema Internacional:

$$\frac{m_1}{m_2} = \frac{\gamma_1}{\gamma_2} \leftrightarrow \frac{0{,}150}{0{,}100} = \frac{\gamma_1}{1.200} \rightarrow \gamma_1 = \frac{0{,}150}{0{,}100} \cdot 1.200 = 1.800 \ ^{N}/_{m}$$

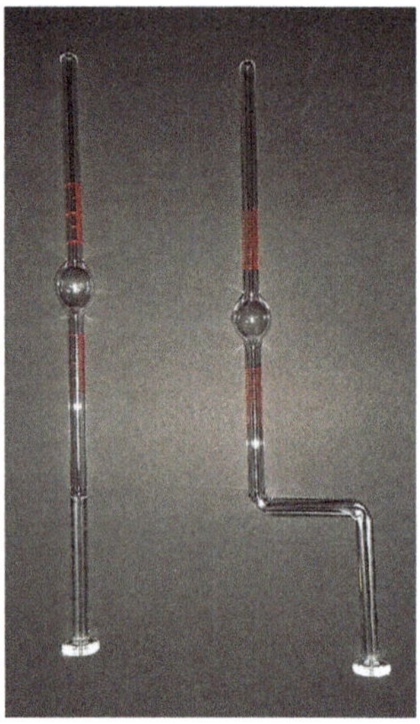

Figura 8.8
Estalagmómetros de Traube.
Fuente: Hermanos Álamo.

En la figura se muestran dos estalagmómetros de Traube. Este sencillo equipo es muy utilizado en los laboratorios de ensayos fisicoquímicos para determinar la tensión superficial.

Actividades propuestas

8.10. Mediante un viscosímetro rotacional se determina que la viscosidad de un líquido problema, resultando ser de 7.750 Pa · s. Si la fuerza de fricción en el seno del líquido problema es de 1.980 N y el radio de la bola utilizada para la determinación es de 1,5 cm. Calcula la velocidad de la bola en el interior del líquido problema.

8.11. Mediante un estalagmómetro se ha determinado la tensión superficial de 120 g de un líquido de referencia resultando ser de 1.200 N/m. La masa del líquido problema utilizado es de 50 g. Determina la tensión superficial del líquido problema.

En el caso de utilizar la técnica de la fotografía de alta precisión y del goniómetro, también se aplica la ley de Tate, pero no es necesario el uso de ningún líquido de referencia.

8.4. Riesgos y seguridad: equipos de protección individual y colectiva

Al trabajar con productos líquidos, en los cuales se quiere determinar la viscosidad, o bien, la tensión superficial, existen una serie de riesgos y medidas de seguridad que se han de tener en cuenta:

- Debe conocerse el producto líquido con el cual se va a trabajar aunque, normalmente, los productos analizados en el laboratorio de ensayos fisicoquímicos no suponen riesgos.
- Puede existir riesgo biológico si se trabaja con líquidos de origen vegetal, animal o humano, por lo cual es imprescindible el uso de guantes, y si es el caso de calzado de seguridad y mascarilla protectora. También es aconsejable el uso de batas de laboratorio desechables. Deben extremarse las medidas de higiene, y se aconseja lavarse las manos y todo el material al empezar y al concluir los ensayos.
- En caso de trabajar con viscosímetros o tensiómetros de tipo industrial que puedan producir ruidos, es necesario el uso de protectores auditivos.
- No se deben consumir alimentos ni bebidas dentro del laboratorio de ensayos.
- Deben tomarse la debidas precauciones cuando se trabaja con líquidos inflamables, como por ejemplo: etanol, acetona, glicerina y derivados del petróleo.
- Siempre que se manipulan líquidos que pueden ser nocivos para la salud humana, es necesario trabajar con buena ventilación o extracción de gases. Se debe evitar la inhalación de los vapores y el contacto con los ojos, la piel o la ropa.

Siempre que se trabaja con equipos e instrumentos de laboratorio automáticos, es necesario adoptar una serie de medidas de seguridad complementarias, pero en primer lugar cabe destacar que deben seguirse escrupulosamente las indicaciones del fabricante, o bien los PNTs de uso y mantenimiento del equipo.

- Para evitar lesiones producidas por la corriente eléctrica, el instrumento debe estar conectado a una toma de tierra de protección. El instrumento estará dotado de una conexión eléctrica con toma de tierra debe cumplir con las Normas Internacionales de la Comisión Electrotécnica (IEC).
- Nunca debe retirarse la cubierta de los instrumentos durante su funcionamiento ya que podría producirse la proyección de objetos o líquidos. La sustitución y los ajustes de los componentes solo deben ser realizados por personal especializado. Solo deben utilizarse piezas de recambio originales en las sustituciones. Debe desenchufarse de la corriente, el equipo antes de abrir o de retirar las tapas.
- Los viscosímetros y tensiómetros no deben manejarse en presencia de gases inflamables ni quedar expuestos a condiciones en las que puedan producirse concentraciones peligrosas de gas.
- Para evitar el riesgo de averías en el instrumento, este debe utilizarse únicamente en un entorno electromagnético controlado. Esto significa que los emisores, como los teléfonos móviles, reproductores de música, etc., no deben utilizarse cerca del mismo.
- En trabajos de reparación o mantenimiento, debe apagarse el viscosímetro o tensiómetro inmediatamente y ponerse en contacto con personal especializado.

Actividad propuesta 8.12

Haz un resumen de los riesgos derivados de la manipulación de líquidos al trabajar con ellos en el laboratorio de ensayos fisicoquímicos.

Resumen

- La determinación de la viscosidad de los líquidos y de su tensión superficial son actividades frecuentes en los laboratorios de ensayos fisicoquímicos. Existen diferentes técnicas e instrumentos para determinar ambas propiedades.
- Cada una de las técnicas usadas para determinar la viscosidad de un líquido se basa en diferentes parámetros y en la aplicación de expresiones de cálculo diferentes. Las técnicas rotacionales se basan en el movimiento de rotación del líquido y de un objeto sumergido en él. Las técnicas capilares miden la velocidad a la que se desplaza un líquido a través de un tubo capilar. Las técnicas vibracionales miden la vibración de un objeto en el seno del líquido problema y, por último, las técnicas gravitacionales se basan en la caída de un objeto a través del líquido.
- Los equipos utilizados para determinar viscosidades se denominan viscosímetros y existen diferentes tipos: viscosímetros rotacionales, capilares, vibracionales y de Stokes. Cada uno de ellos se basan en las técnicas enumeradas anteriormente.
- Las técnicas utilizadas para la medición de la tensión de los líquidos presentan ciertas similitudes con las utilizadas para medir su viscosidad. Las técnicas basadas en la capilaridad pueden medir el ascenso del líquido, su ascenso diferencial o el volumen de menisco del líquido y después relacionar estos parámetros con la tensión superficial. Las técnicas de Traube y la geométrica miden parámetros relacionados con las gotas del líquido problema. La técnica de la burbuja mide la presión de una burbuja dentro del líquido y la relaciona con el valor de la tensión superficial de este. La balanza de torsión , en sus dos variante la del anillo de Noüy y la del plato de Wilhelmy miden la fuerza necesaria para separar un objeto del líquido.
- Los equipos utilizados para la medición de la tensión superficial de los líquidos se denomina tensiómetros. Los tensiómetros de fuerza pueden ser de tres tipos diferentes: universal, de anillo y de placa; la técnica relacionada con estos equipos es la de la balanza de torsión. Además, es muy frecuente en el laboratorio el uso de tensiómetros de burbuja y estalagmómetros.
- El uso de los viscosímetros y tensiómetros exigen la observación de medidas de seguridad básicas relacionadas con el trabajo con líquidos, proyección de sólidos y líquidos y uso de equipos específicos.

Ejercicios propuestos

1. La viscosidad de un líquido problema, medida en el viscosímetro rotacional, es de 100 Pa · s y el ángulo de rotación es de 6,28 rad. Calcula la velocidad de rotación del viscosímetro si se sabe que la constante de calibración del aparato tiene un valor de 6 unidades.

2. La viscosidad de un líquido problema es de 100 cP y su densidad es de 0,920 g/cm^3. Si sabemos que la constante del viscosímetro capilar es de 3 unidades, ¿cuál es la velocidad de vaciado del líquido problema?

3. La constante de calibración de un viscosímetro vibracional es de 5 unidades. La densidad del muelle de acero que utiliza el viscosímetro es de 5,5 g/cm^3 y la densidad del líquido problema es de 0,150 g/cm^3. A partir de estos datos determina la viscosidad del líquido problema.

4. Las constantes de calibración de un viscosímetro b y c son respectivamente 2 y 4 unidades. El cuerpo tarda 2,0 s en recorrer la distancia marcada dentro del viscosímetro. Sabemos que la densidad del líquido problema es de 1,050 g/cm^3 y la del sólido que se utiliza es de 3,5 g/cm^3. Si la constante de calibración del viscosímetro es a = 0,25 unidades, calcula la viscosidad del líquido problema.

5. Mediante un estalagmómetro se quiere determinar la tensión superficial de un líquido problema. Para ello se mide la masa de este líquido resultando ser de 120 g, y también se mide la masa del líquido de referencia siendo esta de 200 g. Si además se sabe que la relación entre las tensiones superficiales de ambos líquidos es 2, calcula la tensión superficial de cada uno de los líquidos.

6. Mediante la técnica de Wilhelmy se quiere determinar la tensión superficial de un líquido problema. Si se han sumergido 0,2 mm del plato del instrumento, y se aplica una fuerza de 100 N, ¿cuál es la tensión superficial del líquido?

7. En una determinación de la tensión superficial mediante el anillo de Noüy, se desconoce el valor del factor de corrección de Harkins-Jordan que debe aplicarse. La fuerza máxima ejercida para separar el anillo de la superficie del líquido ha sido de 75 N y la longitud de anillo sumergida es de 1 mm, por otro lado se utiliza agua como líquido de calibración. A partir de estos datos, calcula el valor del factor correspondiente al agua. Nota: puede buscarse la tensión superficial del agua en la web.

8. Mediante el método de la burbuja se ha determinado la tensión superficial de un líquido resultando ser de 120 N/m. Determina la densidad del líquido problema si la altura del manómetro es de 5 cm, la profundidad a la que se encuentra la burbuja dentro del líquido es de 2,5 cm y su radio de 0,1 mm.

9. Se deposita una gota de un líquido problema sobre una placa de Petri y mediante microfotografía se determinan sus dimensiones siendo R = 1,2 mm y h = 0,25 mm. Calcula la densidad del líquido problema si su tensión superficial es de 1.750 N/m. Utiliza la fórmula de Porter para realizar el cálculo.

10. Mediante un viscosímetro rotacional se determina que la viscosidad de un líquido problema, resultando ser de 77,5 Pa · s. Si fuerza de fricción en el seno del líquido problema es de 180 N y el radio de la bola utilizada para la determinación es de 2 cm. Calcula la velocidad de la bola en el interior del líquido problema.

Práctica 6

Medida sencilla de la tensión superficial

Objetivos

- Estudiar la tensión superficial de diferentes líquidos.
- Analizar la medida de la tensión superficial de líquidos utilizando un montaje sencillo basado en el tensiómetro de fuerza (anillo de Noüy).
- Determinar la posible relación existente entre la tensión superficial y la temperatura para varios líquidos.

Fundamentos teóricos

Los líquidos presentan unos efectos asociados a la superficie libre entre los que se encuentra el de la tensión superficial. En el interior del líquido, una molécula está rodeada de otras semejantes en todas las direcciones. No ocurre así con las moléculas de la superficie, ya que por la parte de arriba no están rodeadas de moléculas del liquido. Estas moléculas de la superficie están sometidas a una fuerza F, dirigida hacia el interior, por tanto la superficie libre se encuentra en un estado de tensión cuyo comportamiento es asimilable al de una membrana elástica tensa. Cuando se eleva ligeramente una molécula superficial, las moléculas adyacentes producen una fuerza restauradora que tiende a hacer a la molécula superficial volver a su posición inicial, de igual modo ocurre si el desplazamiento es hacia abajo. Se encuentra la superficie libre en un estado de tensión semejante al de la membrana elástica.

Si se quiere llevar una molécula del interior hasta la superficie libre se ha de realizar un trabajo en contra de la fuerza resultante, a la que se aludía anteriormente. De manera que las moléculas en la superficie libre poseen más energía potencial que las del interior. La energía potencial de estas moléculas constituye la energía potencial de la superficie libre. Como indican las leyes de la mecánica, la energía potencial alcanza un valor mínimo en un estado de equilibrio y ello ocurre cuando la superficie ocupa la menor extensión permitida. Esta tendencia está asociada con la existencia de unas fuerzas tangenciales en la superficie libre que intentan contraerla cuando sea posible. Si se imagina una línea en la superficie libre, el estado de tensión citado anteriormente permite suponer que una parte, a un lado de la línea, ejerce una atracción sobre la otra parte y viceversa. Esta fuerza tangencial es perpendicular a la línea considerada.

Con estas consideraciones se puede definir la tensión superficial γ como la fuerza por unidad de longitud, ejercida perpendicularmente a una línea cualquiera de la superficie, o alternativamente, como el trabajo que hay que realizar para aumentar en una unidad la superficie del líquido:

$$\gamma = \frac{F}{L} = \frac{\Delta W}{\Delta S}$$

Su valor depende de la naturaleza del líquido y de la temperatura. La variación con la temperatura es prácticamente lineal. A la temperatura crítica, en la que coexisten el líquido y su vapor, la tensión superficial se anula.

Materiales y reactivos

Materiales	Reactivos
Soporte elevador	Agua destilada
Dinamómetro	Glicerina
Anillo metálico	Aceite de oliva
Termómetro	Detergente líquido
Cristalizador	
Calibrador	
Placa calefactora	

Si se dispone de algún tipo de tensiómetro en el laboratorio puede hacerse uso de él, en sustitución de todo el montaje que se detalla en el procedimiento experimental.

Procedimiento experimental

En primer lugar, debes medir con el calibrador el diámetro de anillo metálico. A continuación, cuelga el anillo del dinamómetro y límpialo cuidadosamente con alcohol. Introduce el anillo en agua destilada y secarlo muy bien.

Debes limpiar cuidadosamente el cristalizador, verter en él el líquido problema y ponerlo en la plataforma del elevador. Sube la plataforma para que el anillo quede sumergido completamente en el líquido.

Después, desciende lentamente la plataforma del elevador y toma la medida de la fuerza, en el dinamómetro, en el momento del desgarre líquido por parte del anillo metálico. Repite la medida las veces que crea oportuno para minimizar el error.

Repite las mismas operaciones para cada uno de los líquidos problema que se detallan en el apartado de reactivos.

Para determinar la posible relación entre la tensión superficial y la temperatura, el procedimiento que se ha de seguir es el que se describe a continuación:

Repite las operaciones y las mediciones del procedimiento anterior con el mismo líquido variando la temperatura. Para lo cual debes calentar el líquido en la placa calefactora hasta unos 60 ºC, apagar la placa e ir efectuando medidas, de la fuerza de desgarre, en el proceso de descenso de la temperatura, e ir anotando la temperatura en cada caso.

Cálculos y resultados	Determina el valor de la tensión superficial según la expresión de cálculo siguiente: $$\gamma = \frac{\Delta F}{2\pi d}$$ Donde *F:* fuerza medida con el dinamómetro. *d:* diámetro del anillo obtenido con el calibrador. Para determinar la relación entre la tensión superficial y la temperatura para cada uno de los líquidos, debes tomar los valores de ΔF y temperatura que se han anotado y hallar los correspondientes valores de la tensión superficial (γ). Con ayuda de algún programa de hojas de cálculo tipo EXCEL o similar, representa en una gráfica los valores de la tensión superficial en función de la temperatura y obtén la recta de regresión correspondiente. A la vista de los resultados obtenidos con el agua destilada y el detergente líquido, explica qué posibles efectos sobre la tensión superficial tendría el mezclar jabón con agua. A partir de los resultados obtenidos, sugiere un método para estimar aproximadamente la temperatura crítica del agua. Realiza una estimación de esta y compara con el valor real.

Actividades de autoevaluación

1. El viscosímetro es el instrumento utilizado para la determinación de:
   - ☐ *a)* La densidad.
   - ☐ *b)* La viscosidad.
   - ☐ *c)* La tensión superficial.
   - ☐ *d)* Todas las respuestas son correctas.

2. El tensiómetro es el instrumento utilizado para la determinación de:
   - ☐ *a)* La densidad.
   - ☐ *b)* La viscosidad.
   - ☐ *c)* La tensión superficial.
   - ☐ *d)* Todas las respuestas son correctas.

3. El estalagmómetro de Traube se utiliza para determinar:
   - ☐ *a)* La densidad.
   - ☐ *b)* La viscosidad.
   - ☐ *c)* La tensión superficial.
   - ☐ *d)* Todas las respuestas son correctas.

4. Las técnicas capilares utilizadas para determinar la viscosidad se basan en:
   - ☐ *a)* El ascenso de un líquido a través de un capilar.
   - ☐ *b)* El descenso de un líquido a través de un capilar.
   - ☐ *c)* La velocidad de un líquido al desplazarse a través de un capilar.
   - ☐ *d)* Ninguna de las respuestas anteriores es correcta.

5. La técnica de la burbuja permite determinar la tensión superficial a través de:
   - ☐ *a)* La forma de la burbuja.
   - ☐ *b)* La geometría de la burbuja.
   - ☐ *c)* La presión de la burbuja.
   - ☐ *d)* Todas las respuestas son correctas.

6. El volumen de un menisco formado por un líquido en un tubo capilar permite determinar:
   - ☐ *a)* La presión del líquido.
   - ☐ *b)* La tensión superficial del líquido.
   - ☐ *c)* La viscosidad del líquido.
   - ☐ *d)* Ninguna de las respuestas anteriores es correcta.

7. La ley de Stokes es la base de funcionamiento de:
   - ☐ *a)* El estalagmómetro.
   - ☐ *b)* El viscosímetro rotacional.
   - ☐ *c)* El viscosímetro gravitacional.
   - ☐ *d)* Todas las respuestas anteriores son correctas.

8. El ascenso diferencial es una técnica utilizada para determinar:
   - ☐ *a)* La densidad.
   - ☐ *b)* La viscosidad.
   - ☐ *c)* La capilaridad.
   - ☐ *d)* Ninguna de las respuestas anteriores es correcta.

9. El anillo de Noüy es un accesorio de:
   - ☐ *a)* Los viscosímetros rotacionales.
   - ☐ *b)* Los tensiómetros de fuerza.
   - ☐ *c)* Los tensiómetros de burbuja.
   - ☐ *d)* Ninguna de las respuestas anteriores es correcta.

10. La técnica geométrica requiere de la formación de:
    - ☐ *a)* Una burbuja.
    - ☐ *b)* Una gota simple.
    - ☐ *c)* Una gota sésil.
    - ☐ *d)* Ninguna de las respuestas anteriores es correcta.

SOLUCIONES:

1. a **b** c d
2. a b **c** d
3. a b **c** d
4. a b **c** d
5. a b **c** d
6. a **b** c d
7. a b **c** d
8. a b c **d**
9. a **b** c d
10. a b **c** d

9

Propiedades ópticas

Objetivos

- ✓ Conocer las diferentes teorías sobre la naturaleza de la luz.
- ✓ Comprender la dualidad onda-partícula de la luz.
- ✓ Definir y calcular los parámetros que caracterizan a una onda.
- ✓ Saber explicar las tres propiedades básicas de la luz: reflexión, refracción y polarización.
- ✓ Calcular el índice de refracción aplicando la ley de Snell y determinar el ángulo crítico de refracción.
- ✓ Aclarar en qué consiste la actividad óptica y realizar cálculos relacionados con este concepto.

Mapa conceptual

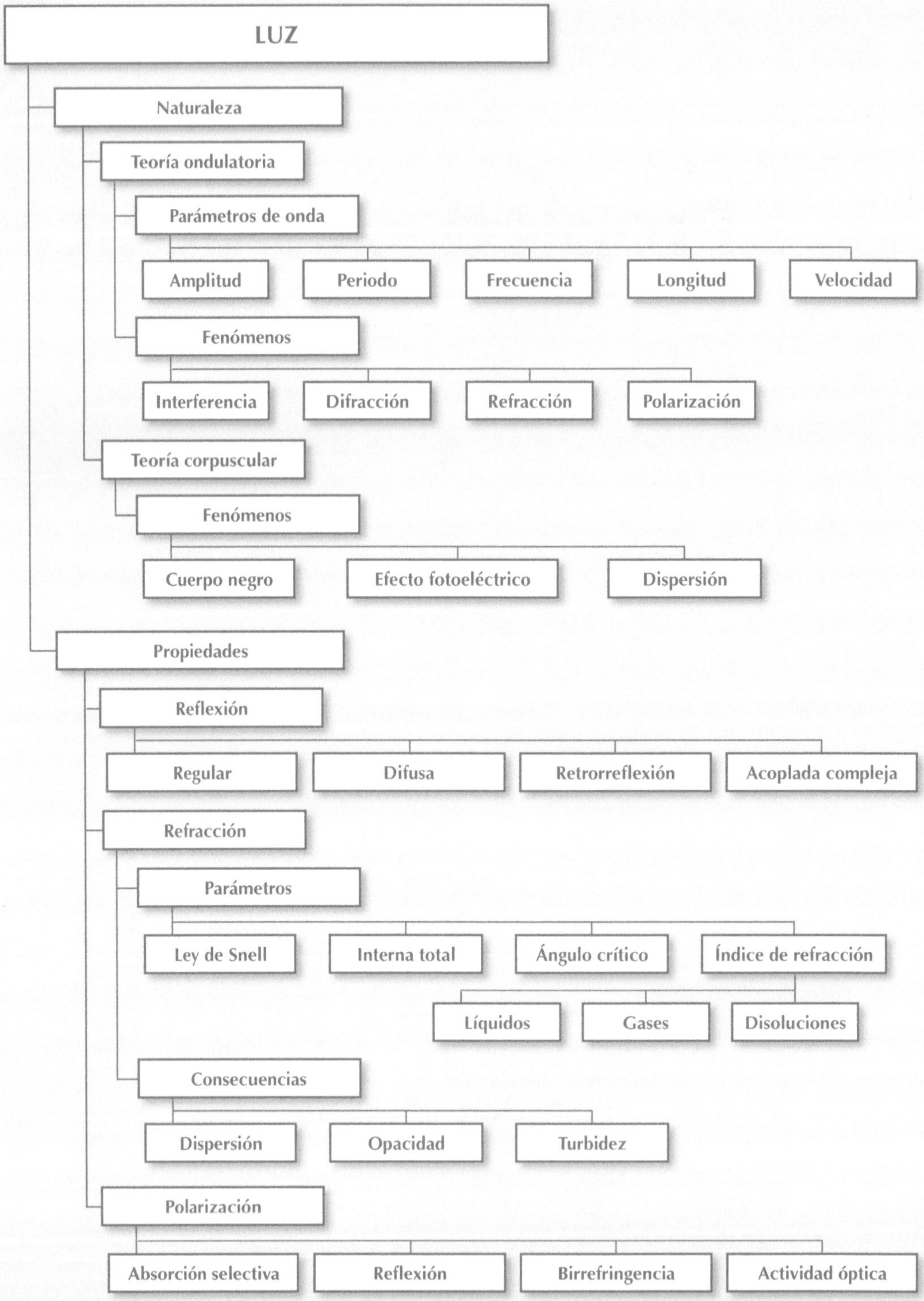

Glosario

Birrefringencia. Propiedad óptica de ciertos cuerpos, especialmente el espato de Islandia, que consiste en desdoblar un rayo de luz incidente en dos rayos linealmente polarizados de manera perpendicular entre sí como si el material tuviera dos índices de refracción distintos.

Fotón. Partícula elemental responsable de las manifestaciones cuánticas del fenómeno electromagnético. Es la partícula portadora de todas las formas de radiación electromagnética.

Interferencia. Fenómeno en el que dos o más ondas se superponen para formar una onda resultante de mayor, menor o igual amplitud.

Onda. Es la propagación de una perturbación de alguna propiedad del espacio, implicando un transporte de energía sin transporte de materia.

Isotropía. Característica de algunos cuerpos cuyas propiedades físicas no dependen de la dirección en que son examinadas.

Óptica. Parte de la física que estudia la luz y los fenómenos relacionados con ella.

Quiralidad. Propiedad de un objeto de no ser superponible con su imagen especular.

9.1. Naturaleza y propagación de la luz

La *luz* es la parte de la radiación electromagnética que puede ser percibida por el ojo humano. En física, el término *luz* es considerado como parte del campo de las radiaciones conocido como espectro electromagnético. La luz, como todas las radiaciones electromagnéticas, está formada por partículas elementales, casi desprovistas de masa, denominadas *fotones,* cuyas propiedades, de acuerdo con la dualidad onda-partícula, explican las características de su comportamiento físico.

La luz presenta una naturaleza compleja. Depende de cómo la observemos se manifestará como una onda o como una partícula. Estos dos estados no se excluyen, sino que son complementarios. Sin embargo, para conocer de forma precisa la naturaleza de la luz, se deben estudiar los distintos fenómenos en los que participa.

9.1.1. Teoría ondulatoria

Esta teoría considera que la luz es una onda electromagnética, consistente en un campo eléctrico que varía en el tiempo generando a su vez un campo magnético y viceversa, ya que los campos eléctricos variables generan campos magnéticos y los campos magnéticos variables generan campos eléctricos. De esta forma, la onda se auto propaga indefinidamente a través del espacio, con campos magnéticos y eléctricos generándose continuamente. Estas ondas electromagnéticas son sinusoidales, con los campos eléctrico y magnético perpendiculares entre sí y respecto a la dirección de propagación.

Cualquier onda electromagnética queda descrita por una serie de parámetros:

- *Amplitud (A):* si se supone una onda plana, situada en los ejes de coordenadas, seria la altura máxima de la onda. En el caso de suponer una onda en el espacio, es la longitud máxima respecto a la posición de equilibrio que alcanza la onda en su desplazamiento.
- *Periodo (T):* si se toma un punto fijo en el espacio, es el tiempo que transcurre entre el paso de dos máximos, o mínimos, consecutivos, de la onda, por ese punto.
- *Frecuencia (υ):* es el parámetro inverso al periodo. Es el número de oscilaciones de la onda por unidad de tiempo. La expresión matemática sería:

$$\upsilon = \frac{1}{T}$$

- *Longitud de onda (λ):* es la distancia entre dos máximos, o dos mínimos, sucesivos de la onda.
- *Velocidad de propagación (v):* es la distancia que recorre la onda por unidad de tiempo. En el caso de la luz esta magnitud se designa mediante la letra *c* y su valor es una constante física universal ($c = 3 \cdot 10^8$ m/s).

Estas magnitudes pueden relacionarse a partir de la siguiente expresión:

$$\upsilon = \lambda \cdot v = \frac{\lambda}{T}$$

donde: v: velocidad de la onda (m/s).
λ: longitud de onda (m).
υ: frecuencia de la onda (Hz).

Algunos de los fenómenos más importantes de la luz se pueden comprender fácilmente si se considera que esta tiene un comportamiento ondulatorio.

El *principio de superposición de ondas* nos permite explicar el fenómeno de la *interferencia*: si juntamos en el mismo lugar dos ondas con la misma longitud de onda y amplitud, si están en fase (las crestas de las ondas coinciden) formarán una interferencia constructiva y la intensidad de la onda resultante será máxima e igual a dos veces la amplitud de las ondas que la conforman. Si las ondas están desfasadas, habrá un punto donde el desfase sea máximo (la cresta de la onda coincida exactamente con un valle) formándose una interferencia destructiva, anulándose la onda.

Las ondas pueden cambiar su dirección de propagación al pasar por una abertura estrecha. Esto es debido a que cada punto de un frente de ondas es un emisor de un nuevo frente de ondas que se propagan en todas las direcciones. La suma de todos los nuevos frentes de ondas hace que la perturbación se siga propagando en la dirección original. Sin embargo, si por medio de una, se separa uno, o unos pocos, de los nuevos emisores de ondas, predominará la nueva dirección de propagación frente a la original. Este fenómeno es conocido como *difracción de la luz*.

La *refracción* de la luz, que se tratará más adelante, también se puede explicar utilizando este principio, teniendo en cuenta que los nuevos frentes de onda generados en el nuevo medio, no se transmitirán con la misma velocidad que en el anterior medio, generando una distorsión en la dirección de propagación.

Otro fenómeno de la luz que se puede explicar fácilmente a partir de la teoría ondulatoria es la *polarización*. La luz no polarizada está compuesta por ondas que vibran en todos los ángulos, al llegar a un medio polarizador, solo las ondas que vibran en un ángulo determinado consiguen atravesar el medio, al poner otro polarizador a continuación, si el ángulo que deja pasar el medio coincide con el ángulo de vibración de la onda, la luz pasará íntegra, si no solo una parte pasará hasta llegar a un ángulo de 90° entre los dos polarizadores, donde no pasará nada de luz. El fenómeno de la polarización también se tratará más ampliamente en posteriores apartados.

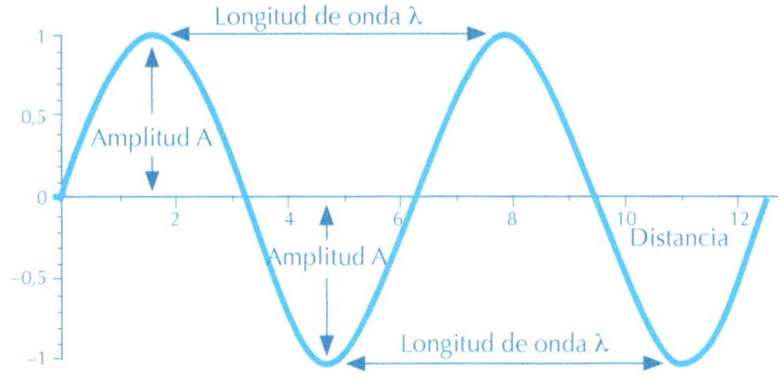

Figura 9.1 Parámetros de una onda.

Actividad resuelta 9.1

Calcula la velocidad de propagación de una onda si su longitud de onda es de 1 m y su periodo de 10 s.

SOLUCIÓN:

Aplicando la ecuación dada en el texto y que relaciona las magnitudes del enunciado:

$$v = \frac{\lambda}{T} = \frac{1}{10} = 0{,}1\,\mathrm{m/s}$$

9.1.2. Teoría corpuscular

La teoría corpuscular estudia la luz como si se tratase de un conjunto de partículas sin carga y sin masa llamadas *fotones,* capaces de transportar todas las formas de radiación electromagnética. Esta interpretación resurgió debido a que, la luz, en sus interacciones con la materia, intercambia energía solo en cantidades discretas (múltiplos de un valor mínimo) de energía denominadas *cuantos*. Este hecho es difícil de combinar con la idea de que la energía de la luz se emita en forma de ondas, pero es fácilmente visualizado en términos de corpúsculos de luz o fotones.

Existen tres efectos que pueden demostrar el carácter corpuscular de la luz. Estos fenómenos son: el cuerpo negro, el efecto fotoeléctrico y la dispersión de la luz.

Un *cuerpo negro* es un objeto que puede irradiar energía de forma perfecta. Esto es debido a que absorbe toda la luz que incide en él y por eso, cuando se calienta se convierte en un emisor ideal de radiación térmica, que permite estudiar con claridad el proceso de intercambio de energía entre radiación y materia.

Al estudiar este fenómeno, se vio que la distribución de frecuencias, observadas, de la radiación emitida por el cuerpo negro a una temperatura dada, no se correspondía con las predicciones teóricas de la física clásica. Para poder explicarlo, Max Planck, postuló que para ser descrita correctamente, se tenía que asumir que la luz es absorbida o emitida por múltiplos enteros de una cierta cantidad de energía mínima, a la que llamó *cuanto*. Esto podía expresarse mediante la siguiente ecuación:

$E = h \cdot v$ donde: h: constante de Planck (h = 6,626070150 · 10^{-34} J · s).
v: frecuencia de la radiación (Hz o s^{-1}).

Actividad resuelta 9.2

Calcula la energía emitida por un cuanto de radiación electromagnética si su frecuencia es de 10^{34} Hz.

SOLUCIÓN:

Aplicando la ley de Planck:

$$E = h \cdot \upsilon = 6{,}626070150 \cdot 10^{-34} \cdot 10^{34} = 6{,}62 \text{ J}$$

Otro fenómeno que se puede explicar mediante la teoría corpuscular es el *efecto fotoeléctrico*. Este efecto consiste en que, cuando un rayo monocromático de radiación electromagnética ilumina la superficie de un sólido, se desprenden electrones. El número de electrones es proporcional a la intensidad del rayo incidente.

Einstein dio una expresión matemática para este fenómeno que le valió el premio Nobel de física en 1921:

$$\frac{1}{2} \cdot m \cdot v^2 = h\left(\upsilon - \upsilon_0\right)$$

donde: m: masa del fotón o electrón ($9{,}109\ 382\ 91 \cdot 10^{-31}$ kg).
v: velocidad máxima del electrón (m/s).
h: constante de Planck ($h = 6{,}626070150 \cdot 10^{-34}$ J · s).
υ: frecuencia de la radiación incidente (Hz).
υ_0: frecuencia umbral, característica de cada material (Hz).

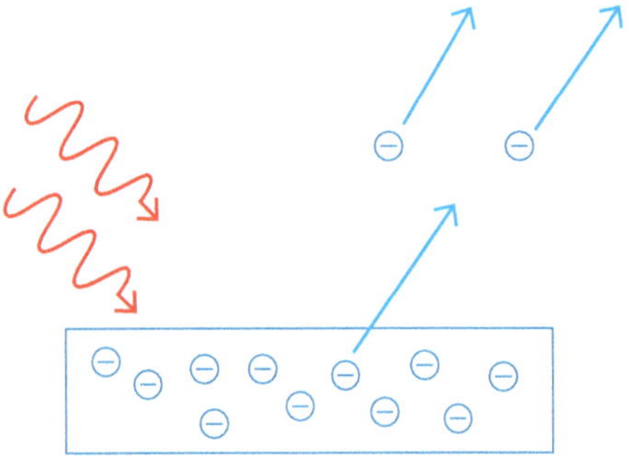

Figura. 9.2
Explicación del efecto fotoeléctrico.

Actividad resuelta 9.3

¿Cuál es la velocidad máxima a la que saldrá despedido un electrón de una superficie de cobre, debido al efecto fotoeléctrico si la frecuencia de la radiación incidente es 10^{44} Hz y la frecuencia umbral del cobre es de $2 \cdot 10^{40}$ Hz?

SOLUCIÓN:

Aplicando la ecuación del efecto fotoeléctrico dada por Einstein:

$$\frac{1}{2} \cdot m \cdot v^2 = h\left(\upsilon - \upsilon_0\right)$$

Y aislando el valor de la velocidad máxima y sustituyendo valores:

$$v = \sqrt{\frac{2 \cdot h\left(\upsilon - \upsilon_0\right)}{m}} = \sqrt{\frac{2 \cdot 6{,}62 \cdot 10^{-34} \cdot \left(10^{44} - 2 \cdot 10^{40}\right)}{9{,}11 \cdot 10^{-31}}} = 3{,}8 \cdot 10^{20} \text{ m/s}$$

La *dispersión de luz* es un caso particular del denominado *efecto Cropton*. Este fenómeno consiste en el aumento de la longitud de onda de un fotón cuando choca con un electrón libre y pierde parte de su energía. La frecuencia o la longitud de onda de la radiación dispersada depende únicamente del ángulo de dispersión.

Se puede imaginar la luz como partículas que chocan elásticamente con los electrones como dos bolas de billar. El fotón, corpúsculo de luz, golpea al electrón: el electrón sale disparado con una parte de la energía del fotón y el fotón refleja su menor energía en su frecuencia. Las direcciones relativas en las que salen despedidos ambos están de acuerdo con los cálculos que utilizan la conservación de la energía y el momento.

La expresión matemática de este fenómeno es la siguiente:

$$\Delta\lambda = \frac{h\left(1-\cos\theta\right)}{m_e \cdot c}$$

donde: $\Delta\lambda$: incremento de longitud de onda (m).
θ: ángulo entre los fotones incidentes y los dispersados (rad).
h: constante de Planck ($h = 6{,}626070150 \cdot 10^{-34}$ J · s).
m_e: masa del electrón ($9{,}109\ 382\ 91 \cdot 10^{-31}$ kg).
c: velocidad de la luz ($3 \cdot 10^8$ m/s).

Actividad resuelta 9.4

Calcula el incremento de longitud de onda que experimenta una onda electromagnética al interaccionar con un material si el ángulo de incidencia es de 60°.

SOLUCIÓN:

Aplicando la expresión dada en el texto y sustituyendo los correspondientes valores, teniendo en cuenta que los ángulos deben expresarse en radianes:

$$60° \cdot \frac{\pi\ rad}{180°} = \frac{\pi}{3}\ rad$$

$$\Delta\lambda = \frac{h(1-\cos\theta)}{m_e \cdot c} = \frac{6{,}62 \cdot 10^{-34}\left(1-\cos\frac{\pi}{3}\right)}{9{,}11 \cdot 10^{-31} \cdot 3 \cdot 10^8} = 1{,}21 \cdot 10^{-12}\ \text{m}$$

9.1.3. Dualidad onda-partícula

Esta explicación sobre la naturaleza de la luz es la base de las teorías actuales. De forma básica, es un fenómeno cuántico, bien comprobado empíricamente, por el cual muchas partículas pueden exhibir comportamientos típicos de ondas en unos experimentos mientras aparecen como partículas compactas y localizadas en otros experimentos. Según esto, algunas partículas pueden presentar interacciones muy localizadas y como ondas exhiben el fenómeno de la interferencia.

De acuerdo con la física clásica existen diferencias claras entre onda y partícula. Una partícula tiene una posición definida en el espacio y tiene masa mientras que una onda se extiende en el espacio caracterizándose por tener una velocidad definida y masa nula.

De acuerdo con esta teoría y de modo simplificado, los fotones son partículas que se mueven a gran velocidad y que portan una onda asociada. La longitud de esta onda puede calcularse matemáticamente a partir de la expresión de *De Broglie*:

$$\lambda = \frac{h}{m \cdot c}$$

donde: λ: longitud de onda (m).
h: constante de Planck ($h = 6{,}626070150 \cdot 10^{-34}$ J · s).
m: masa del fotón (9,109 382 91·10^{-31} kg).
c: velocidad de la luz ($3 \cdot 10^8$ m/s).

Actividades propuestas

9.1. Calcula el periodo de una onda, si su longitud es de 10^{-3} m y su velocidad de propagación es de 340 m/s.
9.2. A partir de la ley de Planck, calcula la frecuencia de la energía emitida por un cuanto de radiación electromagnética si su energía es 10^6 J.
9.3. Un fotón interacciona con una placa metálica y la velocidad máxima a la que saldrá despedido, un electrón de dicha placa debido al efecto fotoeléctrico, es una centésima parte de la velocidad de la luz. Calcula la frecuencia de la radiación incidente si la frecuencia umbral del material es de $2 \cdot 10^{19}$ Hz.
9.4. Calcula el ángulo de incidencia de una onda electromagnética al interaccionar con un determinado material si el incremento de longitud de onda es de 0,01 m.
9.5. A partir de la expresión de De Broglie, calcula la longitud de onda asociada a un fotón (electrón). Las constantes físicas del fotón se hallan en el texto.

9.2. Reflexión y refracción. Ángulo límite

La reflexión y la refracción son dos fenómenos típicos de la óptica geométrica. Aunque, realmente, la luz tiene un comportamiento de onda-partícula, la óptica geométrica simplifica este comportamiento al *modelo del rayo de luz*. El rayo de luz consiste en interpretar la luz como la trayectoria de una partícula mecánica clásica.

9.2.1. Reflexión de la luz

De modo genérico, la *reflexión* es el cambio de dirección de una onda, que, al entrar en contacto con la superficie de separación entre dos medios cambiantes, regresa al medio donde se originó. En el caso de la luz, la reflexión ocurre cuando los rayos de luz que inciden en una superficie chocan en ella, se desvían y regresan al medio del que salieron formando un ángulo igual al de la luz incidente.

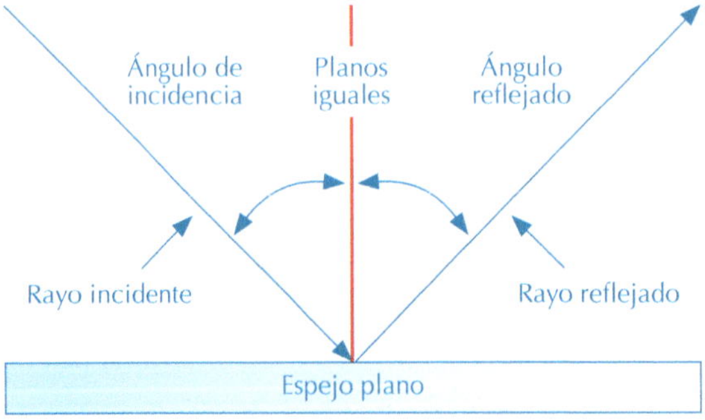

Figura 9.3
Reflexión de la luz.

Las leyes, o propiedades, de la reflexión son las siguientes:

- El rayo incidente, el rayo reflejado y la normal, se encuentran en un mismo plano.
- El ángulo de incidencia es igual al ángulo de reflexión.

Existen diferentes tipos de reflexión: la reflexión especular o regular, la reflexión difusa, la retrorreflexión y la reflexión acoplada compleja.

A) Reflexión regular

La reflexión especular se produce cuando un rayo de luz incide sobre una superficie pulida y cambia su dirección sin cambiar el medio por donde se propaga. Debe tenerse en cuenta que en este tipo de reflexión no existe cambio de medio de propagación y, en principio, tampoco existe ningún cambio en los parámetros que definen la onda.

Un ejemplo típico de este modo de reflexión, sería la reflexión de la luz sobre un espejo plano.

B) Reflexión difusa

La reflexión difusa tiene lugar cuando un rayo de luz incide sobre una superficie "no pulida", los rayos no se reflejan en ninguna dirección, sino que se difuminan, dando como resultado una especie de halo luminoso, más o menos intenso y, más o menos definido. Al igual que en el caso anterior, no existe un cambio de medio de propagación, pero en este caso el ángulo de reflexión no es único, ya que la luz se refleja en varias direcciones diferentes.

Un ejemplo conocido de este tipo de reflexión es cuando la luz se refleja en superficies planas, como por ejemplo una pared pintada o un revestimiento de madera.

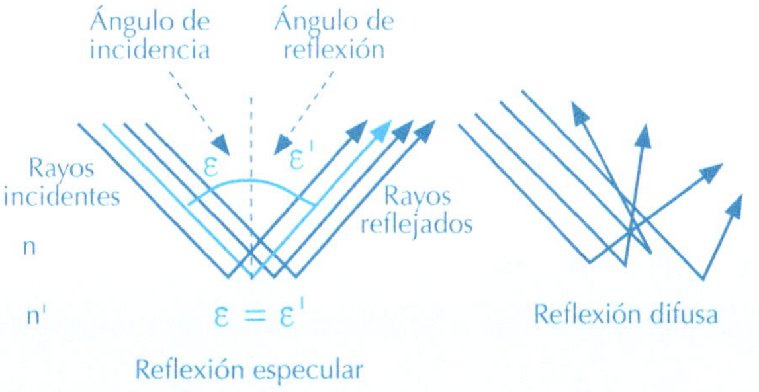

Figura 9.4
Diferencia entre reflexión regular y difusa.

C) Retrorreflexión

La *retrorreflexión* es la capacidad que tienen algunas superficies que por su estructura pueden reflejar la luz de vuelta hacia la fuente, sin que importe el ángulo de incidencia original. Este comportamiento se puede observar en un espejo, pero únicamente cuando este se encuentra perpendicular a la fuente; es decir, cuando el ángulo de incidencia es igual a 90°. Reflexión acoplada compleja.

Un ejemplo de uso de las superficies retrorreflectantes son las señales de tráfico y las placas de los automóviles; en este caso particular no se desea una retrorreflexión perfecta, pues se quiere que la luz retorne tanto hacia las luces del vehículo que emite el haz de luz como a los ojos de la persona que lo va conduciendo.

D) Reflexión acoplada compleja

En la *reflexión acoplada compleja,* la luz se refleja exactamente en la dirección de la fuente de donde proviene debido a un proceso óptico no lineal. En este tipo de reflexión, no solo se invierte la dirección de la luz; también se invierte el frente de la onda.

9.2.2. Refracción de la luz

La *refracción* es el cambio de dirección y velocidad que experimenta una onda al pasar de un medio a otro con distinto índice refractivo. Solo se produce si la onda incide oblicuamente sobre la superficie de separación de los dos medios y si estos tienen índices de refracción distintos. La refracción se origina en el cambio de velocidad de propagación de la onda señalada. La refracción también puede producirse sin que la luz pase de un medio diferente a otro; puede darse por diferencias de temperatura dentro de un mismo medio.

La desviación en la dirección de propagación de la luz, o de cualquier otra onda, se explica mediante de la *ley de Snell.* Esta ley, así como el fenómeno la refracción en medios no homogéneos, es consecuencia del principio de Fermat, que indica que la luz se propaga entre dos puntos siguiendo la trayectoria de recorrido óptico de menor tiempo.

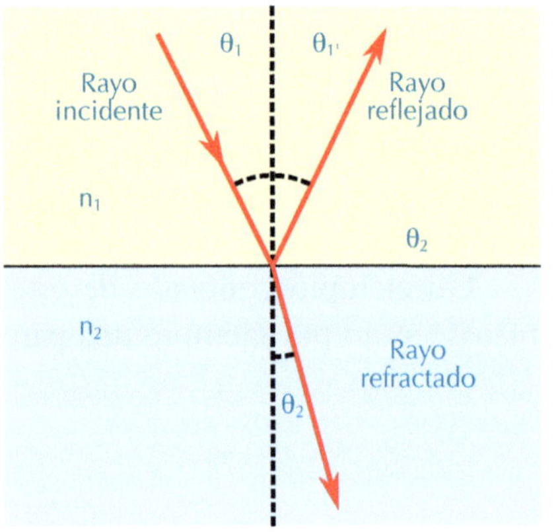

Figura. 9.5
Refracción de la luz y ley de Snell.

A) Ley de Snell o de la refracción

El índice de refracción de un medio se define como la razón entre la velocidad de la luz en el vacío y la velocidad de la luz en el interior del medio en estudio. Matemáticamente se expresa a partir de la siguiente ecuación:

$n = \frac{c}{v}$ donde: *c:* velocidad de la luz en el vacío ($3 \cdot 10^8$ m/s).
v: velocidad de la luz en el medio (m/s).

Actividad resuelta 9.5

El índice de refracción del aire puede considerarse de valor unitario y el índice de refracción del agua de 1,3. Si un rayo de luz incide con un ángulo de 45° sobre la superficie del agua, ¿qué valor tendrá el ángulo de refracción?

SOLUCIÓN:

Aplicando la ecuación dada en el texto y aislando en ángulo correspondiente:

$$n = \frac{c}{v} = \frac{3 \cdot 10^8}{2,24 \cdot 10^8} = 1,4$$

La ley de Snell es una fórmula utilizada para calcular el ángulo de refracción de la luz al atravesar la superficie de separación entre dos medios de propagación de la luz con índice de refracción distinto.

La misma afirma que la multiplicación del índice de refracción por el seno del ángulo de incidencia respecto a la normal es constante para cualquier rayo de luz incidiendo sobre la superficie de separación de dos medios. Es decir, el componente del índice de refracción paralelo a la superficie es constante. Esto puede expresarse mediante la siguiente ecuación matemática:

$n_1 \cdot \sin\theta_1 = n_2 \cdot \sin\theta_2$ donde: n_1: índice de refracción en el medio 1.
n_2: índice de refracción en el medio 2 (m/s).
θ_1: ángulo de incidencia (rad, grados).
θ_2: ángulo de refracción (rad, grados).

Actividad resuelta 9.6

¿Cuál es el índice de refracción entre el agua y el aire? Sabemos que la velocidad de la luz en la atmósfera es prácticamente igual a la velocidad de la luz en el vacío y que la velocidad de la luz en el agua es de 2,24·10⁸ m/s.

SOLUCIÓN:

Aplicando la ley de Snell y sustituyendo valores:

$$n_1 \cdot \sin\theta_1 = n_2 \cdot \sin\theta_2 \leftrightarrow \sin\theta_2 = \frac{n_1 \cdot \sin\theta_1}{n_2} = 0,5316$$

$$\sin^{-1} 0,5316 = 32,11°$$

La simetría de la ley de Snell implica que las trayectorias de los rayos de luz son reversibles. Es decir, si un rayo incidente sobre la superficie de separación con un ángulo de incidencia θ_1 se refracta sobre el medio con un ángulo de refracción θ_2, entonces un rayo incidente en la dirección opuesta desde el medio 2 con un ángulo de incidencia θ_2 se refracta sobre el medio 1 con un ángulo θ_1.

Una regla cualitativa para determinar la dirección de la refracción es que el rayo en el medio de mayor índice de refracción se acerca siempre a la dirección de la normal a la superficie. La velocidad de la luz en el medio de mayor índice de refracción es siempre menor.

Aunque la ley de Snell fue formulada para explicar los fenómenos de refracción de la luz se puede aplicar a todo tipo de ondas atravesando una superficie de separación entre dos medios en los que la velocidad de propagación de la onda varíe.

Además, en la refracción de la luz se cumplen las leyes deducidas por Huygens que rigen todo el movimiento ondulatorio:

- El rayo incidente, el reflejado y el refractado se encuentran en el mismo plano.
- Los ángulos de incidencia y reflexión son iguales, entendiendo por tales los que forman respectivamente el rayo incidente y el reflejado con la perpendicular, o normal, a la superficie de separación trazada en el punto de incidencia.

La velocidad de la luz depende del medio por el que viaje, por lo que es más lenta cuanto más denso sea el material y viceversa. Por ello, cuando la luz pasa de un medio menos denso a otro más denso, el rayo de luz es refractado acercándose a la normal y por tanto, el ángulo de refracción será más pequeño que el ángulo de incidencia. Del mismo modo, si el rayo de luz pasa de un medio más denso a uno menos denso, será refractado alejándose de la normal y, por tanto, el ángulo de incidencia será menor que el de refracción.

B) Reflexión interna total

La *reflexión interna total* es el fenómeno que se produce cuando un rayo de luz atraviesa un medio de índice de refracción n_2 menor que el índice de refracción n_1 en el que este se encuentra, se refracta de tal modo que no es capaz de atravesar la superficie entre ambos medios reflejándose completamente.

Este fenómeno solo se produce para ángulos de incidencia superiores a un cierto valor crítico, θ_c. Para ángulos mayores, la luz deja de atravesar la superficie y es reflejada internamente de manera total. La reflexión interna total solamente ocurre en rayos que viajan de un medio de alto índice refractivo hacia medios de menor índice de refracción.

C) Ángulo límite de refracción o ángulo crítico

El ángulo crítico o ángulo límite es el ángulo mínimo de incidencia en el cual se produce el fenómeno de reflexión interna total. El ángulo de incidencia se mide respecto a la normal de la separación de los medios. Este ángulo puede calcularse a partir de la siguiente expresión matemática:

$$\boldsymbol{\theta}_C = \sin^{-1}\left(\frac{n_2}{n_1}\right)$$

donde: θ_c: ángulo límite de refracción (rad).
n_1: índice de refracción del medio 1.
n_2: índice de refracción del medio 2.

La ecuación anterior es un caso particular de la ley de Snell, donde el ángulo de refracción es de 90°, además siempre se supone que $n_2 < n_1$.

Actividad resuelta 9.7

¿Cuál será el ángulo límite de refracción entre el aire y el hielo si los índices de refracción correspondientes son la unidad y 1,31?

SOLUCIÓN:

Si se aplica la ecuación dada en el texto y sustituimos los valores correspondientes al ángulo de refracción:

$$\theta_C = \sin^{-1}\left(\frac{n_2}{n_1}\right) = \sin^{-1}\frac{1,31}{1}$$

No existe ningún valor de ángulo límite de refracción, esto quiere decir que el hielo no presenta el fenómeno de refracción total.

Actividades propuestas

9.6. Se puede considerar que la velocidad de la luz en el benceno es de $2 \cdot 10^8$ m/s y en el aire es un 1% menor que en el vacío. Calcula el índice de refracción del benceno tomando como referencia el aire.

9.7. El índice de refracción del aire puede considerarse de valor unitario y el índice de refracción del etanol de 1,36. Si un rayo de luz incide con un ángulo de 45° sobre la superficie del etanol, ¿qué valor tendrá el ángulo de refracción?

9.8. ¿Cuál será el ángulo límite de refracción entre el diamante y el cuarzo si los índices de refracción correspondientes son 2,42 y 1,54?

9.3. Índice de refracción: concentración y temperatura

Se define el índice de refracción como el cociente de la velocidad de la luz en el vacío y la velocidad de la luz en el medio cuyo índice se quiere determinar. La expresión matemática para utilizar es la siguiente:

$$n = \frac{c}{v}$$

donde: n: índice de refracción (adimensional).
c: velocidad de la luz en el vacío ($3 \cdot 10^8$ m/s).
v: velocidad de la luz en el medio (m/s).

El índice de refracción de un medio es una medida para saber cuánto se reduce la velocidad de la luz dentro de un medio diferente al vacío. Generalmente se utiliza la velocidad de la luz en el vacío *(c)* como medio de referencia para cualquier materia, en este caso el valor puede determinarse a partir de la expresión matemática dada a continuación:

$$n = \sqrt{\varepsilon_r \cdot \mu_r}$$

donde: n: índice de refracción (adimensional).
μ_r: permeabilidad electromagnética relativa.
ε_r: permitividad relativa del material.

Actividad resuelta 9.8

El índice de refracción de la glicerina es 1,47. Si se considera que la permeabilidad electromagnética de este líquido es 1, ¿cuál será la permitividad relativa de la glicerina?

SOLUCIÓN:

Tomando la expresión dada en el texto y aislando la variable pedida:

$$n = \sqrt{\varepsilon_r \cdot \mu_r}$$

$$\varepsilon_r = n^2 = 1,47^2 = 2,16$$

Para la gran mayoría de materiales se puede considerar que $\mu_r \cong 1$ y, por tanto, se puede aproximar el índice de refracción mediante la siguiente expresión:

$$n = \sqrt{\varepsilon_r}$$

PARA SABER MÁS

Las investigaciones recientes han demostrado la existencia de índice de refracción negativo. Esto puede lograrse con meta materiales; materiales creados en laboratorio para dicho propósito.

Por otra parte, el índice de refracción, en algunos materiales, depende de la frecuencia del rayo incidente. Por esta misma razón, y en ciertos materiales, podemos obtener un índice de refracción negativo no estándar.

9.3.1. Índice de refracción y concentración de una disolución

Como ya se ha comentado anteriormente, la velocidad de la luz depende del medio por el que viaja, por lo que es más lenta cuanto más denso sea el material y viceversa. Por ello, cuando la luz pasa de un medio menos denso a otro más denso, el rayo de luz es refractado acercándose a la normal y por tanto, el ángulo de refracción será más pequeño que el ángulo de incidencia. Del mismo modo, si el rayo de luz pasa de un medio más denso a uno menos denso, será refractado alejándose de la normal y, por tanto, el ángulo de incidencia será menor que el de refracción.

También se sabe que la densidad de una disolución suele aumentar conforme más concentrada es esta. Por tanto, se puede deducir que la velocidad de la luz será más lenta en disoluciones concentradas que en disoluciones diluidas y de esta manera cuando la luz pasa de una disolución menos concentrada a otra más concentrada, esta es refractada, de modo que el rayo refractado se acerca a la normal y por tanto, el ángulo de refracción será más pequeño que el ángulo de incidencia.

Se puede definir una magnitud molecular, denominada *refracción molar* (R_M), del modo siguiente:

$$R_m = \frac{(n^2 - 1) \cdot M}{(n^2 + 2) \cdot \rho}$$

donde: R_m: refracción molar (m^3/kmol).
n: índice de refracción (adimensional).
M: masa molecular (kg/kmol).
ρ: densidad (kg/m^3).

Actividad resuelta 9.9

El índice de refracción del benceno es de 1,5. Calcula la refracción molar del benceno (C_6H_6) si su densidad es de 876 kg/m³.

SOLUCIÓN:

En primer lugar debes calcular la masa molecular del benceno:

$$M(C_6H_6) = 12 \cdot 6 + 1 \cdot 6 = 78 \ \mathrm{kg/kmol}$$

A continuación utilizamos la fórmula de cálculo dada en el texto para sustituir los dados del enunciado y el valor calculado:

$$R_m = \frac{(n^2 - 1) \cdot M}{(n^2 + 2) \cdot \rho} = \frac{(1{,}5^2 - 1) \cdot 78}{(1{,}5^2 + 2) \cdot 876} = 362.992{,}5 \ \mathrm{m^3/kmol}$$

9.3.2. Refracción y temperatura

También se comentó con anterioridad que la luz sufre refracción cuando atraviesa capas de fluido que se encuentran a diferente temperatura. A partir de este fenómeno, puede deducirse que la temperatura afecta al índice de refracción de las sustancias. El índice de refracción de un fluido depende de su densidad, la densidad de este depende de la temperatura y la presión a las que se encuentra el fluido. Así pues, se puede decir que:

$$n = f(\rho) = F(T,P)$$

En el caso de que el fluido sea un gas, se dispone de ecuaciones que relacionan la densidad, la presión y la temperatura de este, de manera que realmente, en el caso de los gases, se puede decir que la expresión anterior es completa.

Se debe recordar la ecuación que relaciona la densidad de un gas con su presión y su temperatura:

$$\rho = \frac{P \cdot M}{R \cdot T}$$

donde: ρ: densidad del gas (kg/m^3).
P: presión del gas (Pa).
M: masa molecular del gas (kg/kmol).
R: constante de los gases ideales ($R = 8{,}31$ P · m^3 · $kmol^{-1}$ · K^{-1}).
T: temperatura absoluta del gas (K).

A partir de la expresión anterior puede deducirse que en el caso de que aumente la presión, aumentará la densidad del gas y por tanto, también aumentará su índice de refracción. En caso de que la temperatura del gas aumente, disminuirá su densidad y por tanto también disminuirá su índice de refracción.

En conclusión, aunque no se pueda deducir una ecuación de relacione la presión y la temperatura de un gas con su índice de refracción, sí que se puede decir que el índice de refracción es directamente proporcional a la presión del gas e inversamente proporcional a su temperatura.

En el caso de que el fluido sea un líquido, se puede considerar que este no se encuentra tan afectado por la presión como los gases, y por tanto, la expresión anterior podría simplificarse, de manera que solamente, dependiera de la temperatura.

Toma nota

✓ El índice de refracción de un medio depende de la temperatura y de la longitud de onda de la radiación, por lo que al referirse a un índice de refracción han de especificarse los valores de estas dos magnitudes.

En caso de querer realizar cálculos de índices de refracción en función de la temperatura o de la concentración, será necesario obtener estos datos de forma experimental y obtener una ecuación de ajuste.

Actividad resuelta 9.10

Se ha medido experimentalmente el índice de refracción de un gas en función de la temperatura y se ha obtenido la siguiente tabla de valores:

Índice de refracción	Temperatura (°C)
2,50	0
1,25	10
0,75	20
0,30	40
0,15	80

A partir de los valores experimentales, obtén una ecuación que relacione el índice de refracción del gas (n) con la temperatura (°C).

Solución:

A partir de un programa de cálculo (por ejemplo EXCEL), representamos gráficamente los valores y obtenemos una función de ajuste.

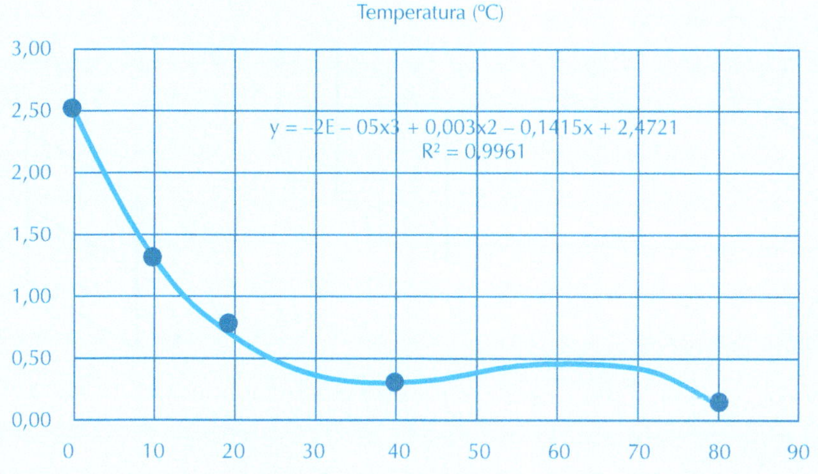

En este caso, la función de ajuste más adecuada es una función polinómica de 3.er grado.

9.4. Luz polarizada. Sustancias ópticamente activas

La *polarización electromagnética* es un fenómeno que puede producirse en las ondas electromagnéticas, como la luz, por el cual el campo eléctrico oscila solo en un plano determinado, denominado plano de polarización. Este plano puede definirse por dos vectores, uno de ellos paralelo a la dirección de propagación de la onda y otro perpendicular a esa misma dirección el cual indica la dirección del campo eléctrico.

En una onda electromagnética no polarizada, al igual que en cualquier otro tipo de onda transversal sin polarizar, el campo eléctrico oscila en todas las direcciones normales a la dirección de propagación de la onda. Las ondas longitudinales, como las ondas sonoras, no pueden ser polarizadas porque su oscilación se produce en la misma dirección que su propagación.

Las ondas luminosas no suelen estar polarizadas, de forma que la vibración electromagnética se produce en todos los planos. La luz que vibra en un solo plano se llama *luz polarizada*. La luz emitida por una fuente luminosa está constituida por una serie de trenes de ondas procedentes de átomos distintos; en cada uno de estos trenes de ondas el campo eléctrico oscila en un plano determinado pero, en general, su orientación es distinta de unos a otros. Dado el enorme número de moléculas y átomos de una fuente luminosa, se comprende el gran número de trenes de ondas que constituye un haz de luz y, por consiguiente, la existencia en este de ondas polarizadas en todas las direcciones transversales posibles.

La luz polarizada puede producirse al pasar luz no polarizada a través de un *polarizador*, lo que permite el paso de ondas de una sola dirección. Los materiales ópticos más comunes (como el vidrio) son isotrópicos y no afectan la polarización de la luz que pasa a través de ellos; sin embargo, algunos materiales (aquellos que exhiben birrefringencia, dicroísmo o actividad óptica) pueden cambiar la polarización de la luz. La luz también está parcialmente polarizada cuando se refleja desde una superficie.

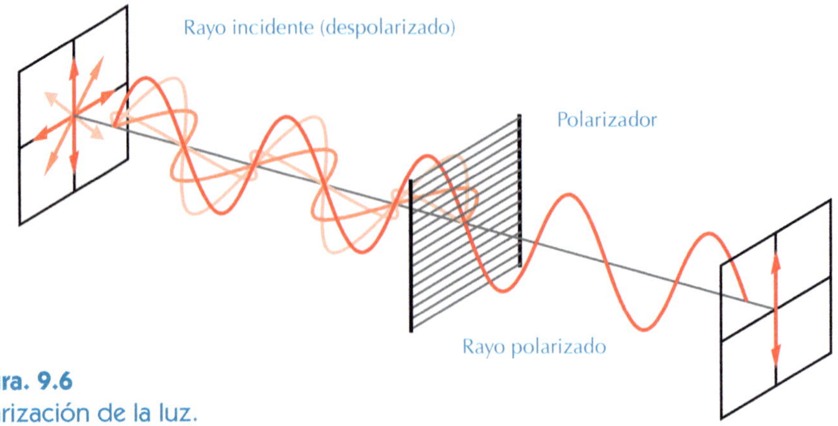

Figura. 9.6
Polarización de la luz.

9.4.1. Tipos de polarización

Si se representa vectorialmente, el campo eléctrico de una onda plana sobre un plano fijo, se obtiene una función matemática llamada curva de Lissajous. Esta función puede utilizarse para describir el tipo de polarización de la onda.

Existen tres tipos de polarización básicos: la polarización lineal, la polarización circular y la polarización elíptica. La polarización lineal es el tipo de polarización típico de la luz. Cuando en el laboratorio se obtiene luz polarizada, se suelen usar instrumentos que producen polarización lineal.

En la *polarización lineal,* la oscilación del plano perpendicular a la dirección de propagación se produce a lo largo de una línea recta. Se puede representar cada oscilación descomponiéndola sobre los ejes de coordenadas. Este tipo de polarización se produce cuando ambos componentes están en fase, es decir, cuando ambos componentes del campo eléctrico alcanzan sus máximos y mínimos simultáneamente, o en contrafase, cuando cada uno de los componentes alcanza sus máximos a la vez que el otro alcanza sus mínimos. La relación entre las amplitudes de ambos componentes determina la dirección de la oscilación, que es la dirección de la polarización lineal.

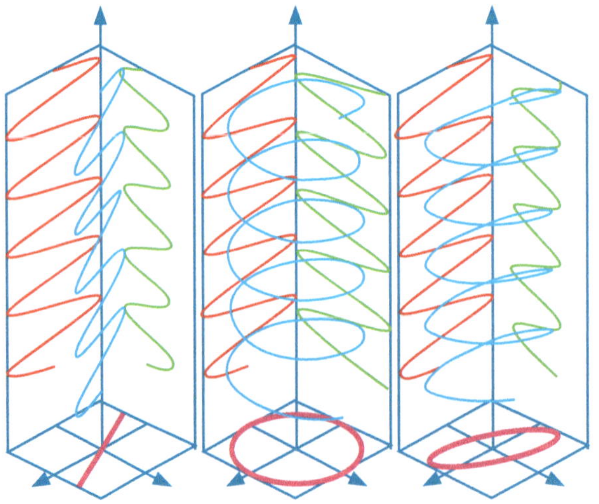

Figura 9.7
Diferentes tipos de polarización.

En el caso de la *polarización circular,* las dos componentes del campo eléctrico tienen exactamente la misma amplitud y están desfasadas exactamente 90°. En este caso, una componente se anula cuando la otra componente alcanza su amplitud máxima o mínima. Existen dos relaciones posibles que satisfacen esta exigencia, de forma que la componente x puede estar 90° adelantada o retrasada respecto a la componente y. El sentido (horario o anti horario) en el que gira el campo eléctrico depende de cuál de estas dos relaciones se dé. En este caso especial, la curva de Lissajous tiene la forma de una circunferencia.

El caso de la *polarización elíptica,* se corresponde a cualquier otro caso diferente a los anteriores, es decir, los dos componentes tienen distintas amplitudes y el ángulo de desfase entre ellas es diferente a 0° y a 180° (no están en fase ni en contrafase).

9.4.2. Polarización de la luz

Normalmente, para obtener luz polarizada siempre se utilizan instrumentos que producen una polarización lineal, que hacen el vector eléctrico vibre en un único plano (plano de polarización) de los que contienen la dirección de propagación.

Existen varios métodos para obtener luz polarizada: absorción selectiva, por reflexión, y por birrefringencia.

A) Polarización por absorción selectiva

Algunos materiales absorben selectivamente una de las componentes transversales del campo eléctrico de una onda. Esta propiedad se denomina *dicroísmo.* La luz experimenta una absorción en ciertos estados de polarización.

En estos materiales, el efecto del dicroismo varía en gran medida con la longitud de onda de la luz, haciendo que aparezcan diferentes colores asociados a diferentes planos de polarización.

PARA SABER MÁS

Un filtro polarizador o *polarizador* es un material que transmite de forma selectiva una determinada dirección de oscilación del campo eléctrico de una onda luminosa, bloqueando el resto de "planos de polarización".

B) Polarización por reflexión

Al reflejarse un haz de luz no polarizado sobre una superficie, la luz reflejada sufre una polarización parcial de forma que el componente del campo eléctrico perpendicular al plano de incidencia tiene mayor amplitud que el componente contenido en el plano de incidencia.

Esto es debido a que cuando la luz incide sobre una superficie no absorbente con un determinado ángulo, el componente del campo eléctrico paralelo al plano de incidencia no es reflejado. Este ángulo, conocido como ángulo de Brewster, se alcanza cuando el rayo reflejado es perpendicular al rayo refractado. La tangente del ángulo de Brewster es igual a la relación entre los índices de refracción del segundo y el primer medio. Esto puede expresarse matemáticamente como:

Actividad resuelta 9.11

Calcula el ángulo de Brewster entre el aire y una disolución coloreada, sabiendo que el índice de refracción de la disolución es de 1,025. Se puede tomar el índice de refracción del aire como la unidad.

SOLUCIÓN:

Aplicando la expresión dada en el texto y sustituyendo valores:

$$tg\,\theta_B = \frac{n_2}{n_1} = \frac{1{,}025}{1} = 1{,}025$$

El ángulo correspondiente será: $tg^{-1}\,1{,}025 = 145{,}7°$

C) Polarización por birrefringencia

La *birrefringencia* o doble refracción es una propiedad de ciertos cuerpos, de desdoblar un rayo de luz incidente en dos rayos linealmente polarizados de manera perpendicular entre sí como si el material tuviera dos índices de refracción distintos.

La primera de las dos direcciones sigue las leyes normales de la refracción y se llama rayo ordinario; la otra tiene una velocidad y un índice de refracción variables y se llama *rayo extraordinario*. Este fenómeno solo puede ocurrir si la estructura del material es anisótropa. Si el material tiene un solo eje de anisotropía, la birrefringencia puede formalizarse asignando dos índices de refracción diferentes al material para las distintas polarizaciones.

Este fenómeno puede determinarse mediante la siguiente expresión matemática:

$\Delta n = n_e - n_o$ donde: n_e: índice de refracción asociado al rayo extraordinario.
n_o: índice de refracción asociado al rayo ordinario.

Debe tenerse en cuenta que el rayo ordinario presenta una refracción perpendicular y el rayo extraordinario presenta una refracción para paralelo al eje de anisotropía del material.

Actividad propuesta 9.9

Calcula el ángulo de Brewster entre el aire y el cuarzo, sabiendo que el índice de refracción del cuarzo es de 1,544. Se puede tomar el índice de refracción del aire como la unidad.

9.5. Índice de rotación específica. Variación con la temperatura

Relacionado con el concepto de polarización se encuentra el concepto de polarimetría. La *polarimetría* es la medición de la rotación angular de las sustancias ópticamente activas en un plano de luz polarizada. En la práctica la polarimetría es un método para la determinación de la concentración de soluciones, muy empleado en las industrias química y alimenticia.

9.5.1. Actividad óptica

En química de los compuestos de carbono, se llama *isómeros* a aquellas moléculas con la misma cantidad de átomos de cada tipo pero que, por diferentes motivos, son distintas. Los dos grandes grupos de isomería son la plana y la geométrica y, dentro de la isomería geométrica, nos interesa un subtipo de extraordinaria importancia: la *isomería óptica.*

Decimos que dos moléculas presentan *isomería óptica* (son isómeros ópticos, también llamados *enantiómeros*) si ambas están formadas por un átomo de carbono unido a cuatro grupos distintos pero, en un caso y otro, colocados de tal manera que una molécula y la otra son *imágenes especulares* (de espejo) *no superponibles,* como nuestras manos (*queiros,* en griego). Llamaremos a este átomo de carbono *asimétrico* o *quiral.*

Cuando esto ocurre (el caso más común es la molécula de ácido láctico), uno de estos isómeros desvía la luz polarizada hacia la derecha y se representa con el signo (+): es el *isómero dextrógiro* o forma dextro; el otro isómero óptico desvía la luz polarizada, hacia la izquierda y se representa con el signo (–): es el *isómero levógiro* o forma levo.

Una *mezcla racémica* es la mezcla que contiene el mismo número de moléculas de los isómeros dextro y levo. Esta mezcla es ópticamente inactiva, es decir, no desvía el plano de la luz polarizada.

Si un compuesto posee dos carbonos asimétricos, puede tener uno dextrógiro y otro levógiro; pero, si tiene un plano de simetría, en conjunto se comporta como ópticamente inactivo y recibe el nombre de forma meso o *mesómero.*

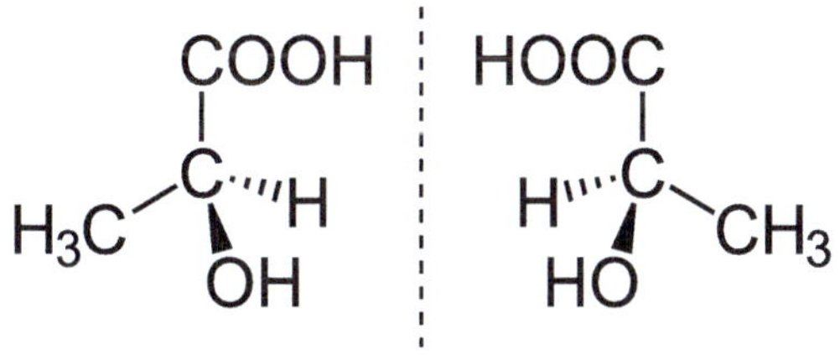

Figura 9.8
Formas dextro y levo del ácido láctico.

El ángulo de rotación óptica puede calcularse a partir de la *ley de Biot,* para cualquier compuesto ópticamente activo, mediante la siguiente expresión:

$\alpha = [\alpha]_\lambda^T \cdot \rho \cdot L$ donde: α: ángulo de rotación óptica (rad).
$[\alpha]_\lambda^T$: ángulo de rotación óptica de referencia a una longitud de onda (λ) y temperatura (T) dadas.
ρ: densidad del material (kg/m^3).
L: longitud del camino óptico (m).

Actividad resuelta 9.12

El ángulo de rotación óptica de referencia de la glucosa es de 30°. La densidad de la glucosa líquida es de 1,56 g/cm^3 y la longitud del camino óptico de 5 mm. Calcula el ángulo de rotación óptica en estas condiciones.

SOLUCIÓN:

En primer lugar el ángulo de 30° debe expresarse en radianes y el resto de magnitudes en unidades del SI:

$$30° \cdot \frac{\pi \text{ rad}}{180°} = \frac{\pi}{6} \text{ rad}$$

A continuación podemos sustituir en la expresión correspondiente:

$$\alpha = [\alpha]_\lambda^T \cdot \rho \cdot L = \frac{\pi}{6} \cdot 1.560 \cdot 0{,}005 = 4{,}08 \text{ rad} = 234°$$

La expresión anterior también podría darse en función de las concentraciones molares, en el caso de sustancias orgánicas en disolución. En este caso se tendría la fórmula siguiente:

$\alpha = \alpha_M \cdot c \cdot L$ donde: α: ángulo de rotación óptica (rad).
α_M: ángulo de rotación óptica molar ($\text{rad} \cdot \text{m}^2 \cdot \text{mol}^{-1}$).
c: concentración de la disolución ($\text{mol} \cdot \text{m}^{-3}$).
L: longitud del camino óptico (m).

Actividad resuelta 9.13

El ángulo de rotación óptica molar de referencia del benceno es de 45° y este se encuentra en una disolución 0,9 M con etanol. La longitud del camino óptico es de 10 mm. Con estos datos, calcula el ángulo de rotación óptica del benceno.

SOLUCIÓN:

En primer lugar debemos expresar todos los datos en las correspondientes unidades del SI:

$$45° = \frac{\pi}{4} \text{rad}; \quad 10 \text{ mm} \cdot \frac{1 \text{ m}}{1.000 \text{ mm}} = 0{,}01 \text{ m}$$

A continuación sustituimos en la expresión correspondiente:

$$\alpha = \alpha_M \cdot c \cdot L = \frac{\pi}{4} \cdot 0{,}9 \cdot 0{,}01 = 0{,}0071 \text{ rad} = 0{,}405°$$

El ángulo de rotación óptica, ya sea específico o molar, es una constante característica de cada sustancia y es función de la longitud de onda y de la temperatura. Normalmente, en la bibliografía especializada, la longitud de onda se halla referida a la línea D del sodio, color amarillo, y a una temperatura de 25 °C. El valor numérico es el mismo para cada par de enantiómeros, el dextrógiro toma el valor positivo para el levógiro, negativo.

9.5.2. Temperatura y actividad óptica

Como ya se ha comentado en apartados anteriores el ángulo de rotación depende de la longitud de onda a la que se mida y de la temperatura. La rotación específica está relacionada con la refracción y la polaridad de la luz. La rotación específica también, depende de estos dos parámetros, además de la concentración de las sustancias.

Si analizamos la ley de Biot podemos ver que el ángulo de rotación óptica de referencia está referido una longitud de onda (λ) y temperatura *(T)* concretas y como ya sabemos la densidad *(r)* de una sustancia también depende de la temperatura, por lo que en definitiva el valor del ángulo de rotación dependerá en última instancia de la temperatura de trabajo.

Si analizamos la misma ley, teniendo en cuenta la concentración de las sustancias, podemos ver que el ángulo de rotación óptica molar (α_M) también depende de la longitud de onda y de la temperatura como en el caso anterior. Además, la concentración *(c)* de una disolución también se ve afectada por la temperatura. Esto es debido a que la temperatura afecta a la solubilidad de las sustancias, generalmente a mayor temperatura, mayor solubilidad, pero también puede darse el caso contrario, es decir, al aumentar la temperatura, disminuirá la solubilidad.

En resumen puede decirse que con una modificación de la temperatura también se modificará la actividad óptica de las sustancias, debido a que ángulos rotación específica dependen de la temperatura, al igual que la densidad de las disoluciones y su concentración.

Actividades propuestas

9.10. El ángulo de rotación óptica de referencia de un compuesto orgánico es de 25°. La densidad de este compuesto es de 0,96 g/cm³ y la longitud del camino óptico de 5 cm. Calcula el ángulo de rotación óptica en estas condiciones para dicho compuesto.

9.11. El ángulo de rotación óptica molar de referencia de una disolución es de 75° y su concentración es 2,5 M. La longitud del camino óptico es de 100 mm. Con estos datos, calcula el ángulo de rotación óptica de esta disolución.

9.6. Dispersión de la luz. Opacidad. Turbidez

Para finalizar el estudio de este capítulo se van a mencionar tres fenómenos ópticos que también tienen su origen en la naturaleza de la luz: la *dispersión de la luz,* la *opacidad* y la *turbidez*.

En este apartado hablaremos con detalle de la dispersión; la opacidad y la turbidez se analizarán con más detalle en el capítulo 10.

La *dispersión* o dispersión refractiva de la luz es un fenómeno que tiene su origen en la naturaleza ondulatoria de la luz.

La luz blanca es una superposición de luces de diferentes colores, las cuales presentan una longitud de onda y una frecuencia específicas. La dispersión de la luz es un fenómeno que se produce cuando un rayo de luz blanca atraviesa un medio transparente y se refracta, mostrando a la salida de este medio los respectivos colores que la constituyen.

La dispersión tiene su origen en una disminución en la velocidad de propagación de la luz cuando atraviesa un medio. Debido a que el material absorbe y vuelve a emitir la luz cuya frecuencia es cercana a la frecuencia de oscilación natural de los electrones que están presentes en él, esta luz se propaga un poco más despacio en comparación a luz de frecuencias distintas. Estas variaciones en la velocidad de propagación dependen del índice de refracción del material y del medio que lo rodea y hacen que la luz, para frecuencias diferentes, se refracte de manera diferente.

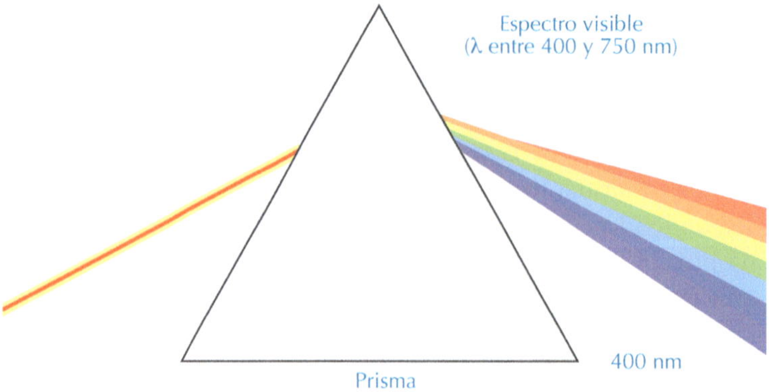

Figura 9.9
Dispersión de la luz.

En el prisma óptico se produce una doble refracción de forma que se distinguen entonces de manera organizada los colores que componen la luz blanca: la desviación es progresiva, siendo mayor para frecuencias mayores (menores longitudes de onda); por lo tanto, la luz roja es desviada de su trayectoria original en menor medida que la luz azul.

La luz blanca se descompone en los siete colores que forman el arcoíris (rojo, anaranjado, amarillo, verde, azul, añil y violeta), lo que demuestra que la luz blanca está constituida por la superposición o suma de todos estos colores. Cada color experimenta una desviación distinta ya que el índice de refracción de un material es diferente para cada uno de los colores.

Si la luz de un color específico, proveniente del espectro de la luz blanca, atravesara un prisma, esta no se descompondría en otros colores, ya que cada color que compone el espectro es un color puro o monocromático.

Resumen

- El estudio de la luz básicamente se divide en dos bloques: el estudio de su naturaleza y el estudio de sus propiedades. A lo largo de la historia se han propuesto varios modelos para intentar comprender la naturaleza de la luz, los fenómenos asociados y sus propiedades. Los dos modelos clásicos son la teoría ondulatoria y la teoría corpuscular, que han acabado fusionándose en el modelo dualidad onda-partícula.
- La teoría ondulatoria considera la luz como un tipo de onda y define los parámetros asociados a este comportamiento como son: la amplitud, el periodo, la frecuencia, la longitud de onda y su velocidad de propagación. Mediante este modelo puede darse explicación a fenómenos como ahora las interferencias, la difracción de la luz, la refracción y la polarización.
- La teoría corpuscular considera la luz como un conjunto de partículas y da explicación a ciertos fenómenos como la emisión de energía por parte de un cuerpo negro, el efecto fotoeléctrico y la dispersión de la luz. Actualmente, el modelo más aceptado es el modelo onda-partícula que da explicación a todos los fenómenos anteriores de forma unificada.

- Los fenómenos más conocidos asociados a la luz son la reflexión, la refracción y la polarización. La reflexión consiste en el cambio de dirección del rayo de luz que se produce cuando este incide sobre un material. Existen cuatro tipos básicos de reflexión: la reflexión regular, la reflexión difusa, la retrorreflexión y la reflexión acoplada compleja.
- La refracción es el cambio de dirección de la luz cuando esta pasa de un medio material a otro diferente. Son varios los parámetros que influyen en la refracción de la luz: la ley de Snell, la reflexión interna total, el ángulo crítico y el índice de refracción que puede ser calculado para gases, líquidos y sólidos. Como consecuencias de la refracción pueden considerarse la dispersión, la opacidad y la turbidez.
- El último fenómeno asociado a luz es la polarización, que se produce cuando la luz normal se convierte en una onda que vibra en una sola dirección. Existen cuatro tipos de polarización muy comunes. El primero de ellos es la polarización por absorción selectiva; el segundo, la polarización por reflexión; el tercero, la birrefringencia, y el último, la polarización por actividad óptica, que es exclusivo de ciertos compuestos orgánicos.

Ejercicios propuestos

1. El índice de refracción del cuarzo es 1,544. ¿Con qué velocidad se propaga la luz en él?

2. El índice de refracción del agua respecto al aire es 4/3. ¿Con qué velocidad se propaga la luz en el agua?

3. Siendo las velocidades de la luz: 300 000 km/s en el vacío; 225000 km/s en el agua, y 199000 km/s en el vidrio, calcula:

   a) El índice de refracción absoluto del vidrio y del agua.
   b) El índice de refracción relativo del vidrio respecto al agua.

4. Una estación de radio emite ondas electromagnéticas, cuya velocidad de propagación es $3 \cdot 10^8$ m/s. Si la frecuencia es de 100.000 Hz, ¿cuál es la longitud de onda de la onda emitida?

5. Los rayos UV-C tienen una longitud de onda de entre 200 nm-280 nm. Deduce las frecuencias asociadas y su longitud de onda en agua.

6. Determina la energía asociada a un fotón de una radiación cuya longitud de onda es 3.750 Å.

7. Un medio tiene un índice de refracción respecto a otro de 0,8. ¿Qué puedes decir de la velocidad con que se propaga la luz en ambos medios, de su longitud de onda y de su frecuencia?

8. Se ha observado que un enantiómero puro tiene una rotación óptica de -0,82° medida en un tubo de 1 dm con una concentración de 0,3 g/10 mL. Calcula la rotación específica de esta molécula.

9. Se disuelven 1,5 g de un compuesto ópticamente activo en etanol para preparar 50 mL de disolución. Determina la rotación específica a 20 °C para la luz de sodio si la disolución tiene una rotación observada de +2,79° en un tubo polarimétrico de 10 cm.

10. Si un rayo luminoso se propagase desde el agua hacia el aire, ¿a partir de qué valor del ángulo de incidencia se presentará el fenómeno de reflexión total? El índice de refracción del agua = 4/3.

Práctica 7

Refracción de la luz. Determinación del índice de refracción

Objetivos

- Observar el fenómeno de refracción de la luz.
- Determinar el índice de refracción del acrílico y del agua utilizando la ley de Snell.
- Determinar el ángulo límite para las interfases acrílico-aire y agua-aire.

Fundamentos teóricos

La refracción de la luz ocurre cuando esta pasa de un medio a otro, ambos de densidades másicas diferentes. El rayo pasa a través de la interfase de ambos medios, siguiendo en el segundo medio una dirección diferente a la que tenía en el primero.

El índice de refracción de cualquiera de los medios se define como el cociente entre el seno del ángulo de incidencia al seno del ángulo de refracción, cuando el rayo de luz pasa desde el vacío al medio:

$$i = \frac{\sin\theta_i}{\sin\theta_r}$$

Donde: i: índice de refracción del medio (adimensional).
θ_i: ángulo de incidencia.
θ_r: ángulo de refracción.

Las unidades en las cuales se expresen los ángulos son indiferentes, siempre que se utilicen las mismas para el ángulo de incidencia y el ángulo de refracción.

De esta definición se deduce que el índice de refracción del vacío es n = 1. En esta práctica el índice de refracción del aire también se considerará prácticamente la unidad, dado que su índice de refracción real es 1,000293.

La *velocidad de la luz* al atravesar un medio determinado viene dada por el cociente entre la velocidad de la luz en el vacío ($c = 3 \cdot 10^8$ m/s) y el índice de refracción de dicho medio:

$$v = \frac{c}{i}$$

Materiales y reactivos

Materiales	Reactivos
Tablero	Agua destilada
Puntero láser	
Lente semicircular de acrílico	
Celda semicircular	
Círculo graduado o goniómetro	

Procedimiento experimental

En primer lugar, coloca el puntero láser sobre el tablero, cerca de uno de sus bordes menores y apuntando hacia el otro borde. Enciende el puntero. Ajusta el selector de rayos para que se vea solo uno. Coloca la hoja de papel con el círculo graduado o el goniómetro en el centro del tablero, haciendo que el rayo de luz coincida con el eje que marca 0°.

A continuación, coloca la lente semicircular de acrílico centrada sobre el papel, con su cara plana el puntero láser y perpendicular al rayo incidente. Gira muy lentamente el papel o el goniómetro para evitar que la lente semicircular se deslice. Haz coincidir el rayo de luz incidente con la línea correspondiente a un ángulo de 30°. Observa en la escala el ángulo correspondiente al rayo refractado que atraviesa la lente y anota el valor.

Seguidamente, repite la operación anterior para ángulos de 40°, 50° y 60°.

Para determinar el ángulo crítico o ángulo límite, se debe proceder como se explica a continuación.

Con mucho cuidado, para evitar que la lente se deslice sobre el papel, gira el papel o el goniómetro para que el rayo de luz incida perpendicularmente por la cara curva de la lente y salga por el centro de la cara plana. Gira hasta que el ángulo de incidencia sea de 40° aproximadamente. Ve incrementando el ángulo de incidencia en intervalos de 0,5° hasta que desaparezca el rayo refractado, es decir hasta que el ángulo de refracción sea 90°. El ángulo de incidencia en esta situación se corresponderá con el ángulo crítico o ángulo límite.

Además, debes trabajar con la celda semicircular, llenándola con agua hasta más de la mitad de su altura y repite todo el procedimiento utilizando la celda con agua en lugar de la lente de acrílico. Repite todos los procedimientos anteriores, pero ahora empleando la celda semicircular. Para determinar el ángulo crítico, comienza a trabajar con un ángulo de incidencia de 45º.

Cálculos y resultados

Los datos pueden recogerse en un cuadro similar al que se muestra a continuación:

θ_i	30º	40º	50º	60º
θ_r				
sin θ_i	0,5	0,6427	0,7660	0,8660
sin θ_r				
i				

Con los datos obtenidos y a partir de la ley de Snell, determina el índice de refracción de la lente de acrílico. Calcula teóricamente el ángulo crítico para el acrílico y compáralo con el valor medido experimentalmente. Recuerda que para determinar el ángulo crítico debe utilizarse la siguiente expresión:

$$\theta_c = \sin^{-1}\frac{1}{i}$$

Después, con los datos obtenidos y a partir de la ley de Snell determina el índice de refracción de la celda semicircular. Calcula teóricamente el ángulo crítico para el agua y compáralo con el valor medido experimentalmente.

Actividades de autoevaluación

1. La luz es...
   - ☐ *a)* Una onda electromagnética.
   - ☐ *b)* Un corpúsculo que se mueve a velocidad constante.
   - ☐ *c)* Una partícula que lleva asociada una onda electromagnética.
   - ☐ *d)* Todas las respuestas anteriores son correctas.

2. La velocidad de la luz en el vacío es de aproximadamente:
   - ☐ *a)* 240 m/s.
   - ☐ *b)* 300.000 m/s.
   - ☐ *c)* 3 · 108 m/s.
   - ☐ *d)* Ninguna de las respuestas anteriores es correcta.

3. El índice de refracción de un material es...
   - ☐ *a)* Inversamente proporcional a la velocidad en el medio de propagación.
   - ☐ *b)* Directamente proporcional a la velocidad en el medio de propagación.
   - ☐ *c)* Inversamente proporcional a la velocidad de la luz.
   - ☐ *d)* Todas las respuestas anteriores son correctas.

4. La refracción es...
   - ☐ *a)* La variación en la dirección de la luz al atravesar un medio.
   - ☐ *b)* La variación en el ángulo de incidencia de la luz al atravesar un medio.
   - ☐ *c)* La relación entre la velocidad de la luz en el vacío y la velocidad de la luz en el medio.
   - ☐ *d)* Todas las respuestas anteriores son correctas.

5. La ley de Snell relaciona el cambio de ángulo con el cambio de velocidad mediante...
   - ☐ *a)* Los índices de refracción de ambos medios.
   - ☐ *b)* La densidad de ambos medios.
   - ☐ *c)* La temperatura ambos medios.
   - ☐ *d)* Ninguna de las respuestas anteriores es correcta.

6. La difracción es un fenómeno característico de las ondas que se basa...
   - ☐ *a)* En el choque de las ondas contra una superficie.
   - ☐ *b)* En la desviación de estas al encontrar un obstáculo o al atravesar una rendija.
   - ☐ *c)* En el cambio de dirección de las ondas al atravesar un medio.
   - ☐ *d)* Todas las respuestas anteriores son correctas.

7. La interferencia es un fenómeno en el que dos o más ondas se superponen para...
   - ☐ *a)* Formar una onda resultante de mayor, menor o igual amplitud.
   - ☐ *b)* Formar una onda resultante de mayor, menor o igual frecuencia.
   - ☐ *c)* Formar una onda resultante de mayor, menor o igual longitud.
   - ☐ *d)* Todas las respuestas anteriores son correctas.

8. La reflexión difusa tiene lugar cuando...
   - ☐ *a)* Un rayo de luz incide sobre una superficie y los rayos resultantes no se reflejan.
   - ☐ *b)* Un rayo de luz incide sobre una superficie y los rayos resultantes no se reflejan en varias direcciones a la vez.
   - ☐ *c)* Un rayo de luz incide sobre una superficie y los rayos resultantes se reflejan en varias direcciones a la vez.
   - ☐ *d)* Ninguna de las respuestas anteriores es correcta.

9. Se denomina dispersión al fenómeno...
   - ☐ *a)* De separación de las ondas de distinta frecuencia al atravesar un material.
   - ☐ *b)* De separación de las ondas de distinta amplitud al atravesar un material.
   - ☐ *c)* De separación de las ondas de distinta velocidad al atravesar un material.
   - ☐ *d)* Ninguna de las respuestas anteriores es correcta.

10. El ángulo que provoca una polarización total se llama...
   - ☐ *a)* Ángulo límite.
   - ☐ *b)* Ángulo de Brewster.
   - ☐ *c)* Ángulo de Snell.
   - ☐ *d)* Todas las respuestas anteriores son correctas.

SOLUCIONES:

1.	c
2.	c
3.	b
4.	d
5.	a
6.	b
7.	a
8.	c
9.	a
10.	b

10

Medición de propiedades ópticas

Objetivos

- ✓ Conocer las técnicas de medición de propiedades ópticas de las disoluciones: refracción, polarización, opacidad y turbidez.
- ✓ Calcular y determinar el índice de refracción y el recorrido óptico en los ensayos refractométricos.
- ✓ Saber utilizar el refractómetro, conocer los diferentes tipos de refractómetros y sus principios de funcionamiento.
- ✓ Determinar la rotación específica de forma teórica y práctica mediante el uso del polarímetro.
- ✓ Relacionar el índice de refracción, la rotación específica, la opacidad y la turbidez con la concentración de soluto de una disolución.
- ✓ Utilizar el colorímetro y el espectrofotómetro como instrumentos para determinar la opacidad de una disolución o de un líquido.
- ✓ Diferenciar entre los principios y las técnicas de turbidimetría y nefelometría para la determinación de la turbidez de una disolución o de un líquido.

Mapa conceptual

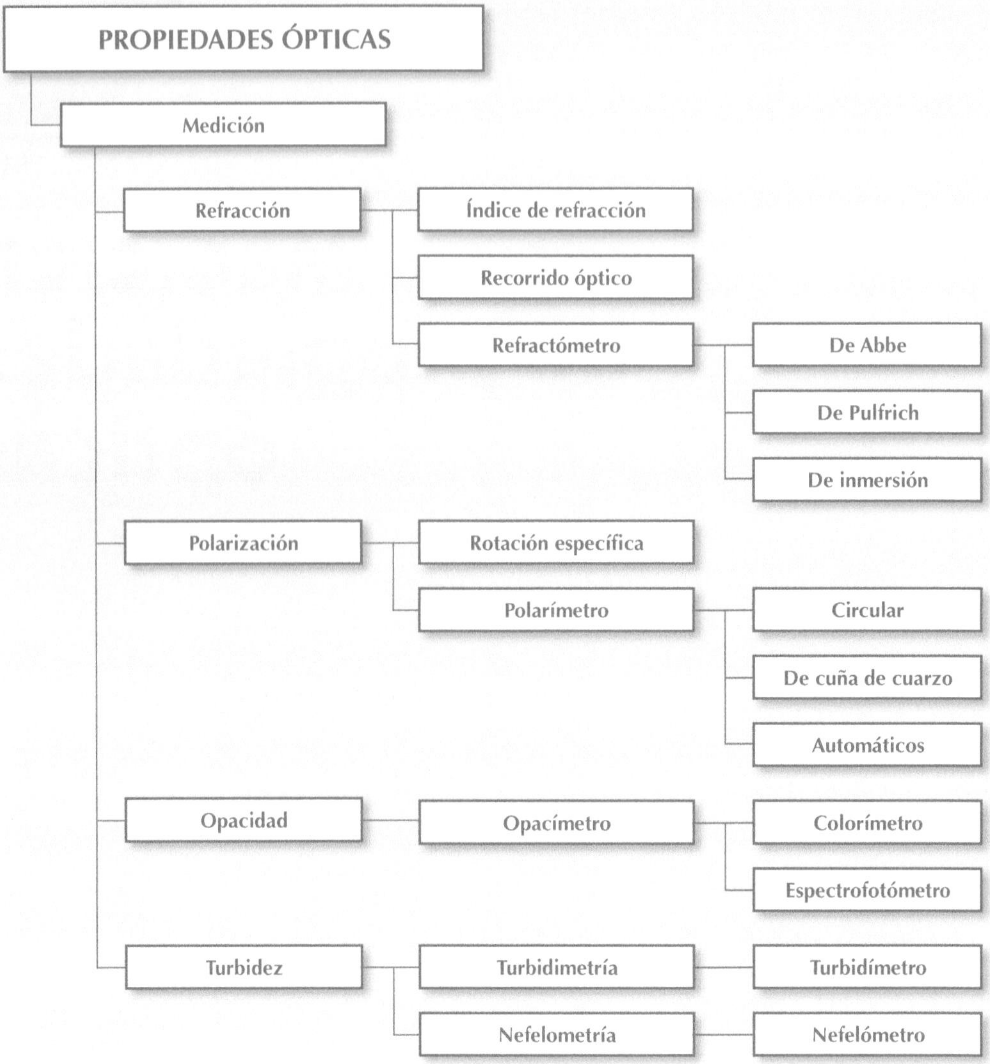

Glosario

DEG. Abreviatura anglosajona utilizada para hablar de grados sexagesimales, utilizados para medir ángulos.

Dextrógiro. Compuesto que tiene la capacidad de desviar la luz polarizada en el sentido de las agujas del reloj o hacia la derecha.

Fotómetro. Cualquier instrumento usado para medir la intensidad de la luz.

Fluorímetro. Dispositivo de laboratorio utilizado para medir los parámetros de la fluorescencia: su intensidad y la distribución de longitudes de onda del espectro de emisión después de la excitación por un cierto espectro de luz.

Levógiro. Compuesto que tiene la capacidad de desviar la luz polarizada en sentido contrario al de las agujas del reloj o hacia la izquierda.

10.1. Medida del índice de refracción: sustancias puras

El índice de refracción es un parámetro óptico propio de cada medio que indica el comportamiento de la luz al atravesarlo. Desde un punto de vista microscópico, el índice de refracción es un reflejo de las características eléctricas y magnéticas del medio.

Este parámetro se define como:

$n = \sqrt{\varepsilon \cdot \mu}$ donde: n: índice de refracción del medio (adimensional).
ε: constante dieléctrica relativa del medio (adimensional).
μ: permeabilidad magnética relativa del medio (adimensional).

Actividad resuelta 10.1

La constante dieléctrica del etanol es 24,5 y su permeabilidad magnética es de 1,36. Con estos datos, deduce el índice de refracción de esta sustancia.

SOLUCIÓN:

Aplicando la expresión dada en el texto y sustituyendo los valores dados en el enunciado, se tiene que:

$$n = \sqrt{\varepsilon \cdot \mu} = \sqrt{24{,}5 \cdot 1{,}36} = 5{,}77$$

Como la constante dieléctrica relativa y la permeabilidad magnética dependen de la frecuencia de la radiación incidente, el índice de refracción de un material también dependerá de la frecuencia de la radiación utilizada para determinarlo.

Sin embargo, muchas veces se toma el valor del índice de refracción como una constante ya que en ciertos medios y para ciertos intervalos de frecuencia, las variaciones de n en función de esta son despreciables. Estos medios se denominan *medios no dispersivos,* por oposición a los *medios dispersivos,* que son aquellos en los que la relación entre el índice de refracción y la frecuencia sí ha de ser tenida en cuenta.

El índice de refracción también depende de la temperatura según la siguiente expresión:

$n = 0{,}0004 \cdot n_0 \cdot \ln T$ donde: n: índice de refracción a la temperatura de trabajo (adimensional).
n_0: índice de refracción inicial del medio (adimensional).
T: temperatura absoluta (K).

Debe tenerse en cuenta que la expresión anterior es una aproximación calculada a partir de diferentes datos físicos de las sustancias y en ocasiones los resultados obtenidos a partir de esta son inexactos. Siempre sería preferible trabajar con regresión de datos experimentales obtenidos en el laboratorio.

Actividad resuelta 10.2

El índice de refracción de una sustancia a 20 °C es aproximadamente 1,75. Calcula el índice de refracción de la misma sustancia a 100 °C.

SOLUCIÓN:

En primer lugar la temperatura debe expresarse de forma absoluta, es decir en kelvin:

$$T(\text{K}) = t\,(°\text{C}) + 273 = 100 + 273 = 373 \text{ K}$$

A continuación ya se puede aplicar la ecuación dada en el texto y calcular el resultado:

$$n = 0{,}0004 \cdot n_0 \cdot \ln T = 0{,}0004 \cdot 1{,}75 \cdot \ln 373 = 0{,}0041$$

Por otro lado, la clase de medio que tengamos es absolutamente determinante del tipo de índice de refracción que tendrá la sustancia.

- Para medios dieléctricos isótropos transparentes, es decir, medios no absorbentes, este índice será siempre un número real. Es el caso de todas las sustancias puras.
- Para medios absorbentes, el índice de refracción sería un número imaginario.
- Para medios anisótropos, se puede dar el caso de que exista más de un índice de refracción, en función de la dirección de propagación de la luz en su interior.

Para evitar confusiones, se puede definir el índice de refracción en función de la velocidad de la luz, obteniéndose la siguiente expresión:

$n = \frac{c}{v}$ donde: n: índice de refracción del medio (adimensional).
c: velocidad de la luz en el vacío ($3 \cdot 10^8$ m/s).
v: velocidad de la luz en el medio (m/s).

Actividad resuelta 10.3

La velocidad de la luz en acetona es de aproximadamente $2{,}8 \cdot 10^8$ m/s. A partir de este dato, calcula el índice de refracción de la acetona.

SOLUCIÓN:

Aplicando la expresión del índice de refracción y sustituyendo valores:

$$n = \frac{c}{v} = \frac{3}{2{,}8} = 1{,}071$$

La *ley de Snell* permite cuantificar el fenómeno de la refracción, o cambio de dirección de propagación de la luz al pasar de un medio a otro. Relaciona el ángulo de incidencia en la superficie de separación, el ángulo de refracción y los índices de refracción de ambos medios:

$n_1 \sin \theta_i = n_2 \sin \theta_t$ donde: n_1: índice de refracción del primer medio (adimensional).
n_2: índice de refracción del segundo medio (adimensional).
θ_i: ángulo del rayo incidente (rad, grados sexagesimales).
θ_t: ángulo del rayo refractado (rad, grados sexagesimales).

Las unidades en que se mida el ángulo incidente y refractado deben ser las mismas, radianes en el SI, o grados sexagesimales a modo práctico.

Actividad resuelta 10.4

Se puede considerar que el índice de refracción del aire es igual a la unidad y el índice de refracción de la acetona 1,071. Si el ángulo de incidencia es de 45°, ¿cuál será el ángulo del rayo refractado al atravesar una capa de acetona líquida?

SOLUCIÓN:

Aplicando la ley de Snell se tiene que:

$$n_1 \sin\theta_1 = n_2 \sin\theta_2 \Rightarrow 1 \cdot \sin 45° = 1{,}071 \cdot \sin\theta_t \Rightarrow \sin\theta_t = \frac{1 \cdot \sin 45°}{1{,}071} = 0{,}6602$$

El ángulo correspondiente es: $\sin^{-1} 0{,}6602 = 41{,}32°$

Debe tenerse en cuenta que la ley de Snell fue formulada para explicar los fenómenos de refracción de la luz pero esta ley se puede aplicar a todo tipo de ondas que atraviesen una superficie de separación entre dos medios en los que la velocidad de propagación de la onda varíe.

Actividades propuestas

10.1. La constante dieléctrica de un líquido es 20 y su índice de refracción de 2,5. ¿Cuál será la permeabilidad magnética de esta sustancia?

10.2. El índice de refracción del etanol es de 1,05 a 15 °C; a 25 °C este índice pasa a ser de 1,25. ¿Cuál sería el índice de refracción a una temperatura de 35 °C? Nota: utiliza un método de extrapolación para resolver el problema.

10.3. El índice de refracción de una sustancia es de 1,075, ¿cuál será la velocidad de la luz al atravesar dicha sustancia?

10.4. Se puede considerar que el índice de refracción del aire es igual a la unidad y el índice de refracción de cierta sustancia es de 2. Si el ángulo de incidencia es de 60°, ¿cuál será el ángulo del rayo refractado al atravesar esta sustancia?

10.2. Refractómetros: tipos, componentes y recorrido óptico

Se denomina *refractometría,* al método óptico que determina la velocidad de propagación de la luz en un medio, comparándolo con la velocidad de la luz en el vacío, y usando como parámetro físico de medición el índice de refracción, el cual se relaciona directamente con la densidad de del medio en estudio. Este método de medición se basa en la refracción de la luz, la cual es una propiedad física fundamental de cualquier sustancia.

10.2.1. El refractómetro

Los *refractómetros* son los instrumentos utilizados en refractometría y su principio de funcionamiento puede ser el fenómeno de la refracción, para lo cual será necesario el uso de varios prismas ópticos, o el de ángulo crítico, en cuyo caso solo se emplea un prisma. En ambos casos el objetivo es la medición del índice de refracción, a partir de la cual se construyen las diferentes escalas específicas según el tipo de sustancia a investigar.

Los refractómetros se utilizan para medir el índice de refracción de líquidos, sólidos y gases, o incluso vidrios o gemas.

Existen diferentes tipos de refractómetros: de Abbe, de ángulo variable, de inmersión, portátiles, automáticos, etc., pero casi todos se basan en el mismo diseño y componentes.

10.2.2. Componentes del refractómetro

Básicamente, todos los refractómetros constan de tres elementos o componentes fundamentales: la lámpara, el prisma óptico y las escalas de medición.

La *lámpara* es la fuente de luz o de radiación del aparato. La más utilizada suele ser una lámpara que emita luz blanca, como por ejemplo una lámpara de filamento de tungsteno, pero también pueden utilizarse emisores de luz de sodio o emisores láser. La lámpara es la encargada de emitir el denominado rayo incidente.

El *prisma* suele ser un pequeño bloque de vidrio o de cuarzo, con dos de sus superficies planas y muy pulimentadas, y está diseñado para poder controlar los ángulos del rayo incidente y del rayo refractado con gran precisión. El prisma más común es el *prisma de Amici* cuyo objetivo es transformar el rayo de luz utilizado en un rayo monocromático de una longitud de onda determinada.

Las *escalas* proporcionan el valor de la magnitud medida. Existen dos escalas básicas de medición, según la magnitud medida: la escala de índice de refracción, o la escala de concentración.

La *escala de índice de refracción* proporciona directamente los valores de esta magnitud. Suele estar graduada desde un valor mínimo de 1 hasta un valor máximo de 2 unidades, siempre y cuando se este midiendo el índice de refracción de líquidos o disoluciones. Este tipo de escala puede ser analógica o digital.

La *escala de concentración* suele medir la fracción en masa de un determinado soluto en una disolución. Generalmente, esta concentración viene dada en % en masa, es decir los gramos de soluto contenidos en 100 g de disolución. El intervalo de medición suele ser de 0-95%. Al igual que en el caso anterior, este tipo de escala puede ser analógico o digital.

10.2.3. Tipos de refractómetros

El refractómetro más empleado en el laboratorio de ensayos fisicoquímicos es el *refractómetro de Abbe,* aunque existen otros tipos de refractómetros. Los refractómetros pueden dividirse en dos grandes grupos principales:

- Refractómetros Pulfrich con prisma en "V".
- Refractómetros TIR, que a su vez se clasifican según su diseño:
  - Pulfrich.
  - Abbe.
  - De inmersión.
  - De refracción total o ángulo crítico.

Veamos los más comunes.

A) Refractómetro de Abbe

El *refractómetro de Abbe* consta de un prisma de iluminación y un prisma de refracción, fabricados con *vidrio flint*. Este instrumento está diseñado de tal forma que solo permite medir índices de refracción inferiores al del vidrio del prisma: típicamente, los índices de refracción que se pueden medir en un equipo de este tipo están entre 1,300 y 1,700.

TOMA NOTA

✓ El *vidrio flint* es un tipo de vidrio óptico con un relativamente alto índice de refracción y con un bajo número de Abbe (dispersión alta). Está arbitrariamente definido por un número de Abbe comprendido entre 55 y 50, o incluso menos. Habitualmente presenta índices refractivos que varían entre 1,45 y 2,00.

Para mediar el índice de refracción de un líquido en un refractómetro Abbe se ponen una gotas de la muestra sobre la cara horizontal del prisma de refracción. Después, este prisma se cubre con el de iluminación que es abatible. Con esto se consigue una finísima película de muestra que queda entre ambos prismas. Debe tenerse en cuenta que el prisma de iluminación tiene una superficie mate, mientras el inferior la tiene pulida. La superficie del prisma de iluminación es mate para que cada punto de ella emita luz en una dirección arbitraria. De este modo, en la muestra entran rayos con todas las direcciones posibles.

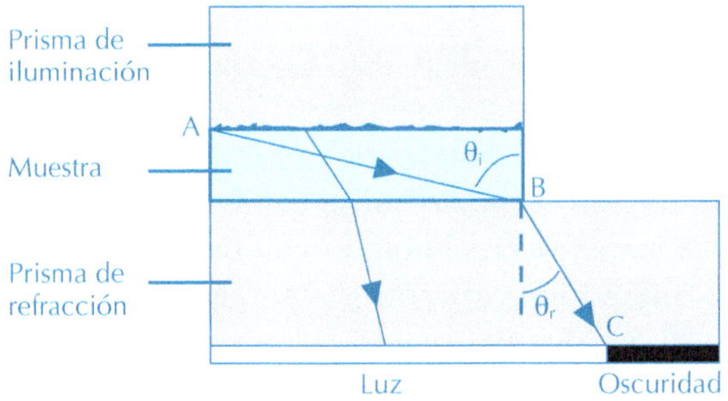

Figura 10.1 Principio del refractómetro Abbe.

El rayo rasante a la muestra es el que experimentará la mayor refracción posible, ya que todos los demás entrarán en el prisma de refracción con un ángulo de incidencia menor. Por lo tanto, todos esos rayos experimentarán una refracción menor que el rayo rasante. Como ningún rayo experimentará una refracción mayor, a la derecha del punto al que llega el rayo refractado desde el prisma de refracción, habrá oscuridad y a su izquierda habrá luz.

Se puede considerar que el ángulo correspondiente al rayo refractado es el ángulo crítico o el ángulo límite de refracción.

Cuando se mira por el ocular del refractómetro, tras poner la muestra, lo más normal es que la imagen no quede dividida en dos campos iguales, oscuro e iluminado. Se debe mover el mando de medida del índice de refracción que tiene el refractómetro para conseguir que ambos campos sean iguales.

Al operar como se ha explicado lo que se está haciendo es buscar el ángulo crítico. El mando que permite centrar la línea de división entre luz y sombra va engranado con una escala de medida del índice de refracción que se ha calibrado de tal modo que el índice es el valor que marca la escala cuando se ha conseguido centrar la línea de separación luz-sombra.

B) Refractómetro de Pulfrich

El *refractómetro de Pulfrich* es útil para la medición del índice de refracción de muestras sólidas o líquidas. Este instrumento puede alcanzar una precisión bastante grande, del orden de 10^{-4}, en la medida del índice de refracción y un error muy pequeño, del orden de 10^{-5}.

El componente central de este instrumento es un bloque de vidrio, que ha de ser de excelente calidad, con dos superficies planas formando ángulo recto, una en el plano horizontal y otra en el vertical. La luz, ligeramente convergente, de un foco que da líneas espectrales netas, bien espaciadas, se hace incidir sobre la superficie horizontal. Los rayos que inciden casi de forma perpendicular con la normal, es decir, prácticamente paralelos a la superficie horizontal, se refractan en el bloque Pulfrich en el ángulo límite, lo cual depende del índice de refracción del bloque y del líquido.

Si la dispersión del líquido es diferente de la del vidrio, el ángulo límite será diferente para longitudes de onda distintas. Los rayos que inciden sobre la superficie horizontal en ángulos de menos de 90° con la normal, también se refractan en el bloque. Los rayos incidentes en ángulos mayores que 90° no entran en el bloque por la superficie horizontal. Por lo tanto, los rayos refractados en ángulos menores que el ángulo límite, o iguales a este, emergerán de la cara vertical del bloque de Pulfrich, mientras que no aparecerán los que inciden en ángulos mayores que el ángulo crítico.

C) Refractómetro de inmersión

El principio del refractómetro de inmersión es el mismo que el de los aparatos de Pulfrich y Abbe. Su nombre proviene de que el prisma de refracción está sujeto rígidamente al objetivo del anteojo y se sumerge en el líquido cuyo índice de refracción se mide. Se hace la lectura de la posición de la línea divisoria entre las porciones oscura y brillante del campo sobre una escala en el plano focal del anteojo mientras el prisma está sumergido en el líquido. Las lecturas de la escala se transforman en los índices de refracción correspondientes mediante las tablas suministradas con el instrumento.

El refractómetro de inmersión es muy cómodo para la medición de numerosas muestras que varían poco en el índice de refracción. Su precisión es algo mayor que la del instrumento de Abbe ordinario, pero no es tan adaptable como este o como el refractómetro de Pulfrich.

10.2.4. Recorrido óptico

El *recorrido óptico* o camino óptico es la distancia recorrida por la luz en un medio con índice de refracción conocido, en un tiempo determinado, comparada con la distancia que recorrería la luz en el vacío durante el mismo intervalo de tiempo.

$$L = n \cdot l \qquad \text{y} \qquad n = \frac{c}{v}$$

luego:

$L = \frac{c}{v} \cdot l$ donde: L: recorrido óptico (m).
n: índice de refracción (adimensional).
l: longitud recorrida por la luz en el medio (m).
c: velocidad de la luz en el vacío ($3 \cdot 10^8$ m/s).
v: velocidad de la luz en el medio (m/s).

Actividad resuelta 10.5

Sabemos que la velocidad de la luz en el agua es de 225 000 km/s y de 124.481 km/s en el diamante. Calcula el recorrido óptico en ambos casos si la luz recorre 1 m en el agua y 15 cm en el diamante.

SOLUCIÓN:

En primer lugar deben expresarse todas las unidades en el Sistema Internacional:

$$225.000 \frac{km}{s} \cdot \frac{1.000\ m}{1\ km} = 2{,}25 \cdot 10^8\ m/s$$

$$124.481 \frac{km}{s} \cdot \frac{1.000\ m}{1\ km} = 1{,}24 \cdot 10^8\ m/s$$

$$15 cm \cdot \frac{1\ m}{100\ cm} = 0{,}15 cm$$

A continuación, se calcula el recorrido óptico en el agua:

$$L = \frac{c}{v} \cdot l = \frac{3}{2{,}25} \cdot 1 = 1{,}33 m$$

Seguidamente se calcula el recorrido óptico en el diamante:

$$L = \frac{c}{v} \cdot l = \frac{3}{1{,}24} \cdot 0{,}15 = 0{,}36 m$$

El camino óptico permite determinar la trayectoria de un rayo de luz gracias al *principio de Fermat*. Este establece que un rayo de luz sigue una trayectoria cuyo camino óptico sea estacionario.

Por ejemplo, un rayo de luz propagándose entre dos puntos y contando con un plano en el que reflejarse, puede seguir dos trayectorias distintas. Una en la que el rayo de luz no se refleja en el espejo (camino óptico mínimo) y otra en la que sí se refleja (camino óptico máximo).

Actividad propuesta 10.5

Una lámina de vidrio de caras planas y paralelas situada en el aire tiene un espesor de 12 cm y un índice de refracción de 1,5. Si un rayo de luz monocromática incide en la cara superior del vidrio con un ángulo de 30°. Calcula:

a) El valor del ángulo en el interior de la lámina y el ángulo emergente.
b) El recorrido óptico del rayo de luz en el interior del vidrio.

10.3. Medida del índice de rotación específica

La *rotación óptica* es la propiedad que presentan algunas sustancias líquidas o solutos en disolución de rotar el plano de polarización de la luz polarizada que incide sobre ellas. Las sustancias que rotan la luz en el sentido de las agujas del reloj son dextrógiras y su rotación óptica se considera positiva (+), mientras que las sustancias que rotan la luz en la dirección opuesta son levógiras y su rotación óptica se considera negativa (–).

El *índice de rotación específico* es una propiedad física característica de las sustancias ópticamente activas y está definido para una longitud de onda y una temperatura determinada. Dependiendo si se trata de una sustancia dextrógira o levógira, el poder rotatorio específico se considerará positivo o negativo respectivamente. Se encuentran tabulados los poderes rotatorios específicos de una gran variedad de sustancias a distintas temperaturas.

La *polarimetría* es una técnica conveniente para distinguir entre sí, sustancias ópticamente activas, a partir de la medición de la rotación óptica de una sustancia; y que también permite calcular concentraciones de disoluciones.

La rotación óptica varía con la temperatura, la longitud de onda de la luz incidente, el disolvente utilizado, la naturaleza de la sustancia y su concentración. Si una solución contiene dos sustancias ópticamente activas y estas no reaccionan entre sí, el ángulo de desvío será la suma algebraica de los ángulos de desvío de ambas.

La *rotación óptica específica* es un valor de referencia y se calcula a partir de la rotación óptica observada para una solución de muestra o para la sustancia a analizar. Las medidas de rotación óptica son realizadas a una longitud de onda de 589,3 nm y a una temperatura 25 °C a no ser que se especifique lo contrario. La temperatura experimental debe ser mantenida en ± 0,5 °C con relación al valor especificado.

La expresión utilizada para determinar la *rotación específica de una disolución* es la siguiente:

$$[\alpha]_\lambda^T = \frac{100 \cdot \alpha}{l \cdot c}$$

, que en caso de querer expresar la rotación específica de un líquido se expresa...

$$[\alpha]_\lambda^T = \frac{\alpha}{l \cdot \rho}$$

donde: $[\alpha]_\lambda^T$ rotación específica (DEG · m^2 · mol^{-1}).
α: ángulo de rotación (DEG).
T: temperatura de trabajo (K).
λ: longitud de onda (m).
l: longitud del tubo del polarímetro (m).
c: concentración de la disolución (mol/m^3).
ρ: densidad del líquido (kg/m^3).

Actividades resueltas

10.6. *El ángulo de rotación de una disolución de glucosa es de 15,5°, cuando se trabaja a 25 °C y con una longitud de onda de 472 nm. La longitud del tubo del polarímetro es de 10 cm y la concentración de la disolución 2 M. Con los datos anteriores, calcula el índice de rotación específica de esta disolución.*

SOLUCIÓN:

En primer lugar, se deben expresar las unidades en un sistema coherente, por ejemplo el SI.

$$10\,\text{cm} \cdot \frac{1\,\text{m}}{100\,\text{cm}} = 0{,}1\,\text{m}$$

$$2\text{M} = 2\,\frac{\text{moles}}{\text{L}} \cdot \frac{1\text{L}}{1\text{dm}^3} \cdot \frac{1.000\,\text{dm}^3}{1\text{m}^3} = 2.000\,\text{mol}/\text{m}^3$$

A continuación, sustituimos los datos en la expresión dada en el texto:

$$[\alpha]_\lambda^T = \frac{100 \cdot \alpha}{l \cdot c} = \frac{100 \cdot 15{,}5}{0{,}1 \cdot 2.000} = \frac{7{,}75° \cdot \text{m}^2}{\text{mol}}$$

10.7. *El ángulo de rotación del octanol es de 45°, cuando se trabaja a 25 °C y con una longitud de onda de 472 nm. La longitud del tubo del polarímetro es de 10 cm y la densidad de este compuesto es de 824 kg/m³. Con los datos anteriores, calcula el índice de rotación específica de este alcohol.*

SOLUCIÓN:

Se hacen los cambios de unidades pertinentes (10 cm = 0,1 m) y se sustituye en la expresión correspondiente:

$$[\alpha]_\lambda^T = \frac{\alpha}{l \cdot \rho} = \frac{45}{0{,}1 \cdot 824} = \frac{0{,}546° \cdot \text{m}^2}{\text{kg}}$$

En el apartado 10.4 se estudiará el instrumento utilizado en las determinaciones basadas en la polarimetría, es decir, el polarímetro.

Actividades propuestas

10.6. Una disolución de ácido acético (CH_3COOH) presenta un índice de rotación específico de 35 (en sus correspondientes unidades SI) y el tubo del polarímetro utilizado mide 0,25 m. El ángulo de rotación de esta disolución en las condiciones estándar de medición es de 60°. A partir de estos datos, deduce la concentración de la disolución.

10.7. ¿Qué densidad tendrá una disolución de acetona, si su índice de rotación específico, medido en un polarímetro con un tubo de 15 cm, es de 0,95 unidades y su ángulo de rotación es de 40°?

10.4. Polarímetros: componentes y tipos

Un *polarímetro* es un instrumento que se emplea para determinar el ángulo en el que se rota el plano de polarización de la luz cuando esta pasa por un medio ópticamente activo. Este medio ópticamente activo puede ser una disolución o un líquido puro.

No todas las sustancias pueden determinarse con un polarímetro. Para poder usar el polarímetro la sustancia a analizar debe ser ópticamente activa, o bien su ángulo de polarización debe variar con la concentración de forma conocida.

10.4.1. Componentes del polarímetro

Un polarímetro simple para medir esta rotación consiste en una lámpara de luz monocromática, dos prismas, es decir, el prisma polarizador y el prisma analizador, el receptáculo de muestras, en donde se coloca el tubo con la muestra, dentro de un tubo de muestras, un sistema de medición de la rotación del analizador y un detector de la "media sombra".

La fuente de luz utilizada en el polarímetro para las mediciones es la de 546 nm (luz de mercurio), también se emplea la luz de sodio, 589 nm, aunque esta última 589,44 nm es el pico máximo de las longitudes de luz que emite el sodio.

Se hace incidir luz visible hacia el tubo, con el prisma en el otro extremo acoplado a un ocular; se rota para medir la región de completa brillantez, o la región semibrillante o la región de completa oscuridad. El ángulo de rotación es leído entonces en una escala. El mismo fenómeno se observa al llegar al ángulo de 180°. La rotación específica de la muestra puede entonces ser calculada. La temperatura puede afectar la rotación de la luz, y debería ser tomada en cuenta en los cálculos.

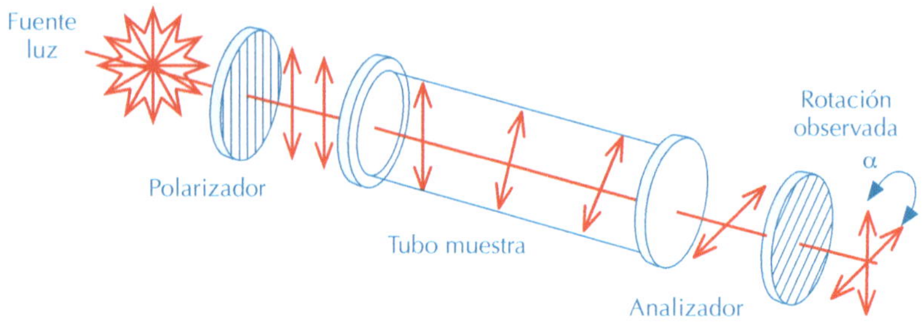

Figura. 10.2 Esquema de un polarímetro.

En el apartado 10.3 se dieron dos expresiones para determinar el índice de rotación específica. Una de las expresiones se utilizaba para las disoluciones y en este caso dicho índice es inversamente proporcional a la concentración de la disolución. La segunda expresión sirve para determinar el índice de rotación específica de un líquido y dicho índice es inversamente proporcional a la densidad del líquido.

10.4.2. Tipos de polarímetros

Existen varios diseños de polarímetros, pero en la actualidad se suelen agrupar en tres tipos diferentes: polarímetros circulares (o convencionales), polarímetros de cuña de cuarzo y polarímetros digitales (o automáticos). Existe un cuarto grupo de polarímetros más sofisticados, de uso menos frecuente pero más sensibles que están basados en interferómetros o empleando lámparas espectrales.

A) Polarímetros circulares o convencionales

Los dos componentes característicos de este tipo de polarímetro son una fuente luminosa monocromática y los prismas de Nicol. Un prisma de Nicol es un tipo de prisma óptico polarizador, es decir, crea un haz de luz polarizada a partir de un haz de luz sin polarizar. Consta de un cristal de calcita (espato de Islandia) romboédrico cortado diagonalmente en dos partes con un ángulo de 68° unidas luego con pegamento óptico.

En los polarímetros circulares o convencionales, la luz parte de una lámpara espectral de sodio, a continuación, llega a la lente de iluminación, atraviesa un filtro de cristal de color y se polariza en un prisma de Nicol para luego llegar a la sustancia a analizar. La solución que se quiere analizar está contenida en tubos especiales, los cuales deben ser llenados de forma que no queden en ellos, burbujas de aire que interfieran el paso de la luz.

Después de atravesar el tubo, la luz cuyo plano de polarización rotó, pasa al a otro prisma de Nicol que actúa como analizador, el cual está fijamente unido a un círculo graduado que pude girarse. Al girar el círculo graduado, el campo tripartito observado por el ocular, comenzará a aclarar el campo oscuro hasta quedar totalmente iluminados los tres sectores. En este punto, se lee el ángulo de rotación, en la escala graduada, experimentado por la sustancia analizada.

Antes de la lectura de la disolución problema deberá medirse la rotación angular provocada por el solvente puro para luego restarla de la rotación del solvente más el soluto.

Figura. 10.3
a) Polarímetro circular; *b)* Sacarímetro de 1885 (Art&Antiques); *c)* Polarímetro digital (Anton-Paar).

B) Polarímetro de cuña de cuarzo

Los polarímetros de cuña de cuarzo se han venido utilizando tradicionalmente para medir concentraciones de disoluciones azucaradas, y por este motivo reciben el nombre de *sacarímetros*.

PARA SABER MÁS

Las lecturas del sacarímetro se expresan en grados Brix (símbolo °Bx) que sirven para determinar el cociente total de sacarosa disuelta en un líquido. Una solución de 25 °Bx contiene 25 g de azúcar (sacarosa) por 100 g de líquido. Dicho de otro modo, en 100 g de solución hay 25 g de sacarosa y 75 g de agua.

Este polarímetro utiliza una placa de cuarzo, la cual esta escalonada en diferentes espesores; esta placa a simple vista, parecerá una "cuña" y de ahí viene el nombre de este principio de medición "cuña de cuarzo". El principio de medición es similar a los polarímetros circulares. Si una muestra se inserta en el eje óptico, se producirá una cierta rotación de la luz polarizada. Al mover una cuña, el espesor efectivo de la capa de cuarzo se altera de tal manera que la rotación de la muestra se compensa exactamente.

Dicho de otra manera, la rotación de la muestra óptica se enfrenta a una rotación óptica de cuarzo de un valor igual pero de sentido opuesto de rotación. El movimiento lineal de la cuña de cuarzo es proporcional a la alteración del espesor de cuarzo y a su efecto de rotación óptica. La distancia que se desplaza la cuña de cuarzo puede ser utilizado como una medida de la concentración de la muestra. Con el fin de leer la distancia de la cuña móvil se utiliza una escala lineal.

Este instrumento tiene como ventajas: mayor capacidad de medición de muestras oscuras, mayor inercia a los cambios de temperaturas, mayor estabilidad y poca dependencia de la calibración con el paso del tiempo, es decir, son unos instrumentos que una vez calibrados, no deben volverse a calibrar con mucha frecuencia.

C) Polarímetros digitales o automáticos

Este tipo de polarímetros son totalmente automáticos. Únicamente, debe colocarse la muestra a analizar en un tubo especial y alojar este en un receptáculo en el interior del instrumento. Este tipo de polarímetro utiliza la detección fotoeléctrica como principio de actuación.

Sus principales ventajas son su alta sensibilidad, fácil lectura, medición automática, lectura digital, etc. Así mismo, estos polarímetros se pueden utilizar con muestras de baja rotación óptica, que son difíciles de analizar en el polarímetro óptico. El principal inconveniente de este equipo es su elevado precio. Los polarímetros digitales pueden conectarse a equipos informáticos para un mejor tratamiento de los datos obtenidos en las mediciones.

10.5. Tipos de opacímetros. Aplicaciones. Medida de la opacidad

Como ya se sabe, una sustancia presenta *opacidad* cuando no deja pasar luz en proporción apreciable. La opacidad es una propiedad óptica de la materia, que tiene diversos grados y propiedades. Normalmente, se dice que una sustancia es opaca cuando bloquea el paso de la luz visible. De todas formas también existen materiales que son opacos a la radiación infrarroja, a la luz ultravioleta, a los rayos X, a los rayos gamma y a otras formas de radiación electromagnética.

10.5.1. Medida de la opacidad

La medida de la opacidad no puede realizarse directamente, esto es debido a que la función de opacidad generalmente depende tanto la frecuencia de la luz que interacciona con la sustancia, como la temperatura de trabajo. Es importante tener en cuenta que existen diferentes funciones de opacidad para diferentes materiales y para diferentes condiciones físicas.

Matemáticamente, la función de opacidad se representa como:

$\kappa = f(\vartheta, T)$ donde: κ: opacidad de la sustancia.
υ: frecuencia de la radiación (Hz).
T: temperatura absoluta (K).

Como determinar la función que permita calcular la opacidad de una sustancia es muy complicado, ya que es una función de dos variables. Se suele utilizar la medida de la transparencia, en lugar de la medida de la opacidad, en los ensayos fisicoquímicos. La *transparencia* se mide a partir de la *transmitancia* de las sustancias o del porcentaje de energía lumínica que atraviesa la muestra. La relación entre transparencia y opacidad es muy sencilla: cuanto mayor sea la transparencia de una sustancia, más pequeña será su opacidad y viceversa.

La *transmitancia* o transmitencia es una magnitud que expresa la cantidad de energía que atraviesa un cuerpo en la unidad de tiempo. Como ya se sabe, esto se puede expresar matemáticamente como:

$$T = \frac{100 \cdot I}{I_0}$$

donde: T: transmitancia (%).
I: intensidad luminosa transmitida (Cd).
I_0: intensidad luminosa incidente (Cd).

Cuanto mayor sea la transmitancia de una muestra, mayor será su transparencia y menor su opacidad. Para medir la opacidad directamente, es más sencillo utilizar la absorbancia de una muestra, que vendría a ser una medida de la luz que absorbe la muestra. Esta magnitud puede calcularse a partir de la transmitancia con la siguiente relación matemática:

$$A = -\log \frac{100 \cdot I}{I_0} = 2 - \log \frac{I}{I_0}$$

donde: A: absorbancia (%).
I: intensidad luminosa transmitida (Cd).
I_0: intensidad luminosa incidente (Cd).

Actividad propuesta 10.8

Se desea determinar la opacidad de una disolución a partir de su absorbancia. Para ello, en el laboratorio se mide la intensidad luminosa que incide sobre una muestra, resultando ser de 25 Cd, y la intensidad luminosa transmitida, resultando ser de 15 Cd. A partir de estos datos, determina la transmitancia y absorbancia de la muestra.

SOLUCIÓN:

Para determinar la transmitancia, aplicamos la siguiente expresión:

$$T = \frac{100 \cdot I}{I_0} = \frac{100 \cdot 15}{25} = 60\%$$

A continuación calculamos la absorbancia de la muestra:

$$A = -\log \frac{100 \cdot I}{I_0} = 2 - \log \frac{I}{I_0} = 2 - \log \frac{15}{25} = 1{,}78\%$$

La muestra presenta una opacidad pequeña, aproximadamente del 2 %.

Para medir la transparencia de una disolución se utiliza el colorímetro o el espectrofotómetro. En el apartado 10.4 se tratan de forma resumida los aspectos más destacados de estos instrumentos.

10.5.2. Opacímetros: colorímetros y espectrofotómetros

El *colorímetro* es un instrumento que permite medir la absorbancia de una disolución en una frecuencia de luz específica. La frecuencia es determinada por el operario del colorímetro. Por eso hace posible descubrir la concentración de un soluto conocido que sea proporcional a la absorción.

Las diferentes sustancias químicas absorben diferentes frecuencias de luz. Los colorímetros se basan en el principio de que la absorbancia de una sustancia es proporcional a su concentración (ley de Beer-Lambert), y por eso las sustancias más concentradas muestran una lectura más elevada de absorbancia. Se usa un filtro en el colorímetro para elegir el color de luz que más absorberá el soluto, para maximizar la precisión de la lectura. Debe tenerse en cuenta que el color de luz absorbida es el opuesto del color de la muestra, por lo tanto, un filtro naranja sería el más adecuado para una sustancia de color azul.

Los sensores miden la cantidad de luz que atraviesa la disolución, comparando la cantidad entrante y la lectura de la cantidad absorbida. Para obtener la absorbancia de una disolución es necesaria una recta patrón de concentraciones. Para ello, se preparan una serie de soluciones de concentraciones conocidas de la sustancia química en estudio y se mide la absorbancia para cada concentración, obteniendo así una gráfica de absorbancia respecto a concentración. Por extrapolación de la absorbancia en la gráfica, se puede encontrar el valor de la concentración desconocida de la muestra.

Actividad resuelta 10.8

Mediante un colorímetro se han determinado las absorbancias de una serie de disoluciones patrón de sacarosa, obteniéndose el cuadro adjunto:

Al analizar una muestra de zumo de manzana, utilizando los filtros adecuados se obtiene que la absorbancia es de 0,40. ¿Cuál será la concentración de azúcar en el zumo, expresada en g por cada 100 mL?

Absorbancia (%)	Concentración (g/L)
0,90	15
0,70	12
0,50	9
0,30	6
0,10	3

SOLUCIÓN:

A partir de los datos del cuadro se determina la recta de regresión que expresa la concentración de la sustancia en función de la absorbancia, para esta determinación:

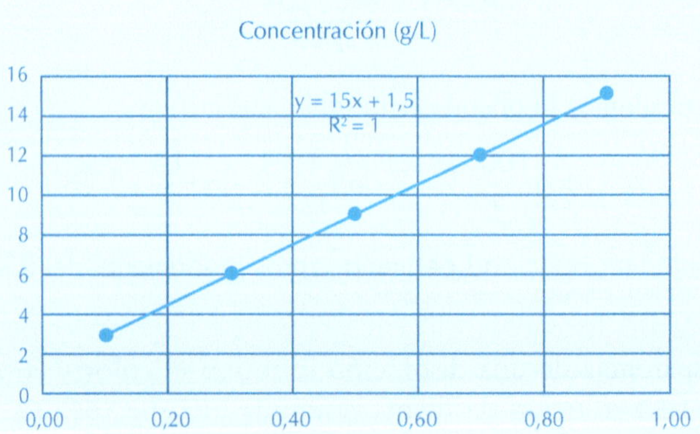

Según los resultados obtenidos si se sustituye en el ecuación el valor de transmitancia de 0,4:

$$y = 15 \cdot 0{,}4 + 1{,}5 = 7{,}5 \text{ g/L}$$

En 100 mL de disolución habrá:

$$\frac{7{,}5 \text{ g}}{1.000 \text{ mL}} \cdot 100 \text{ mL} = 0{,}75 \text{ g de sacarosa}$$

En la figura siguiente puede apreciarse un colorímetro de sobremesa, este es uno de los aparatos más empleados en la actualidad. El modelo representado realiza las mediciones de los patrones y proporciona los valores de la pendiente y la ordenada en el origen de la recta patrón, a partir de la cual se puede calcular la concentración de la disolución desconocida.

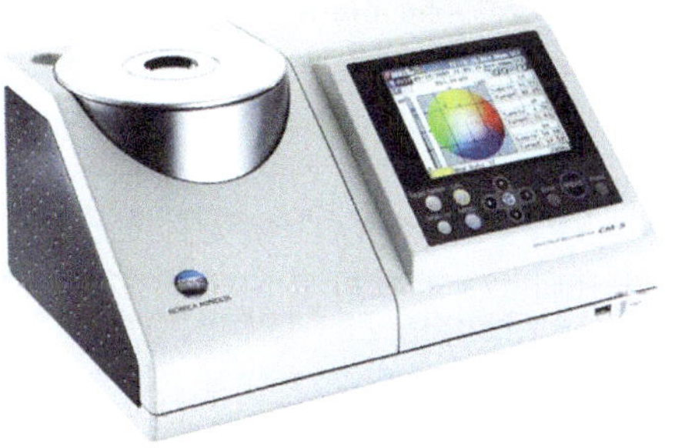

Figura 10.4
Colorímetro de sobremesa.

Un *espectrofotómetro* es un instrumento usado en el análisis químico que sirve para medir, en función de la longitud de onda, la relación entre valores de una misma magnitud fotométrica relativos a dos haces de radiaciones y la concentración o reacciones químicas que se miden en una muestra.

Hay varios tipos de espectrofotómetros, que son de absorción atómica, de absorción molecular (que comúnmente se conoce como espectrofotómetro UV-VIS), y no debe ser confundido con un espectrómetro de masa.

Este instrumento tiene la capacidad de proyectar un haz de luz monocromática a través de una muestra y medir la cantidad de luz que es absorbida por dicha muestra. Esto tiene dos aplicaciones: obtener información sobre la naturaleza de la sustancia en la muestra y indicar indirectamente qué cantidad de la sustancia está presente en la muestra.

El espectrofotómetro esta formado por la unión de dos dispositivos; un *espectrómetro* y un *fotómetro*. Un espectrómetro es un dispositivo que produce, dispersa y mide la luz. Un fotómetro tiene un detector fotoeléctrico que mide la intensidad de la luz.

La misión del espectrómetro es producir un rango deseado de longitud de onda de luz. Primero un

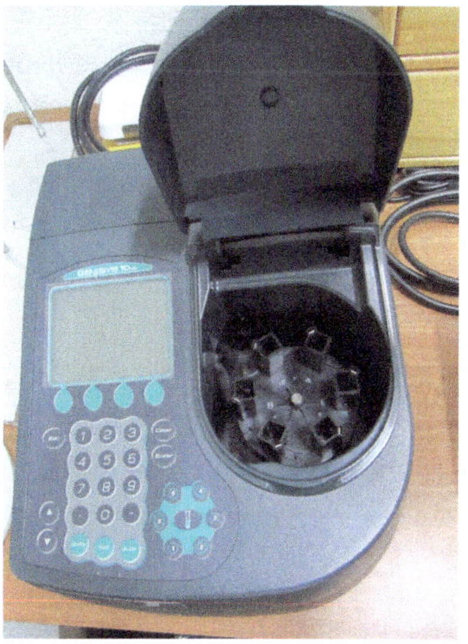

Figura 10.5
Espectrofotómetro UV-VIS.

colimador (lente) transmite un haz recto de luz que pasa a través de un monocromador (prisma) para dividirlo en varias componentes de longitudes de onda (espectro). Entonces un selector de longitud de onda (ranura) transmite solo las longitudes de onda deseadas.

El fotómetro interviene después de que el rango deseado de longitud de onda de luz pasa a través de la solución muestra en la cubeta, el fotómetro detecta la cantidad de fotones que se absorbe y luego envía una señal a un galvanómetro o una pantalla digital.

En la figura 10.5 puede verse un espectrofotómetro UV-VIS de los que suelen utilizarse en los laboratorios de ensayos fisicoquímicos.

Actividades propuestas

10.9. Se desea determinar la opacidad de una disolución a partir de su transmitancia. Para ello, se mide esta magnitud en el laboratorio y se obtiene un valor del 95%. ¿Qué valor de absorbancia le corresponde a la disolución y a qué opacidad se corresponde aproximadamente?

10.10. Se pretende determinar la cantidad de etanol presente en una bebida alcohólica, mediante espectrofotometría. Para ello se preparan disoluciones patrón de etanol en agua de las siguientes concentraciones: 1 ppm, 10 ppm, 100 ppm y 1.000 ppm. Las absorbancias correspondientes a cada patrón son respectivamente: 0,999; 0,454; 0,222 y 0,111. A partir de estos datos y con ayuda de EXCEL o algún paquete similar, calcula la concentración en % de una muestra de coñac que tiene una absorbancia de 0,500.

10.6. Turbidimetría y nefelometría. Medida de la turbidez del agua

Cuando un haz de luz choca con una partícula en suspensión parte de la luz se dispersa, parte de la luz se refleja y parte de la luz se absorbe. La dispersión de la luz depende de: la longitud de onda de la luz (λ), del tamaño de la partícula y del índice de refracción de la partícula en relación con el medio que la rodea. La dispersión de la luz se puede medir por turbidimetría o por nefelometría.

10.6.1. Turbidimetría

La *turbidimetría* es una técnica analítica de medición que determina cuánto se atenúa un haz de luz que atraviesa una disolución o una suspensión. Esta atenuación se produce gracias a los fenómenos de absorción y dispersión que experimenta la luz al interaccionar con las partículas de las sustancias presentes en la disolución.

Como puede verse, a través de esta técnica es posible deducir las dimensiones de las partículas presentes en la disolución suspensión mediante la medición de la turbidez que hay en esta. En este sentido, este procedimiento se usa para cuantificar la absorción y dispersión de la luz y se relacionan estos fenómenos con las dimensiones de las partículas y de la concentración de estas en la suspensión.

Los métodos turbidimétricos tienen ciertas ventajas respecto a otros métodos, como: cortos tiempos de análisis, simplicidad experimental, costos reducidos (con relación a otros procesos), ausencia de daño a la muestra y eliminación de la necesidad de calibrado de los instrumentos.

Esta técnica consiste en hacer que la luz atraviese un filtro, mediante lo cual se produce una radiación de la que se conoce su longitud de onda; después, esta radiación atraviesa una cubeta en la que se encuentra una solución y es recolectada por una celda de naturaleza fotoeléctrica. Así se obtiene una medida de la luz que se ha absorbido.

Se puede decir que la turbidez de un fluido se debe a la presencia de partículas que se encuentran finamente divididas en suspensión; por lo tanto, al hacer que un haz de luz atraviese una muestra que posee cierta turbidez, se observa la disminución de su intensidad debido a la dispersión. La cantidad de radiación lumínica que se ha dispersado es dependiente de la distribución de las dimensiones de las partículas y su concentración, y se mide a través de un dispositivo llamado *turbidímetro*.

Como en las mediciones turbidimétricas se determina la intensidad de la radiación lumínica que se transmite a través de la muestra, mientras más dispersión exista menor será la intensidad de la luz transmitida. Cuando se realizan estimaciones de transmitancia, tal como sucede con las de absorbancia, el decrecimiento de la intensidad de la luz depende de la concentración de las especies que se encuentran en la celda con cierta dispersión, sin variaciones en la longitud de onda.

10.6.2. Turbidímetro

El *turbidímetro* es el instrumento empleado en la medición de la transparencia relativa que posee un fluido o disolución. Este instrumento mide la cantidad de radiación lumínica en una muestra de fluido, que ha sufrido dispersión ocasionada por efecto de las partículas suspendidas. Estas partículas suspendidas dificultan que la luz sea transmitida a través de los fluidos. Entonces, la turbidez de una sustancia podría originarse debido a una sola especie o a un conjunto de especies químicas.

Los turbidímetros están constituidos básicamente por una serie de elementos: en primer lugar constan de una fuente de luz, seguidamente se encuentra la lente que permite enfocar y conducir un haz de luz a través de un fluido y, por último, existe un dispositivo de naturaleza fotoeléctrica encargado de detectar y estimar la cantidad de radiación lumínica que se ha dispersado.

Además, existe una especie de trampa o filtro que evita la detección de otras radiaciones lumínicas que puedan interferir con la medición.

Una de las aplicaciones más importantes de la turbidimetría es el control de la calidad del agua, midiendo su turbidez, para estimar la cantidad de partículas suspendidas en aguas de origen natural, en aguas de consumo humano y el agua utilizada en los procesos industriales.

Figura. 10.6
Turbidímetro portátil (Hanna Instruments).

10.6.3. Nefelometría

La *nefelometría* es un procedimiento analítico que se basa en la dispersión de la radiación que atraviesa las partículas de materia. Cuando la luz atraviesa un medio transparente en el que existe una suspensión de partículas sólidas, se dispersa en todas direcciones y como consecuencia se observa turbia. La dispersión no supone la pérdida neta de potencia radiante, solo es afectada la dirección de la propagación, porque la intensidad de la radiación es la misma en cualquier ángulo.

La intensidad de la luz que atraviesa un medio, en este caso una disolución, depende de: el número de partículas suspendidas, su tamaño, su forma, el índice de refracción de las partículas, del índice de refracción del medio dispersante, y de la longitud de onda de la radiación dispersada.

Como puede verse intervienen diversos factores en el fenómeno de la dispersión de la luz, al atravesar una dispersión o disolución, para simplificar, en las determinaciones nefelométricas solo se tienen en cuenta tres factores:

- La concentración: cuanto mayor sea el número de partículas, mayor es la dispersión de la luz.
- El tamaño de la partícula: factores como el pH, la velocidad y orden de la mezcla, concentración de los reactivos, duración del estado de reposo y la fuerza iónica.
- La longitud de onda: generalmente las muestras se iluminan con luz blanca, pero si están coloreadas, se debe escoger una porción del espectro electromagnético en la que la absorción del medio se reduzca al mínimo.

Generalmente, la nefelometría, y también como ya se ha visto la turbidimetría, se utilizan en el análisis de la calidad química del agua para determinar la claridad y para el control de los procesos de tratamiento.

La nefelometría y la turbidimetría presentan ciertas diferencias. La elección entre uno de ambos métodos reside en la dispersión de luz, si es extensa, es apropiado aplicar la turbidimetría, en cambio si es mínima es apropiada la nefelometría. De la nefelometría se obtienen mejores resultados, porque determina concentraciones de pocas partes por millón (ppm), con una precisión del 1 al 5 %.

La nefelometría se basa en la medición de radiación dispersa, en cambio la turbidimetría en la medición de la intensidad de un haz disminuido.

El instrumento usado en la nefelometría es el nefelómetro se tiene cierta semejanza con otros aparatos analíticos, como por ejemplo el fluorímetro. En cambio, en turbidimetría se utiliza el turbidímetro que es un fotómetro de filtro.

10.6.4. Nefelómetro

Un *nefelómetro* es un instrumento que se utiliza para medir partículas suspendidas en un líquido o en un gas, para lo que utiliza una fotocelda colocada en un ángulo de 90° con respecto a una fuente luminosa. La densidad de partículas es función de la luz reflejada por las partículas hacia la fotocelda. La cantidad de luz que refleje una determinada densidad de partículas depende de las propiedades de las partículas, tales como su forma, su color y su reflectividad.

Al calibrar el instrumento con muestras patrón, se puede establecer una correlación entre la turbidez del líquido analizado y la cantidad de partículas sólidas en suspensión. La aplicación más extendida de los nefelómetros es la determinación de la turbidez del agua. En muchas ocasiones se confunde el nefelómetro con el turbidímetro. Debe tenerse en cuenta que la diferencia entre un nefelómetro y un turbidímetro consiste en que el primero siempre detecta la luz reflejada por las partículas y, en cambio, el turbidímetro detecta la atenuación de la luz debida a la turbidez.

El funcionamiento del nefelómetro de infrarrojos es similar al de cualquier otro con la excepción de que la fuente de luz utilizada es una lámpara de rayos infrarrojos.

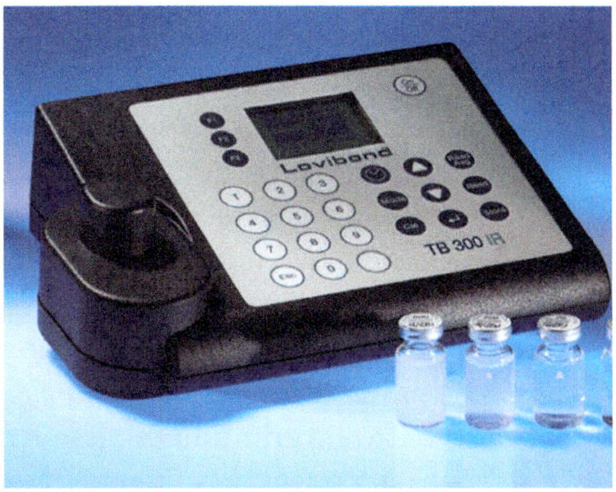

Figura. 10.7
Nefelómetro de infrarrojos.

La unidad utilizada para medir la turbidez, tanto si se emplea un nefelómetro calibrado, como un turbidímetro se denomina *Unidad de Turbidez Nefelométrica*, UTN o NTU. Antiguamente, se usaba como unidad de medida de la turbidez la *Unidad de Turbidez de Jackson* (JTU), medida con el turbidímetro de vela de Jackson. Esta unidad ya no está en uso estándar.

Una medición de la turbidez puede ser usada para proporcionar una estimación de la concentración de TSS (Sólidos Totales en Suspensión), lo que de otra forma es un parámetro tedioso y no fácil de medir.

10.6.5. Medición de la turbidez del agua

Se entiende por *turbidez* o turbiedad a la medida del grado de transparencia que pierde el agua o algún otro líquido incoloro por la presencia de partículas en suspensión . Cuanto mayor sea la cantidad de sólidos suspendidos en el líquido, mayor será el grado de turbidez. En potabilización del agua y tratamiento de aguas residuales, la turbidez es considerada como un buen parámetro para determinar la calidad del agua, a mayor turbidez menor calidad.

Hay varios parámetros que influyen en la turbidez del agua. Algunos de estos son: la presencia de fitoplancton, o crecimiento de las algas; la presencia de sedimentos procedentes de la erosión; la presencia de sedimentos resuspendidos del fondo, que una vez depositados por cualquier causa vuelven a suspenderse y, por último la descarga de efluentes, es decir, aguas procedentes de la escorrentía o de otros orígenes.

PARA SABER MÁS

Según la OMS (Organización Mundial para la Salud), la turbidez del agua para consumo humano no debe superar en ningún caso las 2 NTU, y estar idealmente por debajo de 1 NTU.

La turbidez tiene varios efectos indeseados sobre el agua de consumo o las aguas naturales. Las partículas suspendidas absorben calor de la luz del sol, haciendo que las aguas turbias se vuelvan más calientes, y reduciendo así la concentración de oxígeno en el agua. Algunos organismos no pueden sobrevivir en agua más caliente, mientras que se favorece la multiplicación de otros. Las partículas en suspensión dispersan la luz, lo que hace decrecer la actividad fotosintética en plantas y algas, que contribuye a bajar la concentración de oxígeno más aún.

El principal impacto de una alta turbidez es meramente estético, pero además, es esencial eliminar la turbidez para desinfectar efectivamente el agua que desea ser bebida. Las partículas suspendidas también ayudan a la adhesión de metales pesados y muchos otros compuestos orgánicos tóxicos y pesticidas.

Como ya se ha comentado con anterioridad, la turbidez se mide en Unidades Nefelométricas de Turbidez, o *Nephelometric Turbidity Unit* (NTU). El instrumento usado para su medida es el nefelómetro o ~~turbidímetro, que mide la intensidad de la luz dispersada~~ a 90° cuando un rayo de luz pasa a través de una muestra de agua.

Existen varios *métodos normalizados para medir la turbidez del agua*. El *LFRWMP* utiliza un tubo de transparencia, que mide la profundidad a la que un patrón en forma de cruz en blanco y negro es visible en la parte inferior de un tubo lleno de agua corriente. Para este método, las mediciones se dan en unidades de profundidad de centímetros (cm). Una transparencia de aproximadamente 5 cm es aproximadamente equivalente a una turbidez de aproximadamente 200 a 300 NTU. Una transparencia de aproximadamente 25 a 35 cm es equivalente a aproximadamente 25 NTU. Una transparencia más de 60 cm es aproximadamente equivalente a una turbidez de < 10 NTU.

Otro método disponible para la medición de la turbidez utiliza la cantidad de luz transmitida a través de la muestra, e informa de los resultados en FAU (*Formazin Attenuation Units* = Unidades de Atenuación de Formazin). Las mediciones más exactas de turbidez se hacen con un medidor de turbidez nefelométrica, ya que tienen una mayor capacidad para determinar niveles más bajos de turbidez.

Actividad propuesta 10.11

Dibuja un esquema de los componentes de un turbidímetro o nefelómetro, indicando sus partes y haciendo una breve descripción sobre su funcionamiento.

10.7. Riesgos asociados a los equipos. Medidas de seguridad. EPIs

Para el trabajo con instrumentos de medición óptica, es necesario seleccionar los equipos de protección personal visual adecuados, ya que estamos expuestos a diversos factores de riesgo que pueden afectar la salud, tales como: factores químicos, manejo de químicos, factores mecánicos y riesgos físicos visuales. Se debe tener en cuenta que los factores de riesgo mecánicos como la proyección de partículas y químicos también poseen un cierto grado de peligrosidad.

Los riesgos asociados a los equipos de medición de propiedades ópticas son mínimos y de carácter muy general. La mayoría de estos instrumentos trabajan con patrones y muestras líquidas y por lo tanto se deben tener en cuenta los riesgos asociados a los líquidos:

- Ingestión accidental.
- Inhalación.
- Contacto con la piel y mucosas.
- Contacto con los ojos.

Como medidas de seguridad asociadas a líquidos, cabe destacar que no se debe pipetear ningún líquido utilizado la boca para aspirar, siempre deben utilizarse pipetas automatizadas. Para evitar la inhalación de vapores perjudiciales se debería trabajar en la campana de gases del laboratorio o, en su defecto, utilizar mascarilla protectora, además la mascarilla también protege del contacto con las mucosas. El uso de guantes protege del contacto de los líquidos con la piel y el uso de gafas de seguridad protege frente a la proyección de líquidos.

Pueden existir líquidos o sustancias que presenten riesgo de inflamarse, en estos casos es necesario mantenerse alejado de fuentes de calor e intentar trabajar en recipientes cerrados o en atmósferas pobres en oxígeno. Frente al riesgo de reactividad, debe prestarse especial atención en no mezclar sustancias que puedan reaccionar entre ellas (ácidos con disoluciones de sales metálicas, ácidos y bases, etc.).

Otro riesgo asociado al trabajo con refractómetros, polarímetros, opacímetros y demás equipos de medición de propiedades ópticas es la exposición a radiaciones no ionizantes, radiaciones ópticas. Las radiaciones ópticas no poseen suficiente energía para ionizar la materia viva por lo que están clasificadas como radiaciones no ionizantes.

No obstante, la exposición a radiaciones ultravioleta y visible puede dar lugar a reacciones fotoquímicas, y la absorción de radiación infrarroja, origina fundamentalmente calor.

De forma global, podemos distinguir los efectos de las radiaciones ópticas, sobre la salud de los operarios entre efectos térmicos, que originan una elevación parcial o total de la temperatura en el cuerpo, y efectos fotoquímicos, que generan lesiones en el cristalino y la retina del ojo.

Actividad propuesta 10.12

Da dos o tres ejemplos de radiaciones ópticas y sus posibles efectos sobre la salud de los operarios del laboratorio de ensayos fisicoquímicos.

Resumen

- En los laboratorios de ensayos fisicoquímicos se suelen medir cuatro propiedades ópticas principales: la refracción, la polarización, la opacidad y la turbidez.
- La refractometría consiste en la determinación de ciertas propiedades de las disoluciones, como por ejemplo su concentración, basándose en su índice de refracción y en el recorrido óptico de la luz. El instrumento utilizado en refractometría es el refractómetro. Existen tres tipos básicos de refractómetros: el refractómetro de Abbe, el refractómetro de Pulfrich y el refractómetro de inmersión.
- La polarimetría se basa en la medida de la rotación óptica específica de los compuestos y disoluciones, lo que permite identificarlos y cuantificarlos. El instrumento utilizado en estas determinaciones es el polarímetro y existen tres tipos básicos: el polarímetro circular, el polarímetro de cuña de cuarzo y los polarímetros automáticos o digitales.

- La opacidad de una disolución puede relacionarse con la concentración de compuestos coloreados que contiene esta. Para determinar la opacidad, se utiliza un equipo analítico llamado vulgarmente opacímetro. En realidad, los opacímetros son dos instrumentos diferentes: el colorímetro y el espectrofotómetro.
- Para medir la turbidez de un líquido o de una disolución existen dos técnicas diferentes que suelen ser confundidas en una sola: la turbidimetría y la nefelometría. La primera de ellas cuantifica la turbidez de una disolución a partir de la cantidad de luz que la disolución absorbe. El instrumento usado en las turbidimetrías es el turbidímetro. En nefelómetro es el instrumento óptico usado para medir la turbidez a partir de la dispersión de la luz por las partículas en suspensión.
- Los riesgos asociados al uso de aparatos de medición óptica son mínimos, pero, de todas maneras, es necesario el uso de equipos de protección individual que consten de gafas de protección, guantes y mascarilla.

Ejercicios propuestos

1. ¿Cuál debe ser el índice de refracción de un medio para que la velocidad de la luz se reduzca en 10% en comparación con su velocidad en el vacío?

2. Un rayo de luz que se propaga en el aire entra en el agua con un ángulo de incidencia de 45°. Si el índice de refracción del agua es de 1,33, ¿cuál es el ángulo de refracción?

3. Para una disolución de ácido láctico (M = 90,08 g/mol) en agua su rotación óptica es de 20° y su índice de rotación específica es de 38,8°. Si la densidad de la disolución es de 1,13 g/L, ¿cuál es la concentración de esta disolución?

4. Sabiendo que la rotación específica de la sacarosa es +66,52°, calcula el ángulo de rotación que sufrirá la luz polarizada al atravesar un tubo de 500 mm de largo, que contiene una solución 0,5 M de sacarosa. Dato: PM sacarosa = 342 g/mol.

5. Cuando se disuelven 5,68 g de azúcar en agua, y se llevan a un volumen de 20 cm^3, la rotación de la solución en un tubo de 10 cm es de 18,88°.

   a) ¿Cuál es la rotación específica del azúcar?
   b) La rotación observada en un tubo de 2 dm es de 10,73°. ¿Cuál es la concentración de la solución del mismo azúcar, expresada en g/L?

6. El pocentaje de transmitancia de una disolución medida a cierta longitud de onda en una celda de 1,00 cm es de 63,5%. ¿Cuál será la absorbancia de dicha disolución?

7. Indica una diferencia y una semejanza entre turbidimetría y nefelometría.

8. Una disolución de permanganato de potasio ($KMnO_4$) tiene una transmitancia de 0,5 (expresada en tanto por 1) a una longitud de onda de 525 nm usando una celda de 1 cm. Determina la absorbancia de la disolución.

9. La transmitancia T (a 520 nm) de una disolución de Fe_2O_3 (5 ppm) es de 27 % usando una celda de 1,00 cm. Calcula la absorbancia de la disolución.

10. ¿Cuáles son los componentes básicos de un turbidímetro? Explica brevemente la función de cada uno de ellos.

Práctica 8

Determinación de la pureza del azúcar mediante polarimetría

Objetivo

Determinar la pureza del azúcar comercial (sacarosa) mediante el uso de un polarímetro, conociendo el poder rotatorio específico de la misma en solución acuosa, con luz de sodio y a temperatura ambiente.

Fundamentos teóricos

La práctica se basa en la propiedad de polarización de la luz y del uso del polarímetro para medir el índice de rotación específica de una muestra que presenta actividad óptica, como es la sacarosa. Un rayo de luz procedente de una lámpara de sodio atravesará un filtro polarizador de manera que manera que esta quedará polarizada en una dirección única. Seguidamente, el rayo de luz polarizado atravesará la nuestra y el ángulo de polarización cambiará. Este ángulo se medirá utilizando un analizador, que en realidad es un segundo polarizador y el resultado se podrá apreciar en una escala graduada.

Utilizando la *ley de Biot* para soluciones, se puede calcular el poder rotatorio específico de una muestra, a una determinada longitud de onda y temperatura:

$$\alpha = [\alpha] \cdot L \cdot c$$

Donde:
α: ángulo de rotación (DEG).
$[\alpha]$: rotación óptica específica ($^{o} \cdot mL \cdot m^{-1} \cdot g^{-1}$).
L: longitud del tubo del polarímetro (m).
c: concentración de la muestra (g/mL).

Materiales y reactivos

Materiales	Reactivos
Polarímetro con lámpara de sodio	Azúcar comercial (sacarosa)
Probetas de 50 mL con tapón	Agua destilada
Vasos de plástico	
Pipeta de 10 mL	
Regla graduada	

Procedimiento experimental	En primer lugar, coloca agua en el tubo del equipo, lleva a cero la escala del mismo y determina en el visor el semicampo de penumbra con el cual se trabajará. Prepara una disolución madre de sacarosa, pesando 20 g de la misma y llevando a 50 mL en una probeta. Agita bien de manera que el azúcar se disuelva perfectamente, si es necesario, utiliza agua destilada tibia o calienta muy suavemente. Calcula la concentración de la disolución madre (c_m) y expresa el resultado en g/mL. A partir de la disolución madre, prepara cuatro diluciones de sacarosa de concentraciones c_1, c_2, c_3 y c_4. Anota los valores de las concentraciones anteriores. Mide el ángulo de rotación de la disolución madre y de las cuatro diluciones preparadas. Anota todos los resultados. El valor de $[\alpha]$ de la sacarosa pura es de $+66{,}37^{o} \cdot mL \cdot cm^{-1} \cdot g^{-1}$.
Cálculos y resultados	En primer lugar, tabula los resultados obtenidos con el polarímetro para las cuatro concentraciones: c_1, c_2, c_3 y c_4. Seguidamente, representa en una gráfica los valores de concentración (abscisas) y rotación específica (ordenadas). Con ayuda de la ley de Biot, calcula la rotación específica de cada una de las diluciones y compara los resultados con los resultado obtenidos con el polarímetro. Calcula la rotación específica de la disolución madre y compárala también con el resultado dado por el polarímetro. A partir del resultado dado por el polarímetro (que suponemos que es el real), interpola la concentración de la disolución madre y determina la pureza de la sacarosa comercial.

Actividades de autoevaluación

1. Las propiedades ópticas de la materia que se determinan con mayor frecuencia en el laboratorio de ensayos fisicoquímicos son:
   - ☐ *a)* Refracción, reflexión y polaridad.
   - ☐ *b)* Refracción, reflexión y turbidez.
   - ☐ *c)* Refracción, polarización y turbidez.
   - ☐ *d)* Ninguna de las respuestas anteriores es correcta.

2. La refractometría se basa en la medida de:
   - ☐ *a)* El índice de refracción y el recorrido óptico.
   - ☐ *b)* El índice de rotación específica.
   - ☐ *c)* El color de una disolución.
   - ☐ *d)* Todas las anteriores respuestas son correctas.

3. La opacidad de una disolución puede determinarse con:
   - ☐ *a)* El refractómetro.
   - ☐ *b)* El colorímetro.
   - ☐ *c)* El turbidímetro.
   - ☐ *d)* Todas las anteriores respuestas son correctas.
4. El nefelómetro basa su funcionamiento en:
   - ☐ *a)* La refracción de la luz.
   - ☐ *b)* La dispersión de la luz.
   - ☐ *c)* La absorción de la luz.
   - ☐ *d)* Todas las anteriores respuestas son correctas.
5. El turbidímetro basa su funcionamiento en:
   - ☐ *a)* La refracción de la luz.
   - ☐ *b)* La dispersión de la luz.
   - ☐ *c)* La absorción de la luz.
   - ☐ *d)* Todas las anteriores respuestas son correctas.
6. El espectrofotómetro cuando se utiliza como opacímetro usa una fuente de luz:
   - ☐ *a)* Visible y ultravioleta.
   - ☐ *b)* Ultravioleta e infrarroja.
   - ☐ *c)* Infrarroja.
   - ☐ *d)* Ninguna de las respuestas anteriores es correcta.
7. El sacarímetro es un tipo de:
   - ☐ *a)* Opacímetro.
   - ☐ *b)* Refractómetro.
   - ☐ *c)* Polarímetro.
   - ☐ *d)* Todas las respuestas anteriores son correctas.
8. La absorción de la luz es la propiedad óptica que se utiliza para determinar:
   - ☐ *a)* El índice de refracción.
   - ☐ *b)* El índice de rotación específica.
   - ☐ *c)* La opacidad de un líquido.
   - ☐ *d)* Ninguna de las respuestas anteriores es correcta.
9. La polarización de la luz, en el polarímetro se produce en:
   - ☐ *a)* La fuente de luz.
   - ☐ *b)* El filtro polarizador.
   - ☐ *c)* El prisma detector.
   - ☐ *d)* Todas las respuestas anteriores son correctas.
10. Todos los instrumentos ópticos de análisis utilizan luz:
    - ☐ *a)* Blanca.
    - ☐ *b)* Monocromática.
    - ☐ *c)* Ultravioleta.
    - ☐ *d)* Todas las respuestas anteriores son correctas.

SOLUCIONES:

1. a b **c** d
2. **a** b c d
3. a **b** c d
4. a **b** c d
5. a b **c** d
6. **a** b c d
7. a **b** c d
8. a b c **d**
9. a **b** c d
10. a **b** c d